空天工程通识

张聚恩　万志强　主　编

高　静　副主编

北京航空航天大学出版社

内 容 简 介

本书旨在让立志学习航空航天专业的大学一年级学生，初步了解航空航天工程的概念、发展历程、科学基础、工程技术及能力素质要求等。全书以空天工程为导引和框架，诠释工程理念，培育工程思维，帮助同学们学科学、学技术、学知识、学方法，提高学养和能力；促使同学们懂全局、懂集成、懂优化、懂权衡，增强工程素养。

本书可作为高等院校航空航天专业通识课程的配套教材，适用于航空航天专业的学生，也可供非航空航天专业的学生和感兴趣的读者参考。

图书在版编目(CIP)数据

空天工程通识 / 张聚恩，万志强主编.-- 北京：北京航空航天大学出版社，2019.9

ISBN 978 - 7 - 5124 - 3113 - 3

Ⅰ. ①空… Ⅱ. ①张… ②万… Ⅲ. ①航空工程－高等学校－教材 ②航天工程－高等学校－教材 Ⅳ. ①V

中国版本图书馆 CIP 数据核字(2019)第 215605 号

空天工程通识

张聚恩　万志强　主　编

高　静　副主编

责任编辑　毛淑静　周华玲

*

北京航空航天大学出版社出版发行

北京市海淀区学院路 37 号(邮编 100191)　http://www.buaapress.com.cn

发行部电话：(010)82317024　传真：(010)82328026

读者信箱：emsbook@buaacm.com.cn　邮购电话：(010)82316936

艺堂印刷(天津)有限公司印装　各地书店经销

*

开本：710×1 000　1/16　印张：24.5　字数：414 千字

2020 年 1 月第 1 版　2020 年 2 月第 2 次印刷

ISBN 978 - 7 - 5124 - 3113 - 3　定价：69.00 元

编 写 组

主　编　张聚恩　万志强
副主编　高　静
参编人员　王亚男　武瑾媛
　　　　　梁伟涛　王耀坤

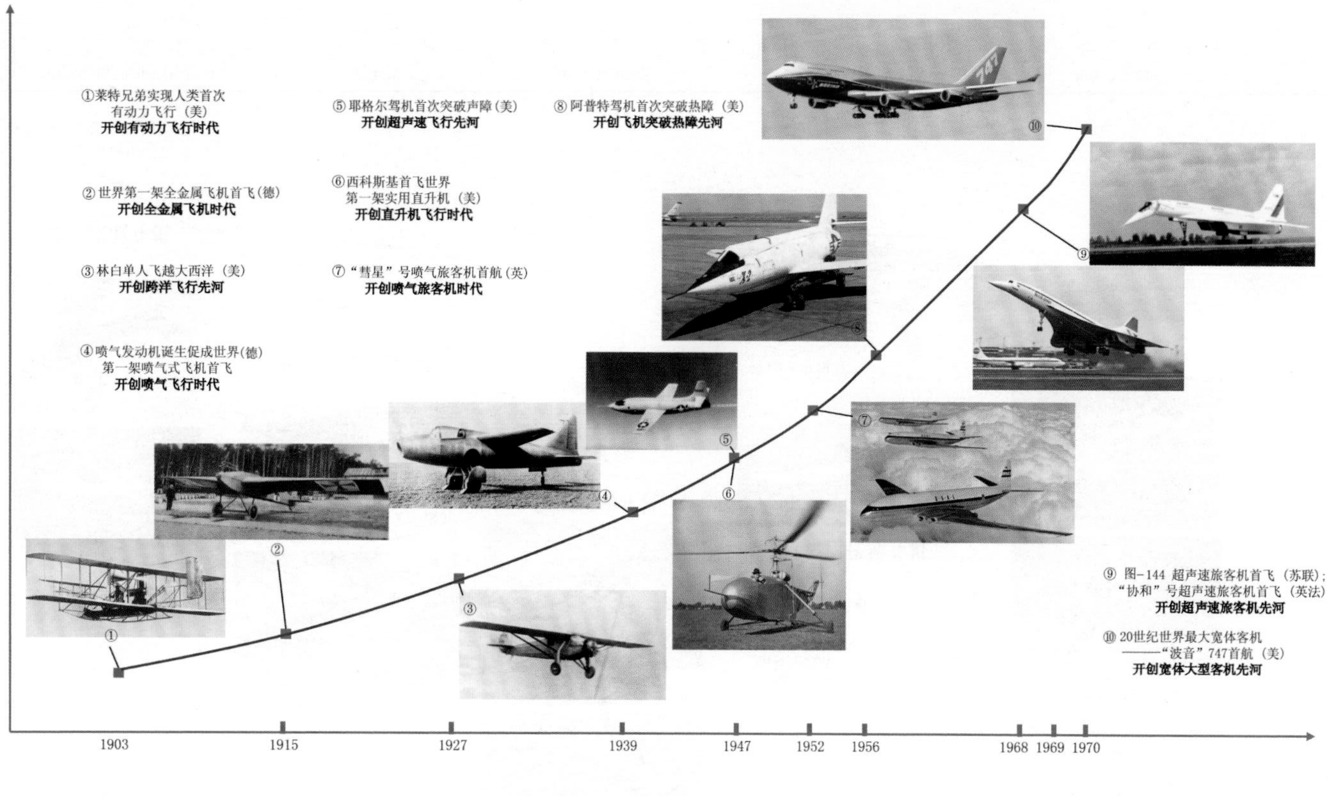
①莱特兄弟实现人类首次
有动力飞行（美）
开创有动力飞行时代
②世界第一架全金属飞机首飞（德）
开创全金属飞机时代
③林白单人飞越大西洋（美）
开创跨洋飞行先河
④喷气发动机诞生促成世界（德）
第一架喷气式飞机首飞
开创喷气飞行时代
⑤耶格尔驾机首次突破声障（美）
开创超声速飞行先河
⑥西科斯基首飞世界
第一架实用直升机（美）
开创直升机飞行时代
⑦“彗星”号喷气旅客机首航（英）
开创喷气旅客机时代
⑧阿普特驾机首次突破热障（美）
开创飞机突破热障先河
⑨ 图-144 超声速旅客机首飞（苏联）；
“协和”号超声速旅客机首飞（英法）
开创超声速旅客机先河
⑩ 20世纪世界最大宽体客机
——“波音”747首航（美）
开创宽体大型客机先河
1903
1915
1927
1939
1947
1952
1956
1968
1969
1970
年代/年

图2-1 航空工程发展的历程

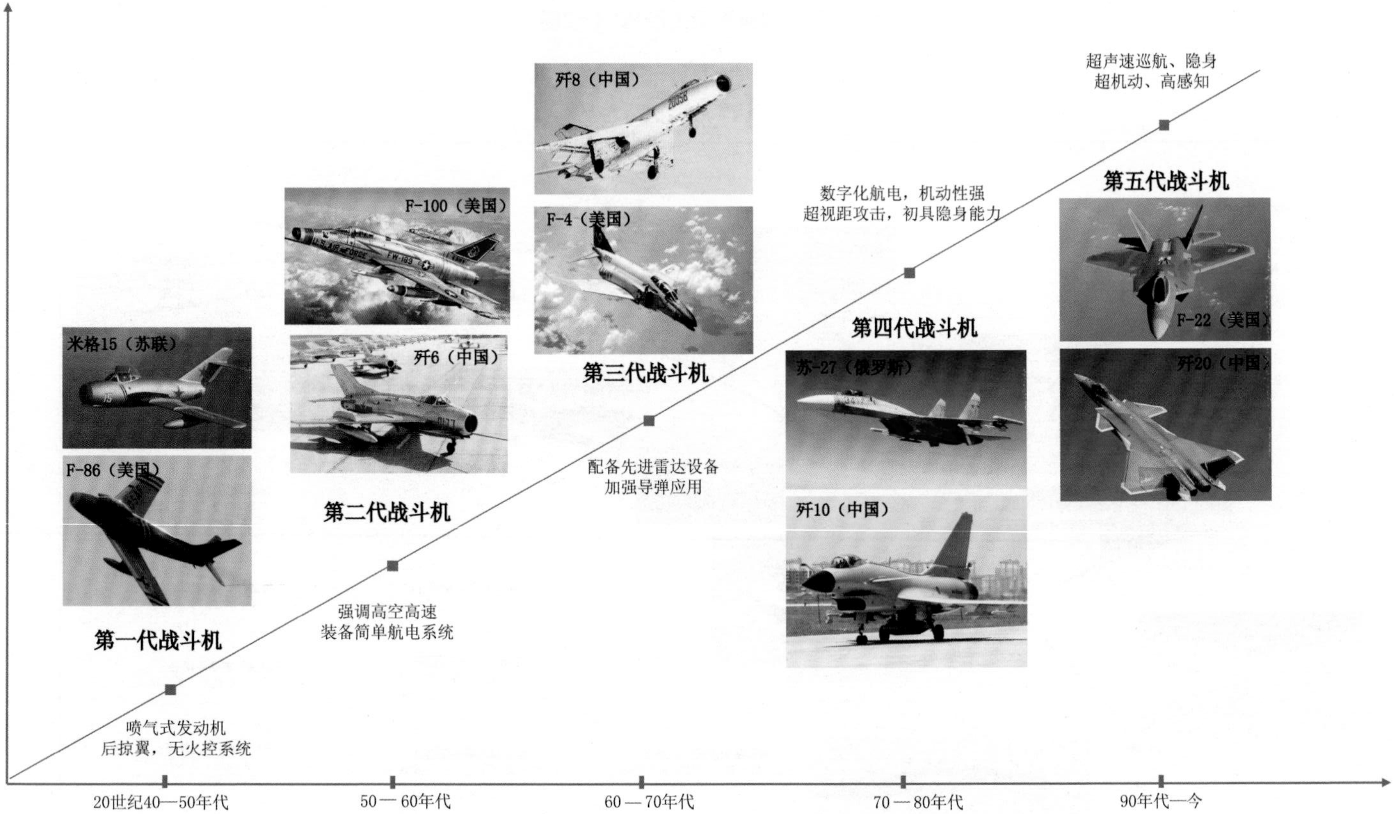

图2-2 战斗机的发展历程

第五代战斗机

超声速巡航、隐身
超机动、高感知

F-22（美国）

歼20（中国）

第四代战斗机

数字化航电、机动性强
超视距攻击、初具隐身能力

苏-27（俄罗斯）

歼10（中国）

第三代战斗机

配备先进雷达设备
加强导弹应用

歼8（中国）

F-4（美国）

第二代战斗机

强调高空高速
装备简单航电系统

F-100（美国）

歼6（中国）

第一代战斗机

喷气式发动机
后掠翼、无火控系统

米格15（苏联）

F-86（美国）

20世纪40—50年代　50—60年代　60—70年代　70—80年代　90年代—今

2

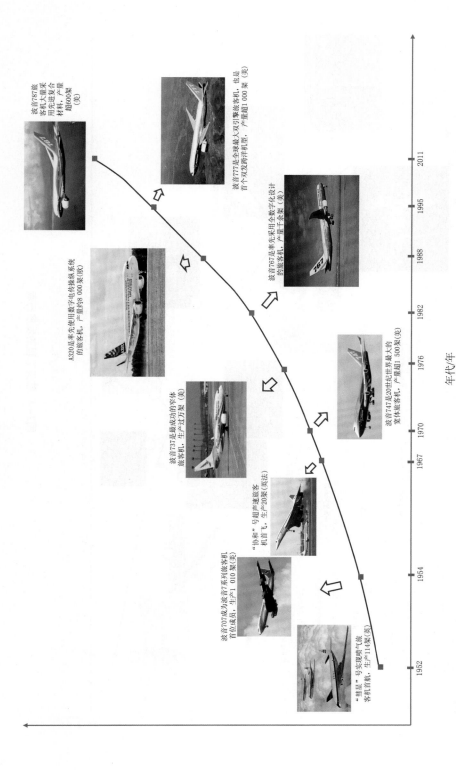

图2-3 喷气式旅客机的发展历程

年代/年

波音787旅客机大量采用先进复合材料，产量超600架（美）

波音777是全球最大双引擎旅客机，也是首个双发跨洋机型，产量超1 000架（美）

A320是率先使用数字电传操纵系统的旅客机，产量约8 000架（欧）

波音767是率先采用全数字化设计的旅客机，产量千余架（美）

波音737是最成功的窄体旅客机，生产过万架（美）

波音747是20世纪世界最大的宽体旅客机，产量超1 500架（美）

"协和"号超声速旅客机首飞，生产20架（英法）

波音707成为波音7系列旅客机首位成员，生产1 010架（美）

"彗星"号实现喷气旅客机首航，生产114架（英）

1952　　1954　　1967　　1970　1976　1982　1988　　1995　　2011

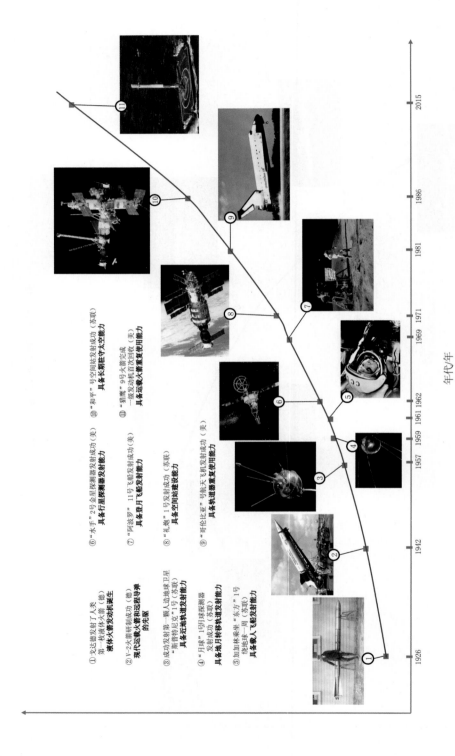

①戈达德发射了人类
第一枚液体火箭为
液体火箭发动机诞生

②V-2火箭研制成功（德）
现代运载火箭和远程导弹
的先驱

③成功发射第一颗人造地球卫星
斯普特尼克1号（苏联）
具备近地轨道发射能力

④"月球"1号月球探测器
发射成功（苏联）
具备地月转移轨道发射能力

⑤加加林乘坐"东方"1号
绕地球一周（苏联）
具备载人飞船发射能力

⑥"水手"2号金星探测器发射成功（美）
具备行星探测器发射能力

⑦"阿波罗"11号飞船载人登月成功（美）
具备载人飞船发射能力

⑧"礼炮"1号发射成功（苏联）
具备空间站建设能力

⑨"哥伦比亚"号航天飞机发射成功（美）
具备轨道器重复使用能力

⑩"和平"号空间站发射成功（苏联）
具备长期驻守太空能力

⑪"猎鹰"9号火箭首次完成
一级发动机再回收（美）
具备运载火箭重复使用能力

年代/年

图2-4 航天工程的发展历程

4

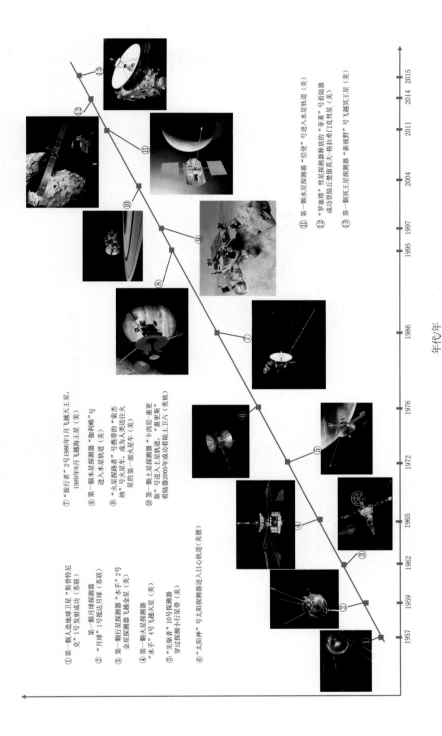

① 第一颗人造地球卫星 "斯普特尼克" 1号发射成功（苏联）

② "月球" 1号探测器 第一颗月球探测器 到达月球（苏联）

③ 第一颗行星探测器 "水手" 2号 金星探测器飞越金星（美）

④ 第一颗火星探测器 "水手" 4号飞越火星（美）

⑤ "先驱者" 10号探测器 穿过探测小行星带（美）

⑥ "太阳神" 号太阳探测器进入日心轨道（美德）

⑦ "旅行者" 2号1986年1月飞越天王星，1989年8月飞越海王星（美）

⑧ 第一颗木星探测器 "伽利略" 号进入木星轨道（美）

⑨ "火星探路者" 号携带的 "索杰纳" 号火星车，成为人类送达火星的第一部火星车（美）

⑩ 第一颗土星探测器 "卡西尼-惠更斯" 号进入土星轨道，"惠更斯" 号探测器2005年成功着陆土卫六（美欧）

⑪ 第一颗水星探测器 "信使" 号进入水星轨道（美）

⑫ "罗塞塔" 号彗星探测器释放的 "菲莱" 号着陆器成功登陆正楚留莫夫-格拉希门克彗星（美）

⑬ 第一颗冥王星探测器 "新视野" 号飞越冥王星（美）

年代/年

图2-5　无人航天器的发展历程

5

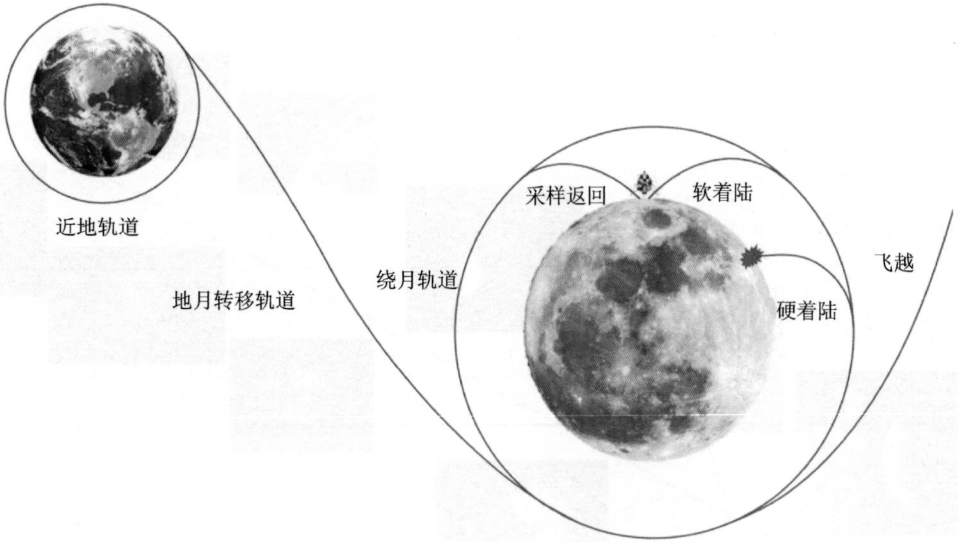

图2-6　月球探测器飞行轨道

飞越

硬着陆

软着陆

采样返回

绕月轨道

地月转移轨道

近地轨道

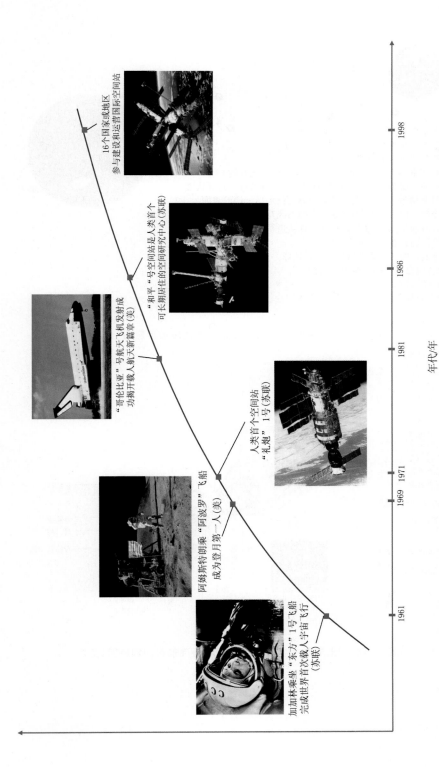

图2-7 载人航天的发展历程

7

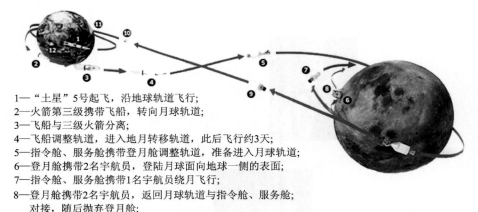

1—"土星"5号起飞，沿地球轨道飞行；

2—火箭第三级携带飞船，转向月球轨道；

3—飞船与三级火箭分离；

4—飞船调整轨道，进入地月转移轨道，此后飞行约3天；

5—指令舱、服务舱携带登月舱调整轨道，准备进入月球轨道；

6—登月舱携带2名宇航员，登陆月球面向地球一侧的表面；

7—指令舱、服务舱携带1名宇航员绕月飞行；

8—登月舱携带2名宇航员，返回月球轨道与指令舱、服务舱
    对接，随后抛弃登月舱；

9—指令舱、服务舱调整轨道，飞行地球；

10—服务舱分离，指令舱继续飞行；

11—指令舱进入地球大气层；

12—指令舱打开降落伞，在海上降落

图 2－47 "阿波罗"号飞船往返月球的路径示意图（美）

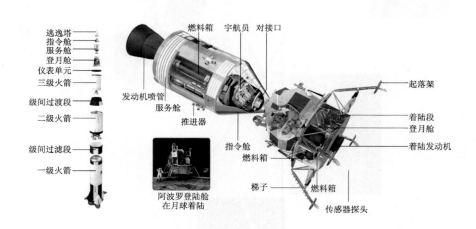

图 2－48 "土星"5 号火箭和"阿波罗"号飞船内部构造图（美）

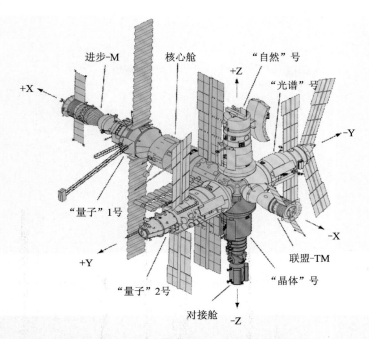

图 2-49 "和平"号空间站舱段组成示意图(俄)

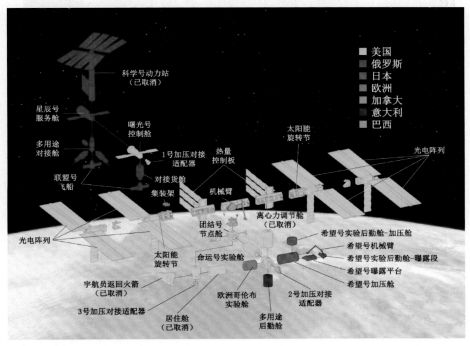

图 2-50 国际空间站的结构组成

9

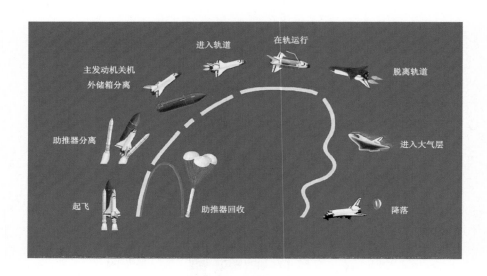

图 2-51　航天飞机的上升、轨道飞行、返回的示意图

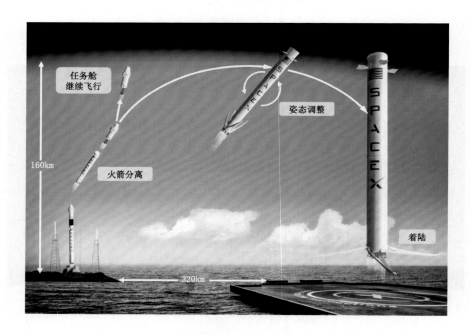

图 2-54　"猎鹰"9 号运载火箭的发射、回收示意图(美)

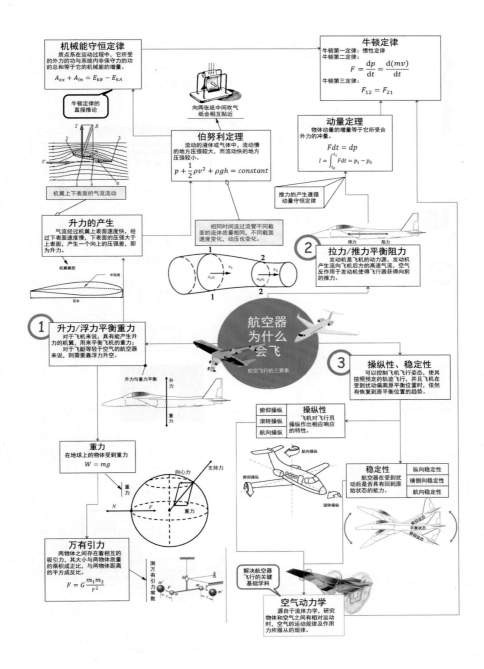

图 3-1　航空器为什么会飞

11

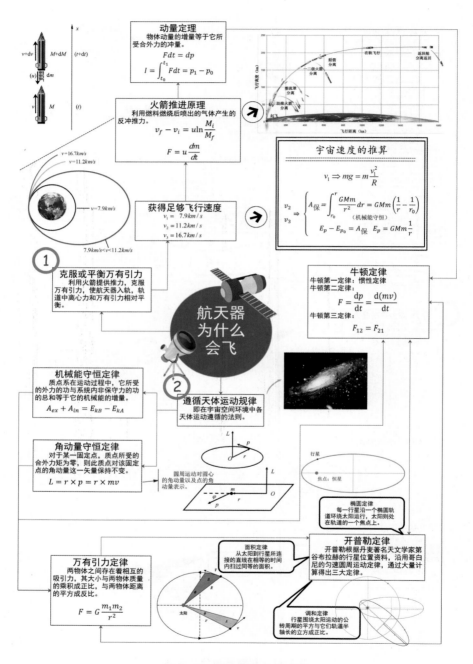

动量定理
物体动量的增量等于它所受合外力的冲量。

$$Fdt = dp$$

$$I = \int_{t_0}^{t_1} Fdt = p_1 - p_0$$

火箭推进原理
利用燃料燃烧后喷出的气体产生的反冲推力。

$$v_f - v_i = u\ln\frac{M_i}{M_f}$$

$$F = u\frac{dm}{dt}$$

获得足够飞行速度

$$v_1 = 7.9km/s$$
$$v_2 = 11.2km/s$$
$$v_3 = 16.7km/s$$

宇宙速度的推算

$$v_1 \Rightarrow mg = m\frac{v_1^2}{R}$$

$$\begin{matrix} v_2 \\ v_3 \end{matrix} \Rightarrow \begin{cases} A_{保} = \int_{r_0}^{r}\frac{GMm}{r^2}dr = GMm\left(\frac{1}{r} - \frac{1}{r_0}\right) \\ \quad\quad\quad\quad\quad\quad (机械能守恒) \\ E_p - E_{p_0} = A_{保} \quad E_p = GMm\frac{1}{r} \end{cases}$$

① **克服或平衡万有引力**
利用火箭提供推力，克服万有引力，使航天器入轨，轨道中离心力和万有引力相对平衡。

牛顿定律
牛顿第一定律：惯性定律
牛顿第二定律：

$$F = \frac{dp}{dt} = \frac{d(mv)}{dt}$$

牛顿第三定律：

$$F_{12} = F_{21}$$

航天器为什么会飞

机械能守恒定律
质点系在运动过程中，它所受的外力的功与系统内非保守力的功的总和等于它的机械能的增量。

$$A_{ex} + A_{in} = E_{kB} - E_{kA}$$

角动量守恒定律
对于某一固定点，质点所受的合外力矩为零，则此质点对该固定点的角动量这一矢量保持不变。

$$L = r \times p = r \times mv$$

② **遵循天体运动规律**
即在宇宙空间环境中各天体运动遵循的法则。

圆周运动对圆心的角动量以及点的角动量表示。

椭圆定律
每一行星沿一个椭圆轨道环绕太阳运行，太阳则处在轨道的一个焦点上。

开普勒定律
开普勒根据丹麦著名天文学家第谷布拉赫的行星位置资料，沿用哥白尼的匀速圆周运动定律，通过大量计算得出三大定律。

面积定律
从太阳到行星所连接的直线在相等的时间内扫过同等的面积。

万有引力定律
两物体之间存在着相互的吸引力，其大小与两物体质量的乘积成正比，与两物体距离的平方成反比。

$$F = G\frac{m_1m_2}{r^2}$$

调和定律
行星围绕太阳运动的公转周期的平方与它们轨道半轴长的立方成正比。

图 3-2 航天器为什么会飞

序 言 一

学以致用，以学明志。在人类文明几千年的历史长河里，在人类改造世界的长期实践活动中，伟大的工程为人类社会的发展竖立起一座座辉煌壮丽的里程碑，工程师们用智慧和汗水为社会生产力的发展和推动社会文明进步创造出一个个永不磨灭的奇迹。航空航天工程是迄今人类创造的所有工程中对社会发展影响极为深刻和广泛，同时盈溢幻想、富有朝气、具有巨大挑战性的工程门类之一，业已成为当今世界富国、强国的重要标志。《空天工程通识》一书，深入浅出，以丰富的成果展现、素描了航空航天的历史轨迹；简明扼要，以清晰的原理阐释，勾勒出科技工程的发展脉络；循序引导，以宽阔的视野诠释工程理念，教导工程思维。

格物致知，道心惟微。张聚恩先生拥有50多年航空航天科技工作的经验，由他领衔主编的《空天工程通识》，在介绍航空航天发展的逻辑与规律的同时，为读者正确认识工程内涵、客观看待工程师职业、理性认识专业方向，提供了一条新的途径指引。通过学习此书，作为学者，有助于摆脱单一专业的束缚，而从系统工程的角度去认识空天工程；作为学生，可以知晓各种专业在一项宏大工程里所起的作用，明晰个人在其中应担当的使命，从而更好地把握进一步学习和研究的方向，并为之终生不懈努力。

掩卷浮想，似在入梦，似觉醒梦，似于追梦。作为从业航空几十年的工程师，还是第一次读到这样新颖而富有感触的专业通识，豁然自觉献身事业之无悔，更以所从事的工程师职业而自豪。想必读者经过研读此书，也一定会激发空天热情，树立空天情结，启迪工程智慧。我愿向大家推荐此书。

唐长红（中国工程院院士，歼轰 7A 歼击轰炸机、
运 20 大型运输机总设计师）

序 言 二

我很高兴地阅读了《空天工程通识》书稿，这是一本具有探索意义、也很有价值的教材。我愿向广大读者推荐此书。

该书是北航新开课程"航空航天科技与工程通识"的配套教材，是为适应"新工科"教育改革，为航空航天大类招生、大类培养而开发的通识读本。编写者们付出了艰辛的劳动，力求从工程视角，介绍航空航天工程的内涵及其科学基础与技术体系，以帮助航空航天专业的学生们尽早知晓"工程"概念，建构航空航天知识体系的认知，初步确立科学逻辑和技术思维，为成为一名优秀航空航天工程师打好基础。这个立意很好，很值得称道。

世界航空航天领域正进入创新发展的新阶段，空天一体、奔向更高远的空间是人类在新世纪的共同使命。改革开放以来，我国航空航天事业取得了伟大的历史进步，正处在从航天大国迈向航天强国的豪迈进军中。热望更多的学子树立远大理想，刻苦学习，掌握本领，投身祖国的航天事业，也在为人类航天事业奉献更多中国智慧和中国能量的努力中做出自己的贡献。

吴伟仁（中国工程院院士，中国探月工程总设计师）

序 言 三

　　《空天工程通识》是北航施行大类招生、大类培养后，为航空航天大类学生量身定制的第一本通识课程配套教材。该书从工程视角，系统全面地描述各类学科在航空航天工程中所扮演的角色，帮助同学们认识专业、合理选择。读者通过学习这本书，可以更加深入地了解并掌握各个专业解决问题的核心思维方式；当面对实际工程问题时，不会被自身专业所限制，能够站在工程整体的角度看待与分析之，并创新性地予以解决。这也是大类培养、通识教育的核心目标所在。

　　北航学院在该课程的建设和教材编写中，积极与航空工业集团公司等航空航天企业合作，邀请长期工作于我国航空航天科研生产管理一线的专家张聚恩等加入。他们对航空航天工程技术的发展和航空航天人才培养具有丰富的阅历和深入的理解，对课程教学和教材的高质量编写起到了重要作用。这是一次很好的校企合作开展工科教育、探索人才培养之路的模式创新。

　　我愿意向读者们，特别是航空航天大类各专业的青年学子以及关心航空航天事业发展的读者们推荐这本书。

　　房建成（中国科学院院士，北京航空航天大学常务副校长）

前　　言

经过艰辛而高效的编写工作,《空天工程通识》一书终于问世了。

本书的编写起因于 2017 年北京航空航天大学(简称北航)以"大类招生、大类培养、书院管理"为核心的人才培养模式"供给侧改革"。这轮被称为北航建校 65 年来最大的人才培养模式改革,以学生为中心,致力于扩大学生自主选择权,一年级不分专业,一年后学生根据意愿进行专业选择,促进个性化发展;推行和加强通识教育,实行宽口径、大平台的专业设置与教学,强调通识与专业并重,提升跨学科交叉创新能力和全方位综合素质。

航空航天大类包含北航 10 个专业学院的近 30 个专业和专业类,几乎包含了北航所有的空天相关优势工科专业。在大类培养课程体系中,迫切需要补充建设航空航天专业通识课程,以帮助大类培养的一年级学生初步了解大类专业的工程专业背景,即航空航天工程的概念、发展历程、科学基础、工程技术及能力素质要求等;使学生熟悉并理解大类各专业在航空航天系统工程中所处的位置,以及各个专业解决问题的核心思维方式。这些是原有细分专业的课程体系中所缺乏的。

空天工程也称航空航天工程,是迄今人类创造的所有工程类别中,对社会发展影响极为深刻、广泛,同时又非常富有朝气、具有挑战性的门类之一。立志学习航空航天专业的学生,应尽早知晓工程概念,树立工程思维,建构起合理的知识体系,既不甘平庸,又务实精进,为将来成为浩大空天工程项目中的合格一员,成为一名优秀的航空航天工程师做好准备。因此,北京航空航天大学冯如书院,特别邀请我们研讨建设这样一门专业通识课,并编写《空天工程通识》一书作为课程配套教材。

编写组成员有:张聚恩、万志强、高静、王亚男、武瑾媛、梁伟涛、王耀坤。具体分工如下：张聚恩、万志强担任主编，确定全书结构，并对全书统稿；高静担任副主编。王亚男和张聚恩负责第 1 章的编写，王耀坤和万志强负责第 2 章的编写，万志强负责第 3 章的编写，张聚恩负责第 4 章的编写，武瑾媛和张聚恩负责第 5 章的编写，梁伟涛和高静负责第 6 章的编写。编写组历时近一年，数易其稿，终于完成了编写工作。本书的出版得到了北京航空航天大学双一流建设通识课程专项经费的资助与支持。

本书以"工程"为导引和框架，诠释工程理念，培育工程思维，帮助同学们学科学、学技术、学知识、学方法，提高学养和能力；促使同学们懂全局、懂集成、懂优化、懂权衡，增强工程素养。

全书共分 6 章。第 1 章空天工程概述，从探讨工程和与工程密切关联的科学、技术、产品、产业等概念及其相互关系出发，导出空天工程的含义、演进、特点和发展趋势，并力求以工程和空天工程的伟大实践来说明，以帮助读者理解和建立工程思维。第 2 章空天工程的发展，综述空天工程的发展历程，评析历史上的重大空天工程，介绍当代空天工程，用图文结合的方式，梳理出空天工程的发展脉络，并通过对具有里程碑意义的伟大工程的介绍，进一步揭示空天工程的特点及其引起的科学技术进步。第 3 章空天工程的科学基础，对空天工程所涉及的科学进行简明介绍，探究空天工程恢宏巨建的科学基石，主要包括航空航天共用性力学与数学基础、航空的科学基础、航天的科学基础等。第 4 章空天工程技术，从工程技术的概念出发，对空天工程技术及其体系进行诠释，概要介绍设计、制造、材料、试验及系统工程等技术，并对空天工程技术的未来发展做出前瞻。第 5 章空天工程产品与产业，从空天工程的产品及其发展趋势入手，阐释空天产业的概念、构成与特点，介绍世界航空航天强国的产业状况，以及详析中国空天产业的布局。第 6 章空天工程教育，从空天工程教育的基本含义与责任出发，回顾其发展历程，对国内外著名相关高等学府的专业设置情况和专业培养水平进行简要介绍，对航空航天从业者的素质要求和时代使命进行阐述,并从专业和职业关系的角度,对当代航空航天类高等院校学生的专业选择和职业规划提出建议。

本书的编写是大类培养方案中航空航天专业工程通识课程及其教材的首次尝试。航空航天大类专业的学生使用本书,有助于建立空天工程理念,坚定空天报国志向,启迪和培养工程思维能力,增强对空天工程及其相关科技门类的认知,正确理解专业与职业的关系,理性选择专业。非航空航天专业的学生和感兴趣的读者,也可以通过本书,了解中国及世界航空航天工程发展的历史、现状及未来。本书可以作为大学"航空航天概论"课程和教材的有益补充。

编写组

2019 年 8 月

目　　录

第6章　空天工程教育 /322

附录　国内外空天教育资源 /349

参考文献 /358

后　　记 /361

第1章 空天工程概述

作为《空天工程通识》一书的首章,本章将对"空天工程"做出简要的诠释,也可视其为全书的导论,从探讨工程和与工程密切关联的科学、技术、产品、产业等概念及其相互关系出发,导出空天工程的含义、演进、特点和发展趋势。在阐述上述内容时,力求以工程和空天工程的伟大实践来说明,以帮助读者理解和建立至关重要的工程思维。

1.1 什么是工程

1.1.1 工程的概念

"工程"是一个耳熟能详、每天触及的概念,但给其做出一个准确定义却并不容易。在古汉语中,"工程"一词最早见诸《新唐书·魏知古传》:"会造金仙、玉真观,虽盛夏,工程严促。"其中的"工程"一词在当时及其后的很长时期多指土木构筑,后逐步有所扩展。在现代词汇里,"工程"指生产制造大而复杂的产品(如设备、建筑等)或为实现某一目标所进行的各项劳作。

英文中"工程"是 Engineering,这个单词是从拉丁文 Ingenium 和 Ingeniare 演化而来,前者本意是"聪明、智慧",后者本意则是"发明、策划、设计"。从这个词源就能理解"工程"这一名词所固有的含义,即充分运用人的聪明才智,通过一定的思维方式和实践方法,综合应用各种要素,达成解决实际问题的目标。

从人类文明史看,远古时代就有了原始工程。《荀子·劝学》中"木直中绳,鞣以为轮,其曲中规。虽有槁暴,不复挺者,鞣使之然也"的表述,就是对古代制造车轮工艺方法的描述。通过这些精彩的描述,可以知道,战国末期工匠们制造车轮时选材要"中绳",加工要"鞣",最后检测要"中规"。这就是典型的工程方法。

古代,世界各国、各民族的人民在不同时期,都曾创造过辉煌的工程成

1

就。英国的史前巨石阵,埃及的金字塔,中国的万里长城、秦驿道、都江堰和大运河,古罗马的斗兽场,中世纪的欧洲教堂,美洲的玛雅神庙等,都是古代工程的奇迹。

工程的概念和工程师(Engineer)紧密相连。在历史上,工程师这个名称甚至较"工程"出现得更早。远古时期就出现了"工程师"。中国古代神话中的燧人氏和有巢氏,都可以被称为"原始工程师"。1390 年,西方出现了 engineer 这一名词,其字面意思是指负责机器运行的人,实际上则多指那些"负责制造军事设备的人"。在当时,"机器"(Machine)这个词并不泛指各种机器设备,而是特指中世纪纷乱战争中被各方用于军事斗争的各种机械装置。和今天一样,军事往往是人类最早、最为大胆开拓和实践先进科学技术的领域,那时的"工程师"则是最为睿智、最为重要的技术人员群体,他们创造了各种军用机械,如古罗马的弩炮(见图 1-1)。后来,随着诸如桥梁等民用建筑技术的发展,工程这一概念才变得更为泛化。

图 1-1　古罗马的弩炮

自进入现代社会以来,"工程"获得了更为清晰的概念。狭义的"工程"是指,通过一群人的有组织活动,将某个(或某些)现有实体(自然的或人造的)转化为具有预期使用价值的人造产品的过程。广义的"工程"是指,由一群人为达到某种目的、在一段较长时间内进行协作活动的过程。上述古代工程杰作,以及现代兵器、舰船、飞机制作和"阿波罗"登月等,是狭义工程的范例;而环境工程、遗传工程、市政工程等,则被视为广义工程。本书侧重于使用狭义工程的概念,尤其是在介绍工程产品时更是如此。

关于"工程"的普遍性内涵,可以做如下描述:①工程是指面向目标设计制作产品或建立特定系统的过程,即在一个目标下所进行的这些活动的总称。②工程有两个基本要素,即科学与技术,尤其是技术的应用,对于工程具有决定性的作用。③工程是有组织的活动,工程的组织者与参与者,通过使用科学理论和技术成果,完成既定任务,实现预定目标。④工程的两个主要特点是目标性和复杂性。没有确定的目标,就谈不上工程。对过于简单的单一产品,一般不能称之为工程。

随着人类文明的发展,人们在社会和生产活动中,需要建造结构与功能日益复杂的系统产品,面向大系统的工程概念进一步扩展;而工程研制与系统管理,也逐步发展成为独立的学科。关于工程的研究,称为"工程学"或"工程科学"(Engineering Science),是"自然科学"里"应用科学"的一部分;管理工程最重要的工具也应运而生,这便是"系统工程"(Systems Engineering)。

1.1.2　与工程相关的概念

从古至今,以至未来,人类的工程实践如火如荼,现代工程的发展日新月异。而与"工程"的关系最为密切的概念是科学、技术、产品和产业。人类的社会活动是孕育工程的丰厚土壤,在特定的社会环境里,工程师们和众多劳动者协同,面向需求,利用自然条件,根据科学规律,凭借技术,依托工程,生产出各式各样的产品,并将这一过程里形成的生产力连同生产关系一起,构建起一个又一个产业;而众多产业的集合,形成恢宏壮美的人造生态,创造着不断进步的人类文明形态(见图 1-2)。

需求为源　　　　　　　　　　　面向需求
自然为素　　　　　　　　　　　利用自然
科学为基　　　　　　　　　　　基于科学
技术为脉　　　　　　　　　　　凭借技术
产品为果　　　　　　　　　　　依托工程
产业为林　　构建产业生态　　　形成产品

图 1-2　科学-技术-工程-产品-产业的关系

以下将逐一介绍与工程相关的几个重要的概念。

1. 科　学

望文生义，科学就是分科而学，指将各种知识通过细化分类的研究而形成的知识体系；也可指人类按照学科分类，开展研究，以获取知识和创造知识的活动。苏联的《哲学百科全书》认为科学是"精神文化的高级形式，是不断发展的各种知识体系"；《简明不列颠百科全书》主张，科学是"由人类的想象力构造出来的广阔领域的系统性概念化结构"。就其本质而言，科学乃是一种体系化、结构化的知识。

科学按其固有含义，包括自然科学（Natural Science）、社会科学（Social Science）和形式科学（Formal Science）三类。自然科学研究物质世界；社会科学研究人与社会；形式科学研究逻辑与数学等，通过提供用于描述世界结构的信息以及可能对其进行推论的方式，来帮助自然科学和社会科学。

从古代到19世纪，科学同哲学一直有着密切的联系。在西方世界，"自然哲学"（Natural Philosophy）曾经包含了与今日科学有关的众多研究领域，如天文学、物理学等。古代中国人、印度人和希腊人及一批阿拉伯先哲，分别在不同时段提出过对宇宙、自然和物质世界的哲学认知，如水、火、木、金、土的分类，对空气和地球的认识等。

在漫长的科学发展进程中，逐步兴起用实验观察方法来认识世界，以可测试的解释和预测的形式构建与组织知识体系。从中国老子（公元前570—公元前471年）的朴素辩证法到古希腊亚里士多德（公元前384—公元前322年）的形式逻辑三段论和思辨的传统自然观，逐渐发展到"普遍的真理可以通过推理和归纳而得知"，强调"实验和不同程度的量化"，直到达成科学研究的一般性原则，以实证法为核心的方法论被广泛接受，使自然科学研究的面貌为之大变。培根（英，1561—1626年）、伽利略（意，1564—1642年）、笛卡尔（法，1596—1650年）、牛顿（英，1643—1727年）等为近代科学及其方法的创建做出了重要贡献。

"科学"这个词越来越多地与科学方法本身相联系，"科学"的内涵在悄然缩小范围，成为研究自然与物质世界的专指，并促使相关的科学学科达到现代形态。而形式科学，作为一种既作用于自然科学，又作用于社会科学的普适工具，因其不依赖于实验观察，反而独立于近现代科学之外。社会科学也因同样原因,特别是因常常缺乏普遍的真理性,以及难以公式化,也同近现代科学渐行渐远。

19 世纪后出现的"科学家"和"科学界"这些概念,以及相应科学机构的建立,也都只适用于狭义的科学概念,成为自然科学的专属"领地"。当今,提及"科学",多为狭义,特指自然科学。而狭义科学的主要特点是,利用科学方法,即预先设立的方法来进行合理性证实(或证伪)。本书在提及"科学"时,也专指自然科学。

"自然科学"指人类研究物质世界的全部理论与方法。其任务是研究和解释自然现象,寻找事物间的关系。《中国大百科全书》对其定义为:研究无机自然界和包括人的生物属性在内的有机自然界的各门科学的总称。

自然科学由基础科学(Basic Science)和应用科学(Applied Science)两大类组成。基础科学也被视为纯科学,主要包括物理学、化学、生物学、天文学、地球科学等基础学科,以及由基础学科发展出的交叉、边缘学科。把基础理论转化为实际运用的科学,被称为应用科学,其研究的方向性强,目的性明确,与实践活动的关系密切,直接体现人的需求,但仍保留科学的属性,不与特定的应用相捆绑。应用科学的主要内容是工程科学(包括力学、运动学、电磁学、工程物理学、设计学、制造学、材料学等)和医学科学(如医学微生物学、临床病毒学、生物医学等)及其他门类。人们在使用"基础科学"这一概念时,有时又把"数学"包容在内,俗称为"天、地、生、数、理、化",只是强调其基础性的作用。

2. 技 术

技术(Technology)一词来自希腊语,指技能、手的技巧,所谓熟能生巧,巧就是技术。技术也被称作"技艺的科学"或"工艺科学"(Science of Craft)。技术先于工程出现,技术也远比科学古老。技术史与人类史一样源远流长。

关于"技术"的狭义定义是,技术是人类劳动工具的延伸与扩展,或技术是特殊的劳动工具。广义定义是指,人类为实现社会需要(生产产品、提供服务或完成特定的目标)而创造和发展起来的手段、方法和技能的集合。法国科学家狄德罗主编的《百科全书》给技术的定义是:"技术是为某一目的而共同协作组成的各种工具和规则体系。"

使用工具是人类有别于其他动物的显著特征(但新近的研究表明,某些灵长类动物和海豚亦能开发简单的工具,并将知识传授给后代)。史前人类已能将自然资源转化为简单的工具，如控制和使用火，制作石器等，从而扩大了食物的来源，提高了生活质量。各个历史时期、各个民族都有典型的"代表作"，如古代中国的四大发明（造纸术、指南针、火药、活字印刷术）及四大航空发明（风筝、竹蜻蜓、孔明灯、古代火箭）等。另外，车辆和船舶、电话和互联网、现代航空器等的出现，减少了人类沟通的物理障碍，实现了全球范围内的自由联通和移动。

"科学"和"技术"同为"工程"的基本要素，但技术对工程的作用更直接、更具有决定性，而科学对于工程的作用一般是间接和基础性的。作为一种人类活动，技术先于工程；技术是工程的先导；没有技术的储备和支撑，就没有新工程；没有源源不断的工程项目，世界就不会变成今天的模样。引申到实践中，在所有新工程项目立项时的技术可行性论证，其实质就是对技术支撑性的评价。但同时，系统的技术往往是工程的后果：没有工程的牵引，就没有系统性的技术开发与应用。

技术与科学具有明显不同的性质。一般来说，科学的任务是认识世界，能够有所发现，从而增加人类的知识财富；技术的任务是改造世界，能够有所发明，以创造物质财富，丰富人类社会的精神文化生活。科学要回答"是什么"和"为什么"的问题；技术则要回答"做什么"和"怎么做"的问题。

科学是人类通过观察和实验获得的关于自身或物质世界的系统知识。技术必须满足诸如效用、可用性和安全性等要求，一般来说，技术不是科学的自然产物。技术的发展可以借鉴许多知识领域，但必须通过具有明确目标的创造性劳动，才能获得可实际应用的技术成果。

科学和技术的成果形式也有所不同。科学成果一般表现为概念、定律、论文等形式；技术成果一般以工艺流程、设计方案、操作方法等形式出现。科学产品一般不具有商业性，而技术成果具有强烈的功利性和商业色彩。

值得注意的是，科学与技术的差异在缩小，技术与应用科学的界限日益模糊。初时，人们总强调科学和技术的差异，称科学是创造知识，而技术是运用知识。如果说基础科学中的传统学科，如"天、地、生、理、化"等，尚符合上述认定的话，那么作为基础科学新兴部分的交叉、边缘学科以及广阔领域的应用科学，它们的任务和成果，已经同技术难以明晰划分了。应用科学是科学，也可以看作是先期技术，因为其成果也能直接作用于物质形态；而技术自身也同样创造知识。

技术具有目的性、社会性、多元性和可传授性等主要特点。

目的性——任何技术从其诞生起就具有目的性,目的性贯穿于技术活动的全过程,例如追求效率、质量或稳定持久。

社会性——技术的实现需要通过社会协作,并受社会多种条件的制约;技术成果可以为社会所用,技术不仅帮助人类发展经济,也帮助人类改变和丰富生活。

多元性——技术拥有多种形态,既可表现为有形的工具装备、实体物质等硬件,也可以表现为无形的工艺、方法、规则等软件,以及信息资料、设计图纸等,还可以表现为实际生产经验、个人专门技能或头脑中的观念等无形形态。

可传授性——技术可以有多种来源,可以通过多种方式传承或授予他人。技术可以是个人发明,也可以是团队合作所获;可以待价而沽,出售转让,也可以家族相传,代代继承改进。

技术的分类法很多,常用的有以下 4 种,参见表 1−1。

3. 产 品

产品的概念似乎颇具功利色彩。早期人们通过劳动创造出的成果,其实就是产品,但只为自给自足;随着劳动成果进入交换和消费领域,"产品"这个概念被赋予商业属性,获得了新的定义,即产品是市场上任何可以让人注意、获取、使用,或能够满足某种消费需求和欲望的东西。也可以说,产品指能够供应市场,被使用和消费,以满足某种需求的任何东西,包括有形的物品和无形的服务、组织、观念或它们的组合。

从经济学的角度,产品是"一组将输入转化为输出的相互关联或相互作用的活动"的结果,即"过程"的结果。在经济领域中,通常也可理解为组织制造的任何制品或制品的组合。简单来说,产品是为了满足市场需要而创建的功能物品及服务。产品可以是实体产品,如计算机、建筑物、汽车、飞机等;可以是服务,如航空公司、银行等提供的服务;也可以是人,如演员是艺术业的产品、运动员是体育业的产品等。

从营销学的角度,产品通常有下述四种类别:

(1) 硬件产品

硬件通常是有形产品,是不连续的、具有特定形状的产品,其量具有计数特性,往往用使用功能和计数特性来描述它的特征与性状。

表 1-1　技术分类简示

分类法	类别	内容
按功能	生产技术	根据行业不同而集聚的技术;如农业技术、工业技术、通信技术、交通运输技术等
	非生产技术	服务于全社会的技术;如科学实验技术、公用技术、文化教育技术、医疗技术等
	双重功能技术	既有行业属性,又为全社会服务的技术;如电子信息技术、能源与节能技术、环境保护技术、生物技术、材料技术、制造技术等
按形态	软件技术	无形的技术知识;如专利技术、注册商标、专有技术等,包括计算机软件、理论配方、计划、培训、技术咨询、管理服务及设备安装、操作等所含或所需的技术知识
	硬件技术	作为软件技术实施手段或载体的机器设备、测试仪器等技术;如机载计算机等 软件技术和硬件技术密不可分。国际技术贸易中规定,在硬件贸易中含有软件贸易的内容才能被视为技术贸易,否则只能被视为一般商品贸易
按领域	依照国际专利分类	人类生活需要,作业与运输,化学与冶金,纺织与造纸,固定建筑物,机械工程、照明、加热、武器与爆破,物理,电学
	依照传统技术分类	电子信息,仪器仪表,新材料,生物医药,加工工程,机械装置与运输,消费品,土木工程
按法律地位	公有技术	又称普通技术;指向全社会公开的实践知识,可以不受任何限制地自由传播和运用
	工业产权技术	又称半公开技术;指经申请得到批准后受到法律保护,且具有法定专有权的专利技术和商标。工业产权技术的内容虽向社会公开,但所有者在一定时期内拥有独占权,任何机构或个人未经允许不得任意使用
	专有技术	又称秘密技术;指未通过法律程序申请批准、不受法律保护而靠发明人的保密手段加以保护的技术

（2）软件产品

软件产品由信息组成,是通过支持媒体表达的信息所构成的一种智力创作,通常是无形产品,一般是以方法、记录或程序的形式存在的,如计算机程序、字典、信息记录等。

（3）服　务

服务通常是无形的,是为满足顾客的需求,供方(提供产品的组织和个人)和顾客(接受产品的组织和个人)之间在接触时的活动以及供方内部活动所产生的结果,并且是在供方和顾客接触后至少需要完成一项活动的结果,如医疗、运输、咨询、金融贸易、旅游、教育等。服务的提供可涉及:在为顾客提供的有形产品(如接受维修的产品)上所完成的活动;在为顾客提供的无形产品(如为准备税款申报书所需的收益表)上所完成的活动;无形产品的交付(如知识传授方面的信息提供);为顾客创造氛围(如在宾馆和饭店)。服务特性包括:安全性、保密性、环境舒适性、信用、文明礼貌及等待时间等。

（4）流程性材料

流程性材料通常是有形产品,是将原材料转化成某一特定状态的有形产品,其状态可能是流体、气体、粒状、带状,如润滑油、布匹,其量具有连续的特性,往往用计量特性描述。

值得注意的是,随着社会的发展,越来越多的产品同时由两个或多个不同类别的形态构成,产品类别(硬件、软件、服务或流程性材料)的区分取决于其主导成分。例如,客运飞机的基本形态由硬件构成(含机身、机翼、起落架、发动机等),同时包含软件(控制软件、驾驶员手册等)和服务(如为销售所做的操作说明和培训等),以及流程性材料(如燃料、冷却液等)。

从消费学的角度,产品一般可以分为五个层次,即核心产品、基本产品、期望产品、附件产品、潜在产品。核心产品是指整体产品提供给购买者的直接利益和效用;基本产品是指核心产品的宏观化;期望产品是指顾客在购买产品时,期望得到的一组特性或条件;附件产品是指超过顾客期望的产品;潜在产品指产品或开发物在未来可能产生的改进和变革。

正如前面阐述"工程"概念时所说,目标性和复杂性是其两个基本特征。作为目标性最为强烈、复杂性几乎居于一切工程之首的空天工程,其物化成果就是空天工程产品,包括航空器、航天器,以及兼具航空航天能力的空天飞行器。这本书将以相当大的篇幅去介绍空天工程及其产品,紧紧围绕创造优异空天工程产品这个伟大目标,去探寻空天科学技术的发展之路。

4. 产　业

必须尽早地向读者介绍"产业"的概念,因为活在当下的人们,每天都在享受着各式各样的产品,而这些产品几乎全部来自各门各类的产业,没有产业,就没有人们生活中的一切。更重要的是,绝大部分人,将来都要成为产业大军的一员,因此需要认识产业,懂得产业的构造与特点,知晓自己在产业中扮演的角色,以及如何做好准备、走进选定的特定产业领域,为产业的兴盛发展做出贡献。

什么是产业?产业是指一种经济形态,是有效运用资金与劳力,从事物质产品生产和提供劳务活动的集合体的泛称,包括农业、工业、交通运输业、邮电通信业、商业饮食服务业、文教卫生业等部门。产业也可以依产品分类,如化工、石油、汽车、消费电子、餐旅、软件、文化产业等;按此分类,从事空天工程开发与大类产品研发生产的航空航天业是独立的产业形态。

产业是社会分工和生产力不断发展的产物。它随着社会分工的产生而产生,随着社会分工的发展而发展。产业是由利益相互联系的、具有不同分工的相关单元组合而成的业态,其经营方式、经营形态、企业模式和流通环节虽有所不同,但是,其经营对象和经营范围是围绕着各自的工程项目和产品而展开的,并且可以根据需要往前至基础行业、往后至服务保障,构成完整的产业链条;作为经济学概念,产业的内涵与外延具有复杂性与变动性。

在经济学上,产业的基础性分类是第一、第二、第三产业三大类。第一产业(又称初级产业)泛指一切从事原材料开采的行业,包括农业、渔业等。第二产业(又称次级产业)是进行加工的行业,是对第一产业生产出的原料或其他第二产业生产的半制成品进行加工,包括工业、建筑业、印刷业等。第三产业泛指一切提供服务的行业,如法律、医疗、批发业、教育、文艺体育等。

也有将第三产业再进一步细分,分出第四产业和第五产业的分类法。第四产业是以高科技服务为特征、以信息技术为代表的新产业,如计算机程序设计、生物化学等。第五产业是将文化产业与创意产业抽出,重新定义的新产业形态,包括出版、动漫、电游、戏剧、舞蹈、企划、装修等体现文化与创意的产业。

关于国防、司法、治安、消防等政府公共服务、基础设施建设、福利事业等形成的产业,其共同特征为非营利性,如何归类,尚有不同见解。

大规模的产业发展与产业划分始于工业革命,尤其是在第二次工业革命中,产生了以规模化批量生产为特点的工厂,取代以往家庭式、作坊式生产,工业成为国家生产和就业的主要部门,工业产值占世界经济的比重日渐提升。在工业发展打破重商主义和封建制度主导的经济结构的同时,随着诸多科技突破和进展,也催生了新产业的出现与发展。世界范围的航空产业也诞生于第二次工业革命之中,随后,在 20 世纪 50 年代航天产业也形成了独立的产业形态。但由于航空与航天的密切相关性,以及新世纪航空与航天的融合发展,在多数先进国家,将航空与航天看作一个整体,称航空航天产业,简称空天产业。对于该产业的属性,本书仍按传统定义,将其视为第二产业和第三产业的混合产业形态,工程及产品生产属第二产业,运营及服务(如民航、维修等)属第三产业。

1.1.3　工程思维的产生与演进

从现在开始,必须强调"工程思维"。工程活动不同于自然过程,工程活动中始终伴随着思维活动,工程活动中的思维活动称为工程思维。在某种意义上,工程思维是工程活动的灵魂。这是因为,没有工程思维,就不可能正确地策划工程项目,也不可能有效地实施工程项目,进而达成工程的成功。工程思维是人类在生产实践中萌生并不断得到发展和完善的思维方式。所谓工程思维习惯,概括地说,是指工程技术人员在处理工程问题时进行活动的心智模式,包括提出问题的时机、工作的排序与调整、有效的思维模式和如何判断工作成果的优劣等与从事工程活动有关的程序和方法。工程思维的显著特点是创造性、集成性、系统性和整体性。在这里,先概略地述说工程思维的产生与演进,而在以后的章节,将会更多地诠释工程思维的作用与内涵,以及怎样才能确立工程思维。

(1) 创造性思维

工程活动是一种创造性的活动,创造性是工程思维最显著的特点。工程思维不同于科学思维和艺术思维。航天工程学家和教育家冯·卡门曾这样形容工程思维的创造性特征:"科学家发现已经存在的世界;工程师创造一个过去从未存在的世界。"至于艺术思维,可以参照冯·卡门先生的方式对它进行这样的解析——艺术家想象一个过去和将来都并不真实存在的世界。可以看出,发现、创造和想象分别是科学思维、工程思维和艺术思维这三种思维的重要特征。

创造性思维具有新颖、发散和开放等特点。创造性思维贵在创新,鼓励无边界地畅想,寻求在创意与思路上或在解决问题的方法上,具有一定的首创性。创造性思维本质是发散式思维,在处理工程问题时,应能从多角度、多侧面、多层次、多结构去思考,去寻找答案,既不受现有知识的限制,也不受传统方法的束缚。创造性思维又是开放式思维,无现成的思维方法、程序可循,其方法与结论不是单一的,而是在多种方案、多种途径中去探索、选择,使其形成的工程方案可行和相对最优。

(2)集成性思维

工程思维的产生与演进同人类社会发展水平紧密相关,同生产力与科学技术的发展密切相关。工程思维必须建立在对当时所能获得技术的全面把握之上,建立在技术的集成性之上,即集成性思维;它强调系统内部各要素之间以及系统与外部环境之间的双向交互作用的集成与综合。在新石器时代,工程技术人员的工作可能是打造一把石匕首(见图1-3),他们要做的工作似乎比较简单,只需要寻找一批硬度较大的石头,再按照砍砸的需求,把石头在更坚硬的岩石上磨制出刃部,再在顶部钻孔用于安装木柄,用藤条或棕绳把刃部安装在木柄上,石匕首就算完工。然而即使是这样的工作,在当时的环境中也算是一项工程活动,对于岩石的选择、磨制的方法、钻孔的工艺、绳索的编制及捆绑的方法等,都是原始人类在漫长年代摸索掌握的工程技术。自从人类发现工程技术可以极大地改善人类的生产和生活状况后,就一直在试图掌握更多的工程技术,拓展工程思维的疆界。

图1-3 新石器时代打造的石匕首

批量产品和单件产品对工程思维有着不同的要求。封建时代,如果工程技术人员奉命要制造一批箭镞,那么他必须要提前对任务目标进行规划。他要先设法筹集竹木(用来制造箭杆)、胶漆、羽毛和金属(用来制造箭头)等材料,然后还要根据实现任务的时限调集相应的制造工人和生产工具,最后为了保证加工制造质量,他还需要制定统一的加工工艺规范和验收技术标准。这些工作,必须在工程开始实施前完成,而不能在工程活动过程中进行,否则将难以保证任务进度和质量。随着人类生产力水平的提升,工程技术人员可能需要为封建王侯建造一座城堡或者要塞,其复杂程度明显增加,然而和今天大型飞机、航空母舰、大型桥梁、远程高速铁路等超级工程相比,其难度简直是小儿科。

(3)系统性思维

工程师们往往负有特定的使命。21世纪科学技术不断进步,各种工程任务的复杂性和规模性要求工程技术人员具有高超的系统性思维能力。系统性思维要求把工程看作是一个完整的系统,先综合,后分析,然后复归到更高阶段上的新的综合,具有综合性、定量化和精确化的特征。系统性思维注重从结构和功能的统一性上去把握事物的整体效应;从物质系统内部诸要素的相互联系和相互作用中,从它与外界环境的相互关系中,把握物质系统的整体结构。随着现代自然科学的发展,特别是系统论的问世,系统性思维已经成为人们认识复杂的物质系统,尤其是大型工程系统的重要思维方式。系统性思维同时还体现在学习和认知中,需要不断构建工程科学技术的知识体系,以满足解决工程问题之需。

(4)整体性思维

这里的整体性思维主要指工程系统与人类社会、与社会大系统之间关系的思考与权衡。作为现代工程活动的主体,工程师必须全面把握人与自然、与其他成员乃至整个人类社会的互动关系,避免单纯从技术的角度考虑工程问题,避免仅仅着眼于工程对象本身而忽视工程"系统"与"环境"的相互作用。只有这样,才能在面对工程问题时,非常"自然地"以大社会、大环境的视角,综合、全面地思考、处理工程问题,审视工程的价值问题;在考虑技术问题的同时,"附带地"统筹考虑其他一切相关方面的问题;从人类社会和自然界安全的角度,从短期利益与长期利益一致的角度,从局部利益与整体利益一致的角度,从追求性能与经济性比值最大化的角度,把相关事物联系到一起,综合考察并驾驭它们之间的相互作用。

1.1.4 历史上的伟大工程

历史上有许多伟大的古代工程,如埃及的金字塔(见图1-4)、中国的万里长城(见图1-5)、古罗马的高架引水渠(见图1-6)等。从工程角度上分析,它们反映了古人工程技术水平的最高境界。

图1-4　埃及金字塔群

图1-5　中国万里长城

　　早在公元前2700年,埃及工程师(当然,那个时候还没有这个职称)伊姆荷特普为法老乔塞尔规划设计建造起那座高大的阶梯状金字塔时,古代埃及文明的工程技术丰碑就已经被高高竖立起来。从阶梯状金字塔过渡到光滑斜面金字塔,埃及人的工程技术杰作至今被世人所传颂。埃及现存最大的金字塔是法老胡夫金字塔,这座金字塔使用超过200万块、每块重约2.5 t的巨石(大者重达15 t)堆砌,底边长230 m,原始高度为146.5 m,每边精确地朝着东西南北四个方向,内部有设计精巧的墓室,其朝向也与天上的星座

图1-6 古罗马高架引水渠

有着微妙的方向对应关系。金字塔采用以正方形为底面,四条棱线以斜角向上延伸并交会的外形设计,使得金字塔大部分重量都更接近地面,重心被很稳固地控制在较低高度,从而保证了金字塔能屹立数千年而不倒。这一切表明,古代埃及工程技术人员在建筑测绘、工程力学与项目规划方面有着相当成熟的经验。建造金字塔如此巨大的建筑需要动用成千上万名劳工,仅从项目管理而言就是一项艰巨任务;另外,当时的埃及人并没有掌握铁器,只是开凿巨石并将它们搬运到工程现场,再利用原始坡道运送到堆砌地点,准确地构成金字塔的雄伟外形,但这些都体现了古代埃及人高超的工程应用手段。

中国的长城是中国古代先民工程技术应用水平的典范级代表。自西周时期开始,长城延续不断地修筑了2 000多年,是中国也是世界历史上修建时间最长、工程量最大的一项古代防御工程,分布于中国北部和中部的广大土地上。绵延万里的长城的修建,体现了中国古人高超的智慧。要在荒蛮的边境地带修建超长的城墙,古代工程技术人员必须要解决设计测绘、工程选址、材料准备、劳动力调集与管理、工程验收等一系列问题。长城不仅仅是一道城墙,它还附带有关隘、城垒等多种防御和生活设施,这要求工程技术人员必须在设计之初就对这些总体要求进行统一规划。汉代以前的长城多使用夯土版筑工艺,这要求在工程设计时必须对取土、用水和版筑所需的植物添加材料进行预先的准备和运输;而到明代则使用规格统一的城砖垒砌,这些城砖都是预先规划窑址,统一制作,并运输到工地,许多城砖都带有工程验收的印鉴,体现了中国古代工程管理的规范性。

为了解决城市供水问题,古罗马修建了许多大型引水渠道,负责把城市周围的水源引入城市。古罗马建的第一条饮水渠是暗渠,全长 16 km,建造时间是公元前 312 年。公元前 114 年,罗马第一条地上引水渠兴修成功,高大的引水渠将清澈的山泉之水凌空经由山岭、河流及田野,最后引入罗马城内。随着工程技术水平的提高,还出现了高达四五十米的双层甚至三层高架引水渠。古罗马建设了超过 10 条引水渠,每天可供应水 14 万 t。罗马水道的输水槽大部分为砖石结构。水道上层是砖砌渠道,渠宽 0.6～1.0 m,高 1.6～2.6 m,水渠断面多呈长方形,渠道一般设有盖板,每间隔 80 m 左右留一个气孔或观测孔;水道下层为拱式干砌石架渡槽。有些输水槽还有上下重叠的两三层渠道,通过这些渠道将水输送至城内。城内的分引水管道遍布街巷,水管有铅管、陶管等,形成罗马城较完整的供水系统。有些水源距离较远,则水道较长,如公元前 114 年建成的梅西亚输水道长达 62 km。古罗马帝国境内有许多输水道,有些至今还可找到遗迹,如法国境内的蓬迪加尔输水道和西班牙境内的塞哥维亚输水道,是由两层或三层的石拱结构支撑着的水渠。这些渠道今天仍有部分在发挥作用。如此复杂庞大的引水工程系统,要求工程技术人员必须在事前对工程进行详尽的规划,特别是对于水渠的走向和高差的确定,需要做到非常精准,才能确保引水渠能够有效发挥功能。修建饮水渠过程中使用的石料和预制件,也体现了工程技术人员高超的规划设计水平,至今堪为人类工程技术的楷模。古罗马引水渠修建过程中,留下了体现工程技术人员高超水平的鲜明痕迹。公元 1 世纪罗马工程师维特鲁威写成的《建筑十书》中,多处提及与输水道有关的问题。

1.2　什么是空天工程

1.2.1　空天工程的概念

空天工程是人类为实现航空航天活动的特定目标而衍生出的工程概念,是航空工程和航天工程的统称。空天工程是综合运用航空航天的相关科学、技术以及其他要素,实现空天实用目标的过程和方法。

自从人类的双脚在 1783 年凭借载人气球离开大地升上天空,空天工程这一名词也就真正具有了现实意义。在飞行的目标逐步明确之后,人类此时已经相信凭借人类科技力量完全能够实现飞行,通过工程技术手段不断制造各种飞行工具,并持续改进其飞行能力,从而实现更为远大的飞行目标,就成为空天工程不断发展的永恒主题。

1.2.2 空天工程的演进

人类空天工程的进步,其实也是人类追逐飞行梦想的进程。数千年来(实际上甚至可以追溯到人类历史之初),人类一直在仰望自由翱翔的飞鸟,并期望有朝一日自己也能具备同样的本领。为此人类付出了数千年的努力,付出了巨大的代价,最终在 100 多年前的 1903 年宣告成功。这数千年来每一次里程碑式的阶段性成功,都是根植于科学认知和技术掌握基础上的工程的成功。下面将从人类空天工程的简略进程来看一看工程究竟起到过怎样的伟大作用。

(1) 从中国风筝到凯利滑翔机

现代科学界公认中国风筝是世界上最早的可控飞行器,也是世界上最早的系留式滑翔机。风筝的历史可追溯到春秋时代,距今已经 2 000 多年。风筝概念的诞生和成熟,本身就是一个工程演进的缩影:从最早的纯木(墨子木鸢),到后来的竹子与丝织品,再到东汉时代的汉竹子与纸张,其材质的变化反映了古代中国人对于风筝结构强度、重量与飞行性能之间关系的认知过程。从工程角度来说,中国风筝也有自己的目的,那就是用作军事联络工具和休闲娱乐器材。在航空史上,风筝对动力飞机的诞生有着重要的意义。风筝在中国出现后的 1 600 年之后,被一名叫马可波罗的意大利人从中国传入欧洲。此后风筝的身影几乎伴随了人类航空进步的整条道路。

在航空工程中,飞机的发明曾是最为重要的工程问题。而这个工程问题的解决,要得益于科学和技术这两个基础要素的健全和完善。如果说 18 世纪中期伯努利奠定的流体动力学基础已经为固定翼飞行器准备了理论依据,那么从这时开始直到莱特兄弟成功的 1903 年,这长达一个半世纪里,工程师们扮演着远比科学家们更为重要的角色。因为他们要利用对于空气流体特性的科学认知以及由此产生的技术,通过工程方法,创造出人类千百年来一直梦想却不曾实现的目标——载人动力固定翼飞机。

英国的乔治·凯利爵士(见图 1-7)的研究为飞行的实现奠定了理论基础。他在 19 世纪初通过对过去科学理论的研究,以及对滑翔问题的试验(他研制成了最早的滑翔机),大胆地提出了新的应用技术概念,即人类实现飞

图1-7 航空科学家乔治·凯利

行的路径不应该是机械地模仿飞鸟那样的扑翼飞行(见图1-8,这条道路不知道让多少飞行先驱身负重伤甚至丢了性命),而是应该将鸟类翅膀的升力功能和推进功能分开处理,利用固定式的机翼和独立的推进部件,来实现飞行。这是一次惊人的发现,凯利的理论为此后人类飞机的发明道路指明了方向。值得一提的是,凯利在制造最早的滑翔机时,就利用风筝改造成缩比滑翔机模型的主翼,通过为其安装机身(就是一根纤细的木杆)、尾翼(十字形)的方式,完成了模型的构建。此后,就是这件模型,经由凯利无数次投掷试验和测量,帮助他解决了机翼迎角、尾翼配平以及重心设置等问题,这也是中国风筝在西方经历的第一次迭代创新。

图1-8 飞机发明之前人类一直尝试通过扑翼飞行

通过研究鸟的飞行,凯利于 1804 年在旋转臂上试验了一架滑翔机模型 (见图 1-9)。几乎与此同时他还设计了一架复合式飞机,轮车上装有固定 翼,在翼尖上有扑翼。1809 年,他的论文《论空中航行》在自然哲学杂志上发 表。在该论文中,他提出了十分重要的科学论断:①为作用在重于空气的飞 行器上的四种力——升力、重力、推力和阻力下定义;②确定升力的原理是 与推力原理分开的。至此,凯利已认识到鸟类翅膀不仅具有推进功能,也具 备了产生升力的功能。人类飞行器如果用不同装置分别实现上述功能,将 会比单纯模仿鸟类的飞行动作进行飞行容易得多。这一重要发现奠定了固 定机翼形式的飞机的基本构思和理论基础。他在论文中一再强调制造固定 翼飞机的重要性,这对空气动力学理论的产生和形成做出了重要贡献。他 描绘出固定翼、机尾、机身以及升降舵等操纵面,解释了机翼的作用,并指出 适当的安定性要从精心设计翼面使其有一点点角度获得;接着他又提到飞

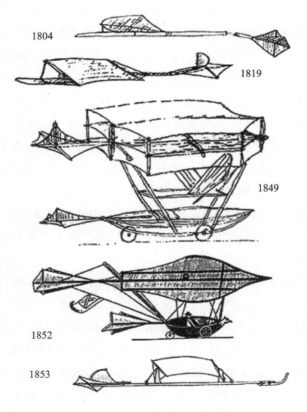

1804

1819

1849

1852

1853

图 1-9 乔治·凯利在各个时期绘制的飞行器草图

行器必须迎风而起,必须有垂直的和水平的舵面。凯利的论文还阐述了速度与升力的关系,机翼负荷、张力、重力的减轻,甚至内燃发动机的原理以及流线型对飞行器设计的重要性,等等。在他的学说中,有一段阐述飞行器基本原理的论述,在今天看来依然十分精辟和准确,这段阐述是:"机械飞行的全部问题是向一块平板提供动力,使它在空气流中产生升力,并支持一定的质量。"他的论文《论空中航行》被后人视作航空学说的起跑线。1852年,凯利成功地制造出航空史上第一架全尺寸滑翔机并进行试飞。

凯利不仅在科学上有建树,而且晚年开展了滑翔机的飞行试验(见图1-10)。1852年,凯利爵士制作了一架机翼面积达到43 m²、重68 kg的滑翔机并由其马车夫驾驶,当时究竟飞了多远,并没有明确的记录。有趣的是,马车夫从飞机上下来后,竟辞职不干了。他说:"乔治爵士,我想请你注意,我是你雇来赶车的,不是来飞行的。"

通过对滑翔机的研究,凯利得出要使飞机实现真正的飞行,必须要有合适的发动机提供动力的结论。凯利也试图通过努力研制轻质的发动机为飞行提供动力,但由于当时的技术条件的限制,这并未能在凯利有生之年实现,不过凯利的尝试确实已经为后人开辟了道路。

凯利的研究工作,特别是他的论文《论空中航行》,在航空发展史上占有重要的地位,100多年来,一直被翻印转载,被后人视为航空学说的经典。飞机发明人之一的奥维尔·莱特1912年曾说,他们的成功完全要感谢这位英国绅士在100年前写下的重于空气的飞行器的理论。他说:"乔治·凯利爵士所知道的有关航空原理可以说前无古人、后无来者,直到19世纪末,他所出版的作品毫无错误,实在是科学史上最伟大的文献。"威尔伯·莱特也说:"我们设计飞机的时候,完全是采用凯利爵士提出的非常精确的计算方法进行设计和计算的。"

凯利提出创新性观点之后的90多年,澳大利亚人哈格雷夫通过对中国风筝的长期试验,在原有平板式风筝的基础上又增加了一层结构,形成盒子一样的立体结构风筝,被后人称作箱式风筝。哈格雷夫发明箱式风筝的目的是在增加风筝升力面积的同时,提升其结构强度,增加其载重能力。箱式风筝的出现直接促成了载人系留飞行,这种风筝载人飞行在中国历史上也曾有过记载,但是工程化和实用化工作都做得不足,且没有充分证据加以佐证。可承重稳定飞行的箱式风筝是西方对中国风筝的第二次迭代工程化创新。

图 1-10　乔治·凯利验证的滑翔机成功飞行

此后 10 余年间,随着人们逐步解决了紧凑型内燃机动力问题以及机翼控制问题,动力系统、控制结构加上以箱式风筝结构为基础的机身机翼,动力飞机终于在 1903 年通过工程手段发明成功(见图 1-11)。

从这条路线上看,自中国风筝到动力飞机,经历的是一条真切的工程化实践道路。

图 1-11　1903 年莱特兄弟实现了人类第一次有动力飞行

(2) 近代物理与气球飞行

在动力飞机出现以前,人类其实已经实现了载人飞行梦想,不过那必须依赖巨大的气球来实现。气球载人飞行的荣誉,永远被定格在了法兰西,时间是 1783 年。这一年的 11 月 21 日,法国人蒙哥费尔兄弟使用一只巨大的热气球,把人类送上了天空(见图 1-12)。法国人最早用热气球把人类送上天空,但他们并非是最早发现热空气上浮现象的人,这一发现的荣耀属于中国。

图 1-12   1783 年热气球在法国凡尔赛宫前升起

中国五代时期出现的孔明灯(孔明灯并非发明于东汉),是世界上最早利用热空气上浮原理的人造飞行器,堪称世界上最早的浮空器。自那时起中国人就把孔明灯作为远程通信联络工具使用,这是一种典型的工程实践,比蒙哥费尔热气球早了近 900 年。但遗憾的是,中国孔明灯这种古老的工程实践并未就此扩大到载人飞行——其中的深刻根源还是缘于缺乏近代物理学对空气静浮力的全面科学认知。

中国孔明灯升空之后 900 年,法国的蒙哥费尔兄弟发明了现代热气球,他们的创举并非出于猎奇,而是出于一项工程化的科学试验的需要。1765 年,苏格兰化学家约瑟夫·布莱克首先发现了空气中的一种固有成分——氮气,1775 年,亨利·卡文迪许发现了一种可燃且极轻的气体,这就是后来得到正式命名的氢气。一时间,学者们对于大气组成成分以及新气体的发现热情爆棚,近代物理学在欧洲得到长足进步。也就是在这个大背景下,蒙哥费尔兄弟决心寻找自己所认定的一种新型气体——他们认为可燃物燃烧时会产生一种重量较轻的新型气体,他们试图用一个大口袋把热空气收集起来,结果这个袋子在 1782 年末"意外"升空。此后兄弟俩暂时放下了对这种较轻的"空气"的探究,转为向这种"升空"现象的工程化应用进军。

　　凭借家族的造纸传统,蒙哥费尔兄弟创造性地采用纸张和织物构造的三明治结构,制成了更大的可载人载物飞行的气球。同样根植于近代物理学对于空气以及其他气体特性的研究成果,特别是1783年6月中旬拉瓦锡证实了水是由那种"极轻的气体"(氢气)和另一种"脱燃素气体"(氧气)构成的化合物之后,法国科学家查尔斯就决定利用氢气来进行飞行试验。他在氢气浮空器的工程实现问题上同样做了不少工作,他选择了橡胶涂布织物作为气囊材料,建造了第一只试验氢气球,并于1783年8月27日进行了首次试验——试验应该算成功,只可惜试验的工程设计方面存在一点儿小缺憾,就是气球没有任何系留保险装置,充满氢气松开后就立即上升,直入云霄,再也没能回来。此后,以热空气和氢气为填充物的浮空器的研制在法国变得如火如荼。1783年是热气球成功飞行的元年,公认的首次飞行在6月4日;11月21日,首次载人成功飞行。自此人类飞行纪元的大门被打开。

　　从科学史角度看,制造热气球所需要的材料和技术,无非是织物、纸张和柴草(可燃物),2 000多年前的古人就拥有这些东西,但热气球真正的发明和发展,却直到近代科学快速进步的18世纪后期才实现,这上千年的漫长经历,就是人类从科学认知到技术掌握,再到工程实现的周折历程。

(3) 竹蜻蜓与现代直升机

　　竹蜻蜓是古代中国发明的一种非常奇妙的飞行装置。它的出现时间一直存在争议,有些文献认为它的出现不晚于公元4世纪,也有人认为它可能出现在元明时期。根据竹蜻蜓传入西方并出现在15世纪中后期文艺复兴时期的记载中这一事实,可以推知竹蜻蜓在中国发明的时间应该不迟于明初。通过旋转竹蜻蜓桨叶下方的立柱,赋予桨叶旋转初速度,桨叶就能产生升力带动竹蜻蜓旋转飞升,这是一项相当了不起的实践发明。竹蜻蜓虽然出现在中国,但它始终未能摆脱儿童玩具的定位,而当这种奇妙的中国"飞行陀螺"传入欧洲后,却逐渐引起西方早期科学界的极大重视,特别是对于桨叶旋转运动的升力产生原理萌发了兴趣,并试图通过科学方法加以研究和解析。欧洲如乔治·凯利等许多早期航空先驱,以及美国的莱特兄弟等,都曾把竹蜻蜓作为重要的研究对象。通过制造各种机械装置赋予桨叶旋转动力,西方科学界不断改进来自中国的竹蜻蜓,并发表学术专著,由此产生了对于直升机概念的最初构想。

　　对于所有西方早期直升机研究者而言,中国竹蜻蜓是一个活生生的实例,它证明了垂直升降飞行器在技术上的可行性。在内燃机动力走向成熟之后,利用它驱动大型桨叶产生更大升力实现飞行就变得更为可行。事实上,现代直升机的发展道路也正是首先通过内燃机动力驱动桨叶旋转产生升力而实现升空,再进而解决飞行控制问题(这一问题最终由西科斯基真正解决),从而最终走向成功。

竹蜻蜓在中国至少传承了 700 年(也可能超过 1 000 年甚至更久),但它的身份始终是儿童玩具。在西方近代科学诞生之后,基于对飞行机械的发明需求,竹蜻蜓成为航空先驱者们的创意灵感来源,他们通过将空气动力学、现代机械动力和现代控制理论不断加入,通过大量实践研究,最终成功研制现代直升机。今天世界上几乎所有航空史专著,都把中国竹蜻蜓奉为现代直升机理论的古代先祖;但在中国本土,竹蜻蜓未能演化为直升机,其中的重要原因,是中国古代科技未能进化到现代科学理论,未能对航空器的发展起到有力的推动作用。

(4) 扑翼飞行与现代固定翼飞机

自人类有飞行梦想起,像鸟类那样拍动双翼飞向天空就是天经地义的理想飞行方式。如果说人类飞行的梦做了 3 000 年,那么前面 2 800 年追梦的路都走错了。几乎所有航空探索者都在努力研究飞鸟,开发各种各样的人力或机械扑翼机构,试图实现仿鸟飞行,但结果全都失败了,许多人因此付出了生命的代价。

中国人发明的风筝对于飞机的探索者而言,是很好的借鉴和参考,但若是没有近代物理学,特别是流体力学和空气动力学的基础,这种借鉴与参考就难以发挥价值。1796 年,当一个叫乔治·凯利的 23 岁年轻人开始用类似竹蜻蜓的玩具进行试验时,人类如何解决飞行的道路方向问题开始提上日程:采用扑翼的方式,还是采用别的方式。凯利凭借自幼学习和锻炼所获得的科学素养,从一开始就敏锐地把重于空气的飞行器的核心工程问题解析为"通过利用动力克服空气阻力,让一个翼面来支撑给定重量"。凯利对空气动力学基础科学理论进行学习研究,在 1804 年借助风筝,制作出原始滑翔机(这是最早的缩比滑翔机)。在进行了多次试验后,他坚定地认为,重于空气的动力飞行器必须把升力问题和推进问题分而治之,交由独立的翼面和推进系统完成,而不能像鸟类翅膀那样把两个问题合二为一来谈(鸟类经亿万年的进化,早已成为大自然造就的扑翼飞行"大师",19 世纪甚至至今,人类工程能力难以企及)。这是一个拨乱反正式的重要理论,也正是因为这一条众人皆醉我独醒的创新理论,使得凯利获得了"航空科学之父"的美誉。

自凯利之后,那些阅读过他撰写的《论空气飞行》(*On Aerial Navigation*)的飞机发明者们,几乎都是按照凯利预演的工程道路前进的。凯利是伟大的科学家,同时也是一位出色的工程学家,他曾经设计过一种履带式拖拉机并取得专利,试验制造过热空气发动机,还发明了自行车使用的那种张力车轮。

(5)火箭的工程启示

中国是火箭的故乡。早在12世纪北宋时期,中国的古代火箭就已经开始出现在战场上。欧阳泰著的《从丹药到枪炮》一书中对此曾作考据,在公元1126—1127年宋金开封之战中,交战双方均使用了原始火箭武器(这种武器称作火药箭也许更为贴切)。到明代中后期,"火龙出水"(见图1-13)已经在工程技术方面取得了很大突破,成为世界上最早的两级火箭,也是世界上最早具备掠水飞行能力的"巡航导弹"。然而,此后200多年的时间里,中国的火箭作为实战兵器并未取得新的工程技术突破。而后传到印度的中国火箭,却在18世纪英国对印度殖民战争过程中被英军从土邦军队手中获得,并加以改进。

图1-13　中国明代的火箭武器"火龙出水"(张一鸣 绘)

英国军事技术界认定火箭具有客观的军事应用潜力。英国炮兵将领康格里夫着手对火箭进行改进，他将炮兵弹道学应用于火箭战术，改进了火箭管身的铸造工艺，并使用近代蒸汽动力加工机械来加工火箭弹的内外壁，使其更为光滑，飞行更为稳定；康格里夫还使用蒸汽机带动的机械来研磨推进火药，使火药颗粒更为精细均匀，燃烧效率更高，显著提高了火箭的精度及射程。经过近代工业技术改进的火箭成为近代著名的"康格里夫火箭"（见图1-14）。

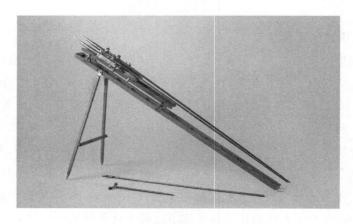

图1-14　英国康格里夫火箭及发射架模型

英国随即在1812年战争中开始运用康格里夫火箭，获得了很好的作战效果。此后英国不断发展火箭技术，在1840年前后开始使用铁管定向器作为发射工具，并使用40管齐射装置，增加火箭的火力密度。在1860年英法联军侵华战争的八里桥之战中，英国炮兵火箭支队曾使用多管火箭齐射战术，从远距离对镇守八里桥的清军骑兵进行打击，对清军形成了强大的心理震慑。作为火箭原创的故乡，中国此时对英国人带到自己面前"回流"的火箭，已经变得陌生。

应用近代科学技术和工程方法迭代创新过的火箭，在西方人手中开始成为真正强大的战争工具。此后近百年的时间里，随着火箭推进剂技术和控制技术以及系统集成技术的应用，火箭在第二次世界大战中变成了可以打击数百千米外目标的战略武器，战争结束后又结合了多级火箭技术，变身成为人类探索太空的运载工具。

从火箭的简明发展史不难看出，火箭原理的发现由中国人完成，其早期的工程应用也属于中国人，但此后把各种新科学、新技术通过工程手段附加给火箭原理,进而开发出实用型火箭武器以及太空运载工具的,却是近代科学和工程技术萌生最早并蓬勃发展的西方世界。

小贴士:现代火箭的诞生

航天器要克服地球引力进入太空,就必须要依靠大推力的现代火箭对其不断加速。真正意义的现代火箭是冯·布劳恩在第二次世界大战期间于德国领导研制的V-2火箭。1942年10月3日,在精心选择、严格保密的波罗的海沿岸佩内明德发射场,成功地发射了第一枚液体火箭动力的V-2火箭,该火箭能够飞行190 km,横向偏差4 km,最大高度85 km。V-2研制成功后很快就被应用于对伦敦的轰炸,对英国造成了极大的恐慌。德国战败后,V-2火箭的成功技术和研制团队,被美国和苏联全盘拿走,这从根本上奠定了美国和苏联在航天方面飞速进步的基础。

1.2.3 空天工程的主要产品

空天工程的产品,是空天工程的目标物化成果,也是空天工程中最为核心的部分。概括地说,从产品的航空或航天属性来分,空天工程产品可以分为航空工程产品和航天工程产品两大类,近些年也出现了兼具两类产品属性的融合性产品,如空天飞机和临近空间飞行器等。

航空工程产品,主要指用于执行各类航空任务的航空工程物化产品,主要包括各类在大气层内飞行的飞行器。航空工程的飞行器类产品,从产品的飞行原理来划分,包括各类固定翼飞行器、旋翼类飞行器和浮空器等几个大类;从动力特征来划分,又可分为无动力飞行器和有动力飞行器;从任务性质上划分,又可分为军用航空器、民用航空器和通用航空器等。

航天工程产品,主要指用于执行各类航天任务的航天工程物化产品,包括各类在大气层外飞行的飞行器,这些产品以火箭动力为主要动力形式。从任务性质上划分,航天飞行器可以分为运载火箭、载人飞船、人造卫星、空间探测器等。

需要说明的是,空天工程的产品并不仅局限于单一具象的产品。在单一具象产品之下,可能还包含诸多子工程产品。如一款先进的军用战斗机,在工程确立之初,就需要对气动外形、飞行控制、航空电子、航空动力以及航空材料等诸多工程领域进行任务分解,每一个领域都要在最终工程目标的框架下提供满足工程子目标的产品。这些子工程都可视为相对独立的航空工程任务,其产品研发能否完成,在很大程度上决定了工程总目标能否最终达成。

有时候,某项空天工程可能并不直接以具有使用价值的实物产品为目标,而是以催生新产品而开展的集群式工程化技术研究为目标。一些重大空天工程在全面实施前往往会预先进行探索性的工程研究,进行必要的技术储备,以考察工程技术方案的可行性和实用性。此类计划更接近于工程,而非单纯技术研究,也可视为工程项目,这样的案例并不少见。如美国军方在 1987 年启动的 IHPTET(综合化高性能涡轮发动机技术工程),其目标并非是一台实用型发动机,而是被定义为"通过进行科学技术研究确保军用飞机涡轮发动机在工程领域的先进性",寻求将涡轮风扇发动机(简称涡扇发动机)推重比提高一倍的技术途径。该项目从 1987 年一直持续到 2005 年,尽管未能实现全部目标,但获取了一批实用工程技术群,其中一些成果被用于 F-35 战斗机动力系统的研制。

1.3　空天工程的特点与发展趋势

1.3.1　空天工程的特点

空天工程是以航空航天任务为目标的特定工程活动。由于任务目标的特殊性,比如空天环境、系统的复杂性及可靠性等要求,空天工程活动具有自身独有的特点。

(1) 顶层规划特征鲜明

今天的空天工程几乎都是复杂的大系统工程。就研制一款新型军用飞机而言,它涉及气动、动力、材料、航空电子、飞行控制、液压、电气、制造等诸多系统和技术,如果根据工程总体目标要求,这些系统和技术中包含较多的创新成分,那将意味着整个项目事实上成为大量新理论、新技术的工程化并行工程。这些新理论、新技术的工程化进展顺利与否,将直接决定整个项目的进度,甚至关乎整个项目的成败。特别要考虑的是,诸如航空动力和航空材料等技术如果要实现实用化、工程化的创新,需要较漫长的探索研究和迭代完善过程,其所花费的时间通常要长于一项具体产品工程的预期时间。因此,这就要求在实施一项复杂空天产品工程之前,对大量的子系统和诸多单项技术进行谋篇布局,展开预先研究,掌握工程研制中必需的创新技术,并努力提高其成熟度。

因此,空天工程计划的制订必须经过严谨、科学、超前的顶层设计与宏观规划,在合理确定需求和技术指标,明确研制目标和进度安排的前提下,提前对系统构成和总体目标进行分解,制订合理的计划,推进子系统和单项技术目标的工程化,不断剔除其中的风险因素,最终锤炼出一批可供未来空天工程使用的"潜力系统和技术"。从诸多失败到试验成功,顶层设计与宏观规划精细、到位的空天工程,其最终成功率大大高于前期准备不足的仓促工程。

(2) 需求拉动效应凸显

任何空天工程都服务于特定的目标。无论是历史上还是现如今,几乎每一项空天工程的确立都是围绕着一个既定目标进行的,因此它是需求拉动的产物。

莱特兄弟制造"飞行者"可以视为一个伟大工程,他们确立的宏伟且明确的目标是:凭借动力飞行器实现载人可控持续飞行;但是他们面临的现实物质环境却是:没有紧凑型高功率内燃机,没有足够可靠的控制手段,没有值得信赖的高效翼型,也没有充分的试验检测条件。他们凭借自己的科学底蕴和丰富的机械工程实践经验,填平了一个又一个工程技术的"断阶",最终实现了目标。

有些空天工程的需求是出于解决原有工程产品缺陷的需要。在 1915 年时,世界飞机制造工业的工程技术特征尚属原始。当时飞机的结构强度分析几乎就是一场赌博,设计师们更多地采用估计的手法,或是在飞机设计完成后用沙袋等重物进行测试,而不是在之前应用数学计算理论进行细致规划。正因如此,当时许多飞机都存在结构强度缺陷:"信天翁"飞机的下翼扭转强度不足,在飞行中曾多次出现折断坠机事故;而福克 D. Ⅷ 的机翼展向强度同样差劲,常常在剧烈机动时一折两段。这些缺陷促使人们从理论层面去研究和完善结构强度问题,德国航空企业率先与哥廷根和亚琛等大学合作,对这些问题进行深入研究,建立科学理论,并由此发展出工程分析手段和方法,应用到飞机制造领域。这一举动直接影响到后来欧洲各国的飞机制造业,逐渐地,飞机设计制造被作为一项严肃的工程问题来对待。航空器在第一次世界大战期间,随着应用的不断扩大以及由此产生的完善需求,逐步从冒险性产品过渡到工程技术产品。

此后,更多的航空工程都带有这种需求拉动的明显特征。在远程攻击海面目标的作战任务牵引下,产生了美国"凯特林虫"无人机及其挂载飞行鱼雷设计,实现了自主控制发动远程攻击(见图 1 - 15);为实现超声速飞行,产生了美国贝尔 X - 1 工程的流线型外形和特别设计的推进系统。洛克希德 U - 2 工程的目标是实现高空长航时军事侦察飞行,为此该机采用了大展弦比机翼、细长的机身以及自卫电子对抗系统;SR - 71 工程的目标是实现高空高速军事侦察,为此该机使用了新锐的变循环发动机和全新的翼身融合设计,并采用了热防护技术。

图 1 - 15　第一次世界大战时期美国研制的"凯特林虫"无人机

波音 747 的研制是需求拉动加技术创新的另一生动案例(见图 1 - 16)。泛美航空公司当时要求波音公司研制"一架比波音 707 更大的大飞机",波音公司在工程研制过程中,对总体设计进行了细致的分析,特别考虑了乘客登机离机问题、紧急逃生设施的安排以及机翼和机身的相对关系,大胆采用了宽体双通道设计,并创新性地推出客货两型并发的构型,在为乘客提供舒适空间的同时,也为货舱预留了足够的载货空间,最终保证了波音 747 项目在商业上的成功。

航天领域亦如此。航天飞机工程的目标是实现可重复使用的天地往返载人飞行,为此美国斥巨资开发了带热防护材料且能像飞机一样操控滑翔着陆,同时带有轨道推进和姿态调整能力的轨道飞行器;"阿波罗"工程的目标是实现载人登月并安全返回,美国几乎动用了全国所有的航空航天高技术企业,将工程所需各个系统和软硬件分解承包下去,最终实现了成功登月。

图 1-16 波音 747 是典型的需求拉动加技术创新的产物

小贴士:曾经的空中霸王——波音 747

波音 747 是世界上首款大型宽体客机,也是世界上第一款被称作 Jumbo Jet(巨型客机)的飞机。与更早的波音 707 相比,1970 年投入商业运营的波音 747 的载客量提升了 150%,它的载客量纪录一直保持了 37 年。当初波音公司认为超声速客机(波音公司在 20 世纪 60 年代初发起的项目)会让波音 747 等亚声速客机彻底过时时,然而后来的实际情况是对亚声速客货运飞机的需求始终旺盛。按照波音公司最初的估计,波音 747 在销售 400 架之后会被更新、更快的飞机挤出市场,但真实的情况是波音 747 的产量已经突破了 1 500 架。不过随着技术的不断进步和民航市场需求的不断变化,波音 747 也不得不逐渐退出历史舞台,被更新、更先进的波音 787、波音 777、空客 350 等取代。

（3）技术创新特征显著

空天工程本质上是高新技术密集型工程。历史上和现代的每一项空天工程，几乎都是应用各种创新手段实现具有挑战性的任务目标的过程。在莱特兄弟发明飞机的过程中，他们虽然借鉴了前人的许多经验，但在"飞行者一号"上，他们充分运用自己的工程智慧，结合空气动力试验结论，进行了大胆而有效的创新，率先在飞机上使用了扭转柔性机翼变形，实现了副翼功能，完成了对飞机横向滚转动作的操控，从而解决了之前飞行先驱们一直未能解决的工程挑战。

在研制喷气动力问题上，德国和英国各自独立地对传统螺旋桨活塞动力进行了颠覆性创新，创造性地采用压气机和涡轮的旋转运动，配合新型燃烧室，实现了对空气更高效率的压缩，与燃油混合燃烧，利用高温高压燃气推动涡轮，通过喷管向后喷射产生推力。从传统的活塞往复式运动，发展到压气机和涡轮的旋转运动，航空动力通过这种创新手段迎来了一轮革命。

为了提高燃油的经济性，人们在传统涡轮喷气发动机（简称涡喷发动机）的涵道外，增设外涵道，并在压气机前方增加风扇，通过攫取风扇外涵推进性能的方式提升了航空喷气发动机的效率。通过对涡扇发动机涵道比与发动机推力及与经济性的关联性的研究，工程师们设计出用于大型民用客机的高涵道比涡扇发动机和用于军用战斗机的低涵道比涡扇发动机。为了实现军用航空发动机在不同模态下的适应性，工程师们发展出涵道比调节技术，试图通过实现涡扇发动机涵道比的可变性促使发动机在各种环境下实现最佳性能。为了提高涡轮发动机的涡轮前温度，工程技术人员对涡轮叶片的外形和材料设计煞费苦心，先后创造性地发展出高温合金、空心叶片、定向结晶叶片以及单晶叶片等新技术，近些年更是把目标投向了非金属材料，尝试以碳纤维强化陶瓷作为新一代发动机热端部件的替代材料。

隐身飞机同样是一个技术创新的鲜活例证。隐身飞机的设计目的本身就是一个高挑战性的工程任务命题，要求飞机在尽可能多的方向上具有最小的雷达反射截面。为实现这个目标，工程技术人员创新性地对飞机外形进行设计，减少金属材料的使用量，增加复合材料等雷达信号特征相对较弱的材料使用量，同时在飞机表面涂覆雷达波吸收材料，并对发动机喷口进行特殊处理，降低红外信号特征。这些创新性工程技术手段的综合运用，最终促成了美国第一代隐身战斗轰炸机 F－117 的出现，尽管它并非一架优秀的战斗机。

1998 年首飞的国产歼 10 战斗机(见图 1 - 17),是中国第一种装备部队的第四代战斗机,消除了当时中国与西方发达国家空军主战装备的代差,具有里程碑意义。在歼 10 研制过程中,中国工程技术人员完成了诸多技术创新,其中包括鸭式布局设计、电传飞控系统设计、综合航电系统、新型脉冲多普勒机载雷达、新一代机载武器、推力矢量发动机等诸多内容。歼 10 的研制成功证明了中国航空工业自主创新的决心和能力,锤炼出一支勇于创新、锐意进取的科研团队,让更多人认识到创新的价值和意义。

图 1 - 17　1998 年首飞的歼 10 战斗机是诸多创新技术成果综合运用的结果

(4) 工程投资规模巨大

空天工程的进行往往要求大规模的资金投入,这是和任务目标的艰巨性分不开的。仅从所需资金上看,就能发现航空航天工程的巨大规模与资源需求。

美国 F - 117 隐身战斗轰炸机的项目总投资约为 65 亿美元,B - 2 隐身轰炸机项目费用 447.5 亿美元,F - 22 隐身战斗机项目总投资 667 亿美元,F - 35 战斗机项目投资额更是超过了 1 600 亿美元,创下了美国有史以来单一战斗机项目的最高纪录。为了完成"阿波罗"登月工程,美国政府花费的资金高达 254 亿美元,这是 1974 年的币值,如果换算成 2016 年的币值,总额将是 1 070 亿美元。

空天工程项目如此巨额的投资,是由工程的复杂性和创新技术的开发,以及漫长复杂的试验过程所决定的。随着空天科学技术的进步,人们对空天装备的要求也日益提高,空天工程的复杂性和艰巨性都与日俱增,这也促使空天工程的投资规模不断攀升。

如果用第二次世界大战时期的战斗机研发项目来对比,会很容易看出这一变化的幅度和趋势。20 世纪 30 年代末至 40 年代初美国北美公司研制 P-51"野马"战斗机时,产成品的单价不过 5 万美元左右,工程项目总投资不过数十万美元,即使按照最大的统计数字通常也不超过 100 万美元。而今天的现代战斗机动辄数千万美元,F-22 的单价超过 1.5 亿美元,B-2 的单价更是超过 7 亿美元,这也从侧面反映了其工程项目的复杂和艰巨。

也正是因为空天工程投资规模巨大并且随技术发展不断攀升,如今经济实力已经成为空天工程能否顺利实施的重要制约因素。过去拥有战斗机研制能力的国家,如捷克、瑞士、瑞典、荷兰等,今天已经难以承受先进战斗机的工程研发费用;就连航空工业传统强国英国和法国,在新一代战斗机的问题上也因为经费问题感到压力巨大,由此才有了欧洲合作的"台风"战斗机项目。同样正是出于对一些国家无力独立研制战斗机的经济和技术背景考虑,美国在 F-35 战斗机(见图 1-18)项目上推行多国合作参与方式,通过多国合作出资途径,既减轻了本国项目资金投入的压力,也为 F-35 未来的海外市场铺平了道路。

图 1-18 美国 F-35 战斗机总装线

(5)工程周期长且艰巨

空天工程不同于普通的工程,其过程往往具有长期性和艰巨性,有时其工程完成的时限甚至无法准确预期。美国 F-22 战斗机项目从 1981 年提出先进战术战斗机技术需求算起,到 1997 年实现首飞,历时 16 年。F-35 战斗机从 1992 年联合攻击战斗机项目发起,到 2006 年 F-35A 首飞,历时 14 年,如果按照 F-35B 实现首飞(2008 年)计,超过 16 年。中国歼 10 战斗机即使不考虑前期项目的初步论证,仅从 1984 年正式确立项目开始,到 1998 年首飞也历时 14 年。此后,根据装备部队后的使用经验,又对歼 10 做了多次改进改型,包括换装新型相控阵雷达、采用国产"太行"发动机、改进进气道设计、增加复合材料用量等,逐步衍生出歼 10 系列战斗机家族。

中国 ARJ21 喷气支线客机从 2002 年国务院批准立项,到 2008 年 11 月 28 日首飞成功,历时 6 年;此后又经过 6 年适航审定工作,于 2014 年 12 月 30 日获得中国民航局颁发的型号合格证。次年 11 月,ARJ21 交付成都航空有限公司,投入市场运营。此时距离项目立项已经过去 13 年。如果从 2007 年批准立项算起,到 2017 年 5 月 5 日实现首飞,国产 C919 大型喷气干线客机(见图 1-19)的前期研制也历时 10 年。考虑到后期的适航审定试飞工作,预计 C919 获得适航资质、投入市场运营的时间还将需要 3～4 年,这意味着整个工程项目可能需要 14 年甚至更长。

许多空天工程项目在初步完成后,会根据其工程产品在实际使用中暴露的问题和不足,也可能是因为项目实施之初对任务目标的定义不够充分,或者是实际环境要求对原有任务目标做出调整,决定对工程产品进行改进或提升,这都意味着整个工程项目周期将再度延长。以美国 F-35 项目为例,在项目后期美国政府的评估报告指出,该项目除了预算严重超支和进度拖延外,还存在诸多技术问题有待解决。F-35 的弹射座椅、供氧系统、航炮火控系统,以及飞行性能和隐身效果等问题都曾让洛克希德·马丁公司(简称洛·马公司)花费了更多精力和时间逐步解决和完善。在可以预见的未来,作为 F-35 这种强调兼具通用勤务保障性能和先进作战性能的系列战斗机,还将根据用户使用过程中不断反馈的意见而改进、完善和升级。这也是复杂空天工程长期性、艰巨性特点的客观反映。

(6) 分工协作,精细严整

空天工程的最终任务目标可能是一项功能性要求较高的产品。以现代战斗机为例,它是由结构、动力、航空、火控、飞控、机电、液压、武器等多个系统集成的高复杂性综合系统,而各个系统涉及的学科和技术都有显著的差异,这就要求在工程实施中需要针对多个系统组建专门的任务团队,负责相关系统的研制开发和工程实现。在这样的架构需求下,空天工程的实施团队往往是一个规模庞大的技术团队,其中包括分工明确的各个任务团队,其

图 1 - 19　中国研制的 C919 大型客机

间存在紧密的合作关系。20 世纪 60 年代美国实施"阿波罗"登月工程时,在工程高峰时期,有 2 万家企业、200 多所大学和 80 多个科研机构参与,总人数超过 30 万人。如此庞大的团队,要求从顶层建立相当有效的工程任务管理机制,确保各任务团队之间能高效合作,以最少的时间和经济资源来实现工程目标,难度之大可想而知。

　　中国当年的"两弹一星"工程(见图 1 - 20),也充分体现了超大规模团队协作的特征。核弹、洲际导弹和人造卫星的研制是综合性很强的多学科多领域系统工程,几乎涉及国民经济所有的生产部门和技术领域,所有研究工作要想由一个或少数几个研究机构包下来是不可能的,尤其当时中国是在工业基础十分薄弱的条件下研制尖端武器的,一切都要从零开始,是真正的白手起家,面临的困难极大。当时研制尖端武器所需要的各种新型材料、仪器仪表、电子元件、精密机械、特殊设备、测试技术、计量基准等条件都不完全具备,如高温合金材料、高能燃料、稀有气体等,对许多材料又有特殊要求,如特大、特宽、特薄、特细、超纯等。为了在较短的时间内攻克如此之多的技术难关,中国当时进行了有效的全国大协作。1962 年,毛泽东主席在我国原子弹设想的报告上批示:"要大力协同做好这件工作。"周恩来总理强调要发扬社会主义制度的优越性,树立全国一盘棋的思想,组织全国大力协同攻关。在中央的统一领导和协调下,全国各有关部门通力协作,一切以既定工程任务为目标,集中一切优势力量,同心协力攻克了很多难关。在研制第

图 1-20　20 世纪 70 年代总装测试阶段的中国运载火箭（孟昭瑞 摄）

一颗原子弹的过程中,全国的 26 个部、委(院)和 20 个省、直辖市、自治区的 900 多家工厂、科研机构和大专院校联合起来进行科技攻关、设备制造和材料生产,解决了近千项重大课题,成为一场全国范围的大会战,充分体现了社会主义集中力量办大事的优越性。著名科学家钱学森撰文回忆说:"中国过去没有搞过大规模科学技术研究,'两弹'才是大规模的科学技术研究,那要几千人、上万人的协作,中国过去没有过。组织是十分庞大的,形象地说,那时候我们每次搞试验,全国的通讯线路将近一半要由我们占用,可见规模之大。""我们体会,中国在那样一个工业、技术都很薄弱的情况下搞'两弹',没有社会主义制度是不行的。"有人曾形象地把国防科技事业比喻为"千人一杆枪,万人一颗弹、一颗星"的事业,这是毫不夸张的。从工程角度理解,这种说法的内在含义就是,把工程团队和相关资源进行科学有序的顶层规划,集中统筹,分工协作,始终围绕工程任务目标,谋求用最有效、最快捷的实施方法去实现它。

也正是因为这种特点,要求对项目团队进行顶层架构设计,在各个不同任务团队之间,建立起有效的协调沟通机制,实时共享项目信息;在产生突发性问题时能做到及时对任务团队进行调整,使整个项目团队具有以目标为中心的任务柔性。这是现代空天工程对于项目团队的基本要求。

> **小贴士:"两弹一星"工程**
>
> "两弹一星"工程是指中国研制核弹(原子弹、氢弹)、导弹和人造卫星的工程。20世纪50年代中期,面对严峻的国际形势,为抵制帝国主义的武力威胁和核讹诈,党中央果断地作出了独立自主研制原子弹、导弹的战略决策。大批优秀的科技工作者与广大干部、工人、解放军指战员一起,在当时国家经济、技术基础薄弱和工作条件十分艰苦的情况下,自力更生,奋发图强,完全依靠自己的力量,用较少的投入和较短的时间,突破了多项尖端与关键技术,取得了举世瞩目的辉煌成就。1960—1970年,原子弹、氢弹、人造卫星、洲际导弹先后试验成功。中国的"两弹一星"工程是20世纪下半叶中华民族创建的辉煌伟业。

(7) 项目实施风险巨大

空天工程由于创新技术密集、难度大等特点,其进程中往往伴随着较大的风险和不确定性。这种风险和不确定性可能来自技术研发中的挫折,也可能来自创新技术迈向实用产品时的周折,还有可能来自实用产品在应用市场上接受度的变化等。

美国20世纪80年代在ATF项目(该项目最终诞生了F-22"猛禽"战斗机)竞标中,与洛·马公司YF-22竞标的诺斯洛普/麦克唐纳·道格拉斯(简称麦道)公司的YF-23在隐身性和速度方面都超越YF-22,其中的通用电气F120加力涡扇发动机更是采用了颇具创新色彩的变循环技术,能够适应更为宽泛的飞行状态。在竞标评估环节中,美军经过反复评估,认为变循环F120涡扇发动机尽管性能优异,但是结构过于复杂,在技术成熟度和可靠性方面有待提高,难以在短时间内迅速成长为批量化的实用型装备,这一考量成为YF-23在竞标中失败的重要因素,这也从一个特殊侧面反映了空天工程中的风险性。

20世纪60年代英、法合作的"协和"号超声速客机(见图1-21)也是一个典型案例。随着军用飞机飞行速度普遍超过声速,民用航空运输业也开始展望超声速飞行,欧洲航空界认为可以通过研制超声速飞机在世界航空运输市场上赢得更多的份额,进而撼动美国产品在世界航运界的霸主地位。

英、法为此投入巨资研制超声速客机,并将其命名为"协和"。"协和"号飞机应用了许多创新性技术,其中包括 S 形机翼前缘设计、铰接活动式机首、油箱配平系统、先进控制系统、进气道调节系统、全新喷气发动机等。最终研制完成的"协和"号能够以马赫数(Ma)为 2 的速度飞越大西洋,成为当时航空运输界的明星产品。然而在投入运营后不久,该机就暴露出噪声过大、油耗过高、维护成本高等问题,最终导致该机运营经济性不佳,加上 20 世纪 70 年代初石油价格上涨,"协和"号作为商用客机更加难以为运营商创造利润。最终"协和"号在商业市场上没能赢得成功,只有英国和法国运营商订购,制造总数不过 20 架,无法达到盈亏平衡点。对于这样一个投资总额高达 13 亿英镑的庞大项目,其商业失败的原因虽然主要在于对市场适应性和运营经济性关注不足,但也反映了航空航天工程领域在顶层规划时牵涉的要素之多,以及产品研制过程和使用中面临的不确定因素之多,这些都是航空航天工程风险特性的直接反映。

20 世纪六七十年代,中国也有以高空高速截击机为目标的军用航空工程项目,在研制进行到一定阶段后不得不下马。其中一个重要的原因,就是原定目标偏高,在工程化过程中遇到了当时难以解决的技术问题,导致整个工程目标无法实现。现在反观这些项目,同样是存在许多巨大的"断阶":缺少合适的高性能航空发动机,不具备先进航电系统的研发能力,缺乏用于先进飞机气动外形试验的大型风洞等基础设施……。这些问题一方面反映了空天工程本身存在的风险,另一方面更凸显了空天工程对国家基础科研能力和长期发展规划运筹能力的较高要求。

今天占据单通道喷气客机半壁江山的空客 A320 家族,在当年研发过程中也面临着巨大风险,其未来市场也存在相当多的不确定因素。空客 A320 的工程目标似乎非常明确——研制一种足以与波音 737 和道格拉斯 DC - 9 展开竞争的欧洲单通道支线喷气客机。1981 年此项目被定义为 A320 时,空中客车公司(简称空客)已经做了大量调研工作,甚至考虑过以基本型为平台实现家族化的问题。A320 的原始性能参数被定义为能载客 150 人、实现 5 280 km 航程的双发喷气客机。为了让新产品能更具竞争力,空客公司大胆地在 A320 上率先应用原来仅限于军用飞机的电传操纵系统和侧杆驾驶系统。机身直径的确定也颇费周折,最终选择了 3.7 m 的内径,比波音 707 和 737 的 3.45 m 更宽,以便提供更好的乘坐体验。A320 的机翼设计也多次反复,最终综合考虑飞行性能和运营经济性,翼展被确定为 33.91 m。

同时,为保证 A320 的飞行性能和燃油经济性,A320 最初选用性能优异的 CFM56-5-A1 型涡扇发动机,同样是一款给力的新装备。

即便如此,A320 在 1987 年首次飞行时,面对的仍然是雄踞市场 20 年的波音 737 的有力竞争,以及来自成熟市场对陌生产品的质疑和犹豫。新闻媒体甚至曾怀疑一些 A320 的飞行事故与其电传系统存在联系,经过详细的调查,最终消除了这些猜疑。而空中客车凭借产品性能所带来的竞争潜力、对客户运营的鼎力支持,以及对市场信任所抱有的坚强信心和耐心,最终度过了市场风险期,迎来了属于 A320 且不断拓展的市场空间。

图 1-21 "协和"号超声速客机总装现场

（8）战略色彩极为强烈

无论是军事领域还是民用领域,空天工程几乎都带有国家或产业战略色彩。在军事领域,空天工程是一个国家获得先进国防装备的重要途径,而现代战争的特点也决定了航空航天装备及其性能在国家安全方面具有重大意义。一项重大军事空天工程的成功,可使国防力量获得具有国际领先水平的军事装备,使装备体系的作战效能得以大大提升,从而更好地维护国家安全、领土完整和发展利益。在民用领域,空天工程关系到航空交通运输、空间利用和太空探索等领域的发展环境与能力建设,具有极为重要的战略价值。空天工程本身固有的多学科、多技术融合色彩,则直接强力牵引国家材料、机械、能源、冶金、电子等基础工业的发展,为增强国家整体实力增添更大的竞争优势和更广阔的发展空间。

美国 F-22 隐身战斗机的研制成功,使美国成为世界上第一个拥有并装备第五代战斗机的国家。凭借 F-22 出色的隐身能力、超声速巡航能力、超视距攻击能力、超机动能力,美国空军在主战装备方面对全世界所有国家空军构成了代差,获得了巨大的战略优势。F-35 的研制成功,又使美国在空军、海军和海军陆战队之间实现了某种程度上的装备通用性,获得了较大的后勤保障优势,而 F-35 项目多国参与的背景,又使其成为某种意义上的"国际战斗机",在陆续装备相关国家的同时,也帮助美国在同相关国家和地区的关系构建方面赢得了主动权。

中国歼 10 战斗机的研制成功,标志着中国空军拥有了国产第四代战斗机,消除了与西方发达国家主战装备的代差,实现了装备技术均势。而歼 20 的研制成功,则使中国成为在美国之后第二个装备第五代战斗机的国家。而此后歼 31"鹘鹰"战斗机的研制完成,更是使得中国成为世界上除美国外第二个同时研制两型第五代战斗机的国家。中国空军的主战装备相对于周边国家和地区逐步从均势走向优势。

20 世纪 60 年代美、苏展开全面太空竞赛。美国总统肯尼迪宣称要在 60 年代结束之前把美国人送上月球并平安返回,这一宣言直接开启了人类有史以来最为宏大的航天工程——"阿波罗"工程(又称"阿波罗"计划)(见图 1-22)。经过长期艰苦努力,"阿波罗"11 号最终在 1969 年成功登月,此后美国又多次登上月球,开展了大量科研试验工作,并将月壤和月岩带回地球。"阿波罗"工程的成功,让美国在太空竞赛中彻底胜出,更为重要的是这一航天工程奠定了美国在太空技术方面的全球优势地位。"阿波罗"工程虽然花费了巨大的人力物力(即便到今天,这一点也还被不少美国人诟病),但该项航天工程事实上全面提升了美国的航空航天实力,促成了美国材料、冶金、动力、电子、自动控制、可靠性等多领域实力的快速进步。"阿波罗"工程所涉的各种先进技术经过工程化应用实践后,很快形成各种技术含量较高的产品推广到民用领域,如计算机断层扫描设备、血液透析仪、超声波检测设备,甚至尿不湿等,形成了巨大的经济效益。

图 1 - 22 "阿波罗"登月工程

1.3.2 空天工程的发展趋势

随着时代的进步,空天工程也正呈现出新的发展趋势。

(1) 性能边界不断拓展

随着人类对于航空航天产品要求的不断提高,空天工程产品的技术边界在不断地拓展。飞机的速度从亚声速到超声速,再提升到 $Ma2.0$、$Ma3.0$,直至高超声速,对飞行器的结构设计和热载荷设计要求也不断提高。军用飞机对于高机动性的需求,要求工程技术人员在飞行器控制技术和空气动力学技术方面追求更高的水平。军用飞机超视距作战的需求,促使机载雷达电子设备不断突破,先进机载武器也日新月异。超声速巡航的需求,以及民用飞机经济性的需求,则要求航空发动机同时向高推重比和高燃油经济性等领域迈进。所有这些需求,都促使空天工程技术在各个领域全方位地扩展边界,这也要求空天工程在多学科、多技术领域的研究不断深入,并迅速走向工程化和实用化,最终才能成为空天工程产品性能构成中的有效元素。

(2) 工程复杂性大幅提升

现代空天工程产品为实现特殊的功能,往往需要集成众多任务系统。以军用飞行器为例,先进军用飞机往往需要搭载航电系统、飞行控制系统、机载武器系统、电子告警/对抗系统、环控系统、动力系统、液压系统等诸多系统,这些系统既要求集成在相当有限的空间内,同时又要求能够构成有机协同的整体,彼此关联,共同实现作战目的。这样的要求使得空天工程实施的复杂性飞速提升。

(3)工程规模快速扩展

空天工程产品不断扩展的需求特性,决定了空天工程的规模呈现快速扩展趋势。商用喷气客机等民用产品,出于商业运营的需要,其操控性、可靠性、安全性、经济性、可维护性、舒适性等诸多要求被不断附加上来,使得开发一款商用喷气客机的工作量和风险性超越了历史上任何一个时期。与之相对,商用客机研发工程的规模变得异常庞大,需要巨量资源的投入,工程周期也显著增加。在航天领域,人类要迈向更远的深空,甚至到达从未涉足的行星,使航天工程变得极具挑战性,其涉及的科学技术的深度与难度,产品的规模与技术水平都在快速扩展和提高。空天工程规模的扩张,要求一个国家必须具备较为完善的基础工业和雄厚的经济体量,才能构建起足以承担空天工程的产业系统和人才队伍,否则空天工程的实施将成为无本之木。也正是在这种要求下,许多空天工程逐步由一国主导转变为跨地区甚至世界范围内的国际合作项目。

(4)军民融合特征日益凸显

空天工程中有相当一部分带有军事应用特征。空天工程的高投入、长期性和复杂性特征,促使各国逐步认识到,必须努力将空天工程产生的相关技术和产品推广到民用领域,使其实现商业价值,才能为后续空天工程的进行在经济上和舆论上铺平道路。

从空天工程自身特点来考量,在空天工程实施过程中,工程技术人员往往会突破和掌握一批具有创新色彩的先进技术,产生一批实用化产品,这些技术和产品在民用领域常常具有广阔的运用潜力,如自动控制、新材料、新工艺等。如果建立适当的推广应用机制和渠道,这些技术和产品完全有可能转化成为可供民用的商业产品,创造出巨大的商业价值。这些商业价值,一方面可以弥补空天工程的巨大开支,另一方面也能激发空天工程参与单位的工作热情和主动性。这种空天工程成果的衍生与转化需求,反过来要求空天工程在体制上走向军民融合,要求空天工程的参与方具有军民多元化特征,在体制上兼顾军用和民用,在利益分配上大胆革新,形成新的军民融合的良性发展格局。

以航天发射为例,它具有复杂性高、技术门槛高、投入资源多、回报周期长等特点,因此在很长一段时间内制造火箭并发射卫星是纯粹的政府行为,多包含军事目的,严重依赖大国的航天技术人才、火箭设备、发射基地等。近年来,随着大众对于商业卫星服务的需求越来越多,火箭发射的技术门槛和成本有所降低,使得航天发射的军民融合特征日益明显,逐渐引入社会资本,呈现出商业化和民营化特色。

(5) 商业化成为重要方向

自第一次世界大战以来,空天工程的军事化特征一直十分强烈,20世纪二三十年代起,随着邮政运输和低成本航空客运的出现和发展,空天工程的商业化特征开始显现并不断强化。今天,以各种民用航空器、航天器等高科技产品为代表的商业空天工程,已经成为世界范围内空天工程的基本组成部分,任何国家都无法忽视其中蕴含的商业价值,以及由此给国家交通运输体系和工业现代化目标所带来的重要影响。

航空作为一种普适的现代交通工具,使人们享受着快速便捷的巨大福祉,民用航空已成为全球化商业运作的典范。近年来航天业也日益呈现商业化色彩,人类飞得更高更远、冲出大气层的愿望,具有现实与潜在的商业价值,一些掌握了较为成熟航天技术的私营企业,正在积极推进航天商业旅游等工程项目的实施。随着技术的不断成熟,航天也将与人类生活建立起更为紧密的联系,其商业价值也将被进一步激发与培育。

从历史上看,任何新技术、新产品,一旦与人们的日常生活建立不可或缺的联系,就会产生巨大的商业价值,自行车、火车、汽车、移动电话等是如此,飞机、航天器等航空航天产品也正沿此趋势发展。随着航空航天技术越来越多地被运用于各种商业活动,空天工程的参与方和产业格局都将呈现出新的面貌,如成熟货架产品的选用、配套规格化产品的量产、航天商业产品安全机制的建立、政府主导空天工程格局的打破、私营企业大量涌入等,商业化的空天工程将更加丰富而多彩。

第 2 章　空天工程的发展

在人类空天工程发展史上,出现了不少重大工程项目和一批著名飞行器,它们是航空航天科学技术发展进步的载体,它们树立起空天事业进程上一个又一个伟大的里程碑。本章用图文结合的方式,梳理出空天工程的发展脉络,并通过对部分工程项目和产品的简要介绍,进一步揭示空天工程的特点及其所需的科学技术基础。

2.1　空天工程的发展脉络

航空航天科学的牵引始于数世纪前,而航空航天工程技术的发展相对稍晚。自从 1783 年蒙哥费尔兄弟研制的载人热气球成功飞行那一刻开始,空天工程开始显露雏形。经过长期的技术积累,尤其是第二次工业革命形成的工业基础和技术准备,促成了 1903 年莱特兄弟的有动力载人飞行,此时真正意义上的空天工程正式登台。由于迫切的需求和蓬勃的活力,空天工程的发展突飞猛进,产生了多种样式的空天产品,这些产品的递进、替代、升级和创新,勾勒出了空天工程清晰的发展脉络。

2.1.1　航空工程的发展脉络

航空工程的发展可以用"十次伟大的飞行"作为里程碑,来勾勒其发展脉络(见图 2 - 1)。

1903 年,莱特兄弟发明了飞机,但他们研制的飞机是由木材和纺织材料制成的,这种飞机由于材料的强度和刚度的限制,不可能做得更大以承载更多的人员和搭载更大的载荷。为了能够提高飞机的载荷能力,航空工程师们把目光转向了金属材料,铝作为比强度和比刚度都比较高的材料进入航空工程师们的视野。1915 年,德国飞机设计师容克斯首飞了世界上第一架全金属飞机 J1,此后,在 1919 年他又研制成功了全金属客机 F - 13,开创了全金属飞机的时代。

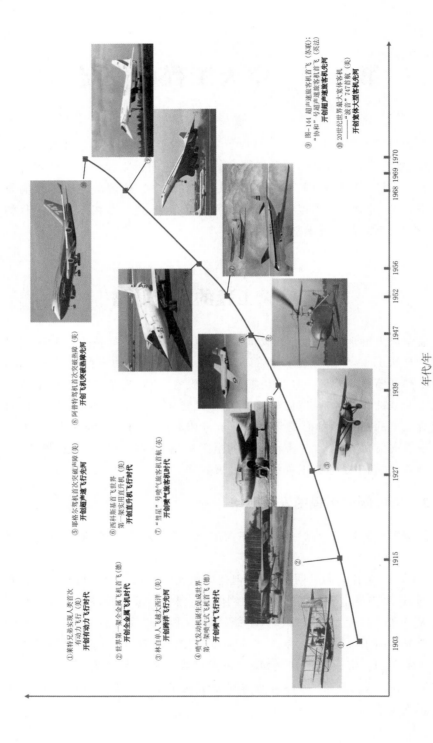

①莱特兄弟实现人类首次有动力飞行（美）
开创有动力飞行时代

②世界第一架全金属飞机首飞（德）
开创全金属飞机时代

③林白单人飞越大西洋（美）
开创跨洋飞行先河

④喷气发动机诞生促成世界第一架喷气式飞机首飞（德）
开创喷气飞机时代

⑤耶格尔驾飞机首次突破音障（美）
开创超音速飞行时代

⑥西科斯基首飞世界第一架实用直升机（美）
开创直升机飞行时代

⑦"彗星"1号喷气旅客机首航（英）
开创喷气旅客机时代

⑧阿特拉导弹首次发破热障（美）
开创飞机首次机突破热障先河

⑨图-144超声速旅客机首飞（苏联）；"协和"号超声速旅客机首飞（英法）
开创超声速旅客机先河

⑩20世纪世界最大宽体客机——"波音"747首航（美）
开创宽体大型客机先河

年代/年

1903　1915　1927　1939　1947　1952　1956　1968 1969 1970

图2-1　航空工程发展的历程

随着技术的不断进步，人类对于飞行的渴望不仅仅限于陆地上空，更希望能实现跨越大洋的飞行。1927 年，美国飞行员林白单人驾驶"路易斯精神"号飞机飞越大西洋，从纽约飞抵巴黎，开创了跨洋飞行之先河。人类对于不受跑道限制、能垂直起降的飞行器的渴望，则促成了现代直升机的诞生，1939 年，美国设计师西科斯基的 VS - 300 成功首飞，这是世界首架实用型直升机，由此开创了直升机飞行时代。

莱特兄弟的成功得益于轻质活塞发动机的成功，从那时开始的近 40 年，飞行都不得不依赖活塞式发动机提供动力，直到德国工程师奥海姆和英国工程师惠特尔发明喷气式发动机，这种格局才被打破。1939 年，德国首飞了世界上第一架喷气式飞机 He - 178，开创了喷气飞行时代。喷气式发动机能提供强大的动力，使得大幅度提高飞行速度成为可能；对于更高速度的追求，使航空工程师将目光投向了超声速，1947 年，美国飞行员耶格尔驾驶 X - 1 试验机首次突破声障，开创了超声速飞行先河；1956 年，美国飞行员阿普特驾驶 X - 2 试验机首次突破热障，开创了飞机突破热障先河。

小贴士：声障和热障

声障也称音障，指飞行器速度接近声速时，进一步提高速度所遇到的障碍。为克服声障，需采用先进气动布局，采用大推力发动机。飞机诞生初期，通常采用展弦比较大的直机翼飞机，在飞行速度接近声速时，会出现阻力剧增、操纵性能变差等现象，飞行速度也不能再提高，因此人们曾以为声速是飞机速度不可逾越的障碍，故有此名。

热障是指飞行器的速度超过一定值时，因周围高速气流引起的表面加热现象而导致的障碍。如不采取防热措施，会引发破坏性后果。当飞行器在稠密大气中进行超声速飞行时，受激波与机体间高温压缩气体的加热和机体表面与空气强烈摩擦的影响，飞行器蒙皮的温度会随马赫数 (Ma) 的提高而急剧上升。当 $Ma = 2.0$ 时，机头处的温度略超过 $100\ ℃$；而当 $Ma = 3.0$ 时，飞行器表面的温度则升至 $350\ ℃$ 左右，已超过了铝合金的极限温度，使其强度大大削弱。

喷气式飞机最早在军事上使用，随后在民用领域很快得到应用，带来了巨大的商业利益；1952 年，英国的"彗星"号实现喷气式客机的首航，开创了喷气式客机时代。军用超声速飞行的成功很快也传播到民用方面，1968 年苏联图 - 144 超声速客机首飞和 1969 年英法联合研制的"协和"号超声速客机首飞，开创了超声速客运飞行时代。早期的喷气式客机载客量有限，随着民航客流量的快速增长,对于宽体大型客机提出了迫切需求,1970 年,美国波音 747 首航,成为世界上首款宽体大型客机。

航空工程的上述发展脉络,分别呈现出军航与民航各自需求牵引与技术推动相互作用而飞速进步的特点。需求牵引和技术进步的交互作用,使战斗机经历了从第一代到第五代的发展(见图 2 - 2),民航客机经历了从窄体向宽体、从机械操纵向电传操纵、从金属结构向复材结构的迈进(见图 2 - 3),飞机的综合性能越来越好,飞行的安全性和可靠性越来越高。

2.1.2　航天工程的发展脉络

航天工程发展的主要需求牵引是向不同轨道和目标天体发射航天器,满足这种需求的"天梯"是火箭技术的持续进步。液体火箭的出现开启了航天时代,其能力的不断提升勾勒出了航天工程的基本发展脉络(见图 2 - 4)。

1926 年,美国 R・戈达德试飞了第一枚液体火箭,拉开了近现代人类探索太空的大幕。1942 年,德国冯・布劳恩领导研制成功了 V - 2 火箭,成为现代大型火箭的鼻祖,使人类的飞天梦向前迈进了一大步。第二次世界大战后,苏联和美国都通过仿制 V - 2 火箭建立了自己的火箭和导弹工业;在 V - 2 技术成果的基础上,服务于军事目的的洲际导弹和旨在开展空间科学研究的卫星事业发展加快。

1957 年,世界上第一颗人造地球卫星——"斯普特尼克"1 号由苏联成功发射,发射该卫星的火箭是从 R - 7 洲际弹道导弹改造而来的。此后,随着空间探测和对地观测等军民用需求的增长,为发射低中高不同地球轨道的卫星,甚至发射空间探测器,都要求火箭具备更强大的发射能力。

随着航天技术的不断进步,人类已经不满足于发射卫星和探测器了,还渴望能将人类送入太空。这种强烈的需求牵引和驱动了载人航天工程的发展,这就需要火箭具备载人飞船的发射能力,具备登月飞船的发射能力。传统的航天发射,火箭是一次性使用的,为了降低发射成本又对可重复使用火箭提出了需求,驱动了可重复使用火箭的成功。

在火箭持续进步的同时,卫星和探测器等无人航天器以及载人航空器,也在需求牵引和技术进步的交互作用下快速发展。无人航天器从人造地球卫星向月球探测器迈进,从地内行星探测器向地外行星探测器迈进,还对太阳、行星的卫星、小行星、彗星等进行了探测(见图 2 - 5),空间探测的飞行方式也从最初的"绕飞"到"降落"(硬着陆、软着陆)再到"返回"(见图 2 - 6)。载人航天器的发展则经历了从载人卫星式飞船向载人登月飞船的迈进,从一次性使用的载人飞船向可重复使用的航天飞机的迈进,从短期驻留太空的载人飞船向长期驻留太空的空间站的迈进(见图 2 - 7)。

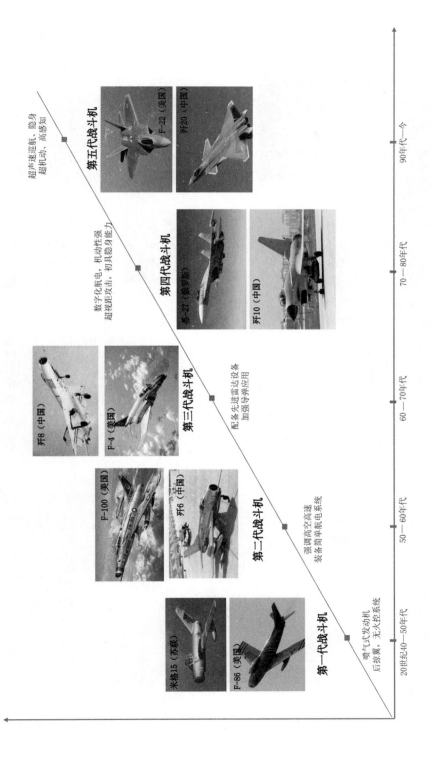

图2-2 战斗机的发展历程

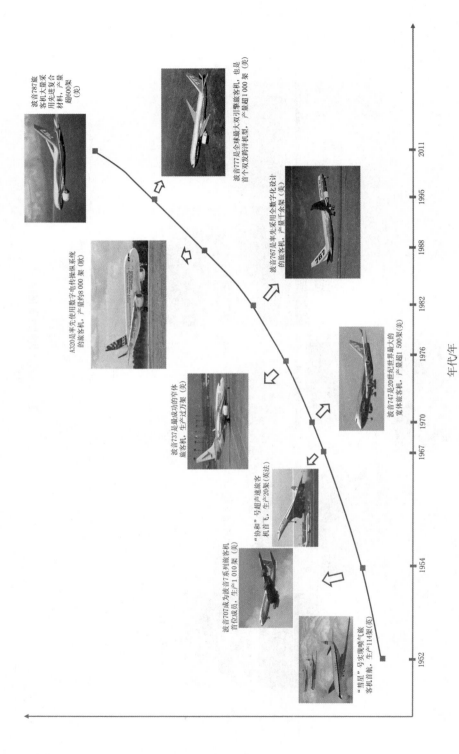

图2-3 喷气式旅客机的发展历程

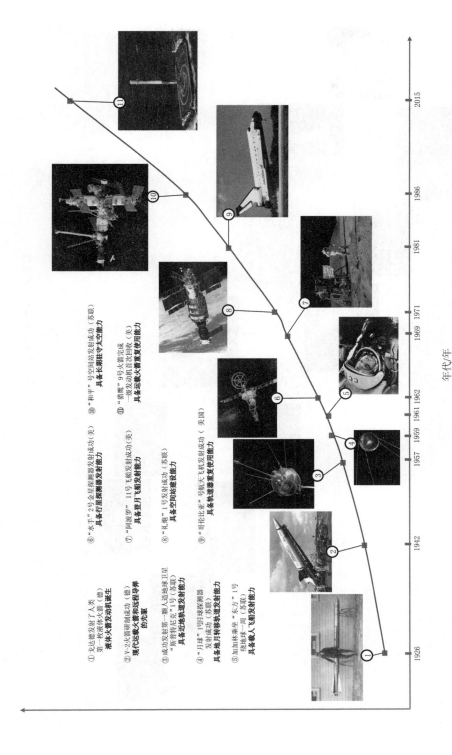

图2-4 航天工程的发展历程

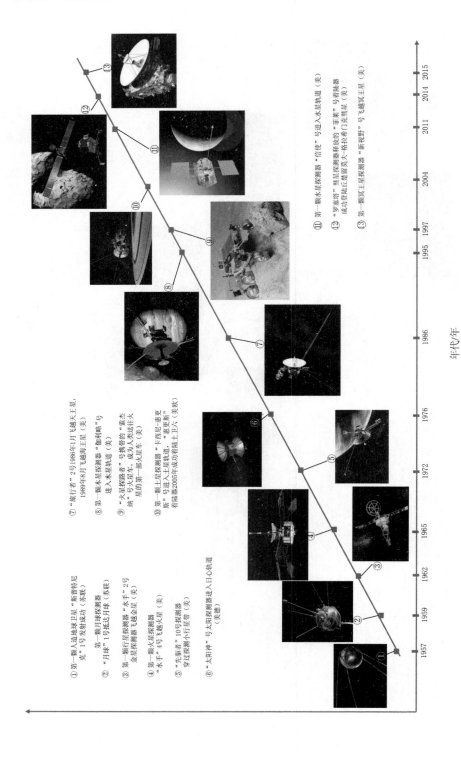

图2-5 无人航天器的发展历程

①第一颗人造地球卫星"斯普特尼克"1号发射成功（苏联）

第一颗月球探测器"月球"1号抵达月球（苏联）

②第一颗行星探测器"水手"2号飞越金星（美）

③第一颗火星探测器"水手"4号飞越火星（美）

④第一颗火星探测器"水手"4号飞越火星（美）

⑤"先驱者"10号探测器穿过探测小行星带（美）

⑥"太阳神"号太阳探测器进入日心轨道（美德）

⑦"旅行者"2号1986年1月飞越天王星，1989年8月飞越海王星（美）

⑧第一颗木星探测器"伽利略"号进入木星轨道（美）

⑨"火星探路者"号携带的"索杰纳"号火星车，成为人类送往火星的第一部火星车（美）

⑩第一颗土星探测器"卡西尼-惠更斯"号进入土星轨道，"惠更斯"号探测器2005年成功着陆土卫六（美欧）

⑪第一颗水星探测器"信使"号进入水星轨道（美）

⑫"罗塞塔"彗星探测器释放的"菲莱"号着陆器成功登陆彗星丘留莫夫-格拉希门克彗星（美）

⑬第一颗冥王星探测器"新视野"号飞越冥王星（美）

年代/年

52

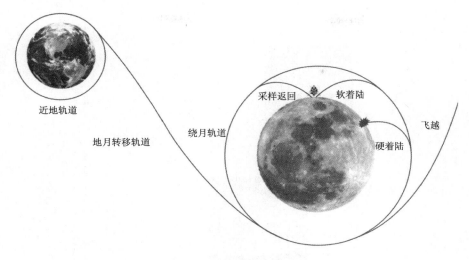

图 2－6　月球探测器飞行轨道

2.2　历史上的重大空天工程

在百余年的航空航天发展历程中,重大工程项目的实施、推进与成功,为人类文明留下了宝贵财富,鲜明体现了航空航天科学与技术发展的突破与成就,是学习与树立工程思维的生动教材。本节从航空和航天两个领域,挑选了 9 个(类)项目,分别介绍它们的背景、进程、价值与经验教训,以帮助读者丰富知识,启迪智慧,生发出对空天工程的兴趣与热爱。

2.2.1　重大航空工程

在前文"十次伟大的航空飞行"的基础上,这里对其中的一些具有代表性的重大航空工程作进一步介绍。

1. 喷气飞行时代与超声速飞行

将燃气涡轮发动机用于飞机动力的研究工作始于 20 世纪 20 年代,当时美国、苏联、德国、英国等都有人提出燃气涡轮发动机的专利和方案,并进行了研究工作。英国人 F·惠特尔于 1930 年 1 月申请了第一个飞机推进专利,经过多年的研究试验,终于在 1937 年 4 月 12 日试验成功世界第一台离心式涡喷发动机(见图 2－8)。同期,德国人冯·奥海因在 1938 年 10 月试

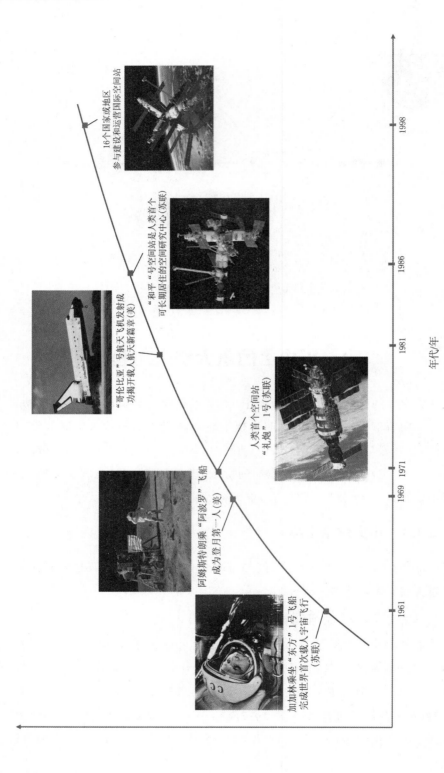

图2-7 载人航天的发展历程

16个国家或地区参与建设和运营国际空间站

"和平"号空间站是人类首个可长期居住的空间研究中心(苏联)

"哥伦比亚"号航天飞机发射成功揭开载人航天新篇章(美)

人类首个空间站"礼炮"1号(苏联)

阿姆斯特朗乘"阿波罗"飞船成为登月第一人(美)

加加林乘坐"东方"1号飞船完成世界首次载人宇宙飞行(苏联)

年代/年

1961　1969 1971　1981　1986　1998

验了一台 HeS3 涡喷发动机(见图 2 - 9)。喷气式发动机的发明为人类进入喷气飞行时代,进而实现超声速飞行奠定了基础。

图 2 - 8　世界首台离心式压气机涡喷发动机(英)

图 2 - 9　HeS3 轴流-离心组合式压气机涡喷发动机(德)

(1) 喷气飞行

1939 年 8 月 27 日,配装涡喷发动机的一架 He - 178 飞机(见图 2 - 10)进行了世界上第一次喷气飞行试验。第一种实用性喷气式飞机是德国研制的 Me - 262 战斗机(见图 2 - 11),该机于 1942 年 7 月首飞成功,1944 年 9 月首次参战。

为了进一步解决燃油经济性问题,惠特尔于 1936 年提出涡扇发动机的

图 2-10　He-178 飞机(德)

图 2-11　Me-262 战斗机(德)

构想,并获得专利。1948 年,英国罗尔斯·罗伊斯公司(简称罗罗公司)设计出第一种涡扇发动机的原型机 RB.80,接着又在 RB.80 的基础上设计出世界第一例涡扇发动机"康维",并在 20 世纪 60 年代初首先用在法国"快帆"号客机上,表现出良好的经济性。从 70 年代开始,涡扇发动机逐步成为军民用飞机的主要动力样式。

　　燃气涡轮发动机的发明极大地改善了飞机的性能,使人类的航空活动发生了深刻变革,人类航空史从此进入"喷气时代"。航空活动扩展到平流层、飞机速度突破声障、大型远程宽体客机得以成功等划时代进步,都离不开燃气涡轮发动机；新型战斗机的典型特征，如机动性、超声速巡航、隐身等，也在相当程度上取决于发动机。

世界上第一种配装涡喷发动机的实用超声速飞机，是美国的 F-100 战斗机（见图 2-12），该机在 1953 年 5 月 25 日创造了 1 215 km/h 的飞行速度纪录。超声速飞行的实现，得益于超声速空气动力学、航空发动机技术、飞机结构技术等重大的技术突破。

图 2-12 F-100 战斗机（美）

此后，人类对于航空器的速度追求持续不断。1967 年，依靠运载机空中投放、采用火箭动力的美国 X-15A-2 研究机（见图 2-13）创造出 $Ma6.72$ 的世界最高速度纪录，这也是人类的第一次有人驾驶的高超声速飞行（$Ma>5$）。试验的成功为高超声速研究积累了经验，并为美国后来的多项太空飞行和航天飞机计划提供了重要数据。

在喷气飞行的时代，人类不断创造出新的飞行奇迹，飞机越飞越高，越飞越快，越飞越远。

（2）突破声障

在持续提升飞行速度的努力中，当时很多人认为，航空器不可能突破声障，声速是人类航空的速度极限。1944 年美国军方和美国国家航空咨询委员会（NACA）制订了以火箭发动机为动力的超声速试验机的计划，即 X-1 计划。X-1 由美国贝尔公司负责研制。1947 年 10 月 14 日，X-1 试验机（见图 2-14）由 B-29 飞机带到空中实施投放（见图 2-15），查尔斯·耶格尔上尉（见图 2-16）驾驶 X-1 在 12 800 m 高空首次突破声障，速度达到

图 2-13　X-15A-2 研究机(美)

1 078 km/h。

　　X-1 是第一款有人驾驶的超声速飞机,是美国"X"系列试验机计划(美国用于测试先进技术的一项专门计划,截至 2018 年年底已发展到 X-60 试验机)中的第一架,具有划时代的意义。

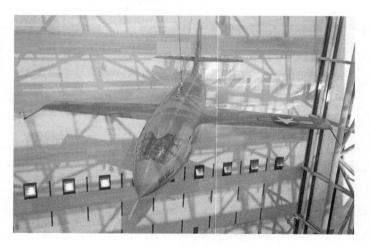

图 2-14　X-1 超声速飞机(美)

　　X-1 试验机最初的目标是:有人驾驶,在 11 000 m 的高空以 1 300 km/h 的速度飞行 2~5 min。在 1945 年 3 月 16 日,美国陆军空军飞行试验部和国

图 2-15 B-29 空中投放 X-1 试验机(美)

图 2-16 查尔斯·耶格尔上尉(美)

家航空咨询委员会(NACA)与贝尔飞机公司签订合同,建造 3 架 X-1 飞机,用来进行飞行试验,以获得跨声速的飞行数据。

当时,人们对超声速的理解还不够深入,技术手段也有很大的局限性,为达到目标,工程技术人员在推进方式、气动外形、起降方式等方面采用了多种方法。由于当时涡喷发动机无法在高空达到推力要求,经过权衡与测试,确定了火箭动力方案,选定 Reaction Motors 公司制造的四室火箭发动机,以液氧为氧化剂、乙醇为燃料。由于火箭的燃料动力时间只有 2.5 min,

采用改装后的 B-29 轰炸机携带 X-1 试验机升空并在空中投放,之后利用火箭发动机的强大推力实现超声速飞行。在气动外形设计方面,因后掠翼的相关技术还不完善,无法应用到此项目中,只能选用常规的平直机翼,这使得突破声障时阻力剧增,经迭代与试验,找到了相对适宜的气动方案。

X-1 试验机的成功表明载人超声速飞行是可行的。此次采集的试验数据十分宝贵,为其后超声速航空器和配套发动机的发展提供了支持,还为美国太空计划打下了人才培养的基础;X-1 试验机的研究方法也成为"X 试验机"系列工程的样板,使美军、工业部门和研究部门相互合作,形成了良好的研发模式。

2. 喷气式客机时代的到来与超声速旅行的探索

螺旋桨飞机由于飞行速度的限制,注定无法满足人们要求快捷飞行的愿望。军用喷气式飞机的溢出效应为民航客机提速提供了可能。喷气式客机的时代到来了,超声速旅行也变成了现实。

(1)"彗星"号和波音 707

1952 年 5 月 2 日,英国飞机设计师德·哈维兰设计的"彗星"号客机(见图 2-17)从伦敦起飞,2 h 后抵达罗马,正式投入商业航线首航,引起巨大轰动,"彗星"号揭开了喷气客运的新时代。

此前,民航客机都安装活塞式发动机,最大飞行速度约为 700 km/h,而"彗星"号客机的巡航速度达到了 788 km/h。"彗星"号采用密封座舱,在云上飞行,平稳舒适。

图 2-17 "彗星"号客机(英)

继"彗星"号之后,苏联、法国和美国也先后推出自己的喷气式客机。苏联图波列夫设计局于 1955 年 6 月首次试飞了图-104 客机(见图 2-18),该机成为苏联 20 世纪 50 年代的主力民航客机。真正使喷气式客机得到广泛应用的是美国波音公司的波音 707 客机(见图 2-19),基于细节完美的综合技术优势使其获得巨大成功。

图 2 - 18　图-104 客机(苏)

图 2 - 19　波音公司的波音 707 客机(美)

　　"彗星"号投入商业运营具有划时代的意义,但随后出现的事故导致其黯然退出历史舞台。1953—1954 年,"彗星"号客机接连发生了 3 次空中解体。事故调查表明,事故原因是"彗星"号使用了增压座舱,由于当时对客舱加压的结构设计经验不足,长时间飞行以及频繁起降使机体反复承受增压和减压而引发金属疲劳,因此导致事故的发生。这是航空史上首次发生的因金属疲劳而导致的空难事件。

　　随后 4 年中,德·哈维兰公司对"彗星"号客机进行了大量试验和重新设计,制造出新的改进机型。经过加长、改型,最终推出新的"彗星"号客机。新的"彗星"号客机于 1958 年 10 月加入英国海外航空公司投入跨大西洋航班运营服务。但此时波音 707 已经开始交付,无论是其性能、容量、运营经济性均超过"彗星"号。由于"彗星"号已经造成了不安全的形象,在性能上又不敌新交付市场的波音 707,严重影响了"彗星"号的商业前景,使得德·哈维兰公司经营不振,最终被霍克·西德利公司合并。"彗星"号客机总共生产 114 架,不同型号的"彗星"号客机载客 56～109 人,但其中有 13 架发生事故而损坏,这些事故大多数都是因金属疲劳以及设计方面的缺陷造成的。"彗星"号客机的教训使各国航空界对飞机的安全性有了更深入的认识,引发了抗疲劳设计理念与方法的出现。

　　1958 年交付运营的波音 707 是波音系列飞机中的首款四发喷气式客机,也是世界上第一款在商业上取得成功的喷气式客机;它采用的后掠翼、翼下吊挂发动机成为至今民航客机的经典构型,其运行成本远较活塞式发动机飞机低,而飞行速度比其快得多。波音 707 的研制还采用了军用运输机和民航客机并行的方式,基于同一原型机开发出的 C - 135 军用运输机(见图 2 - 20),也成为一代名机。在波音 707 之后,波音公司发展出各型波音7X7 喷气式客机(见图 2 - 21),延续至今,成就了这家百年老店在民用客机领域的优势地位。

图 2 - 20　C - 135 军用运输机(美)

图 2 - 21　波音公司各型波音 7X7 喷气式客机(美)

(2) 超声速客机

20 世纪中叶,是航空科技突飞猛进的年代,其突出的成就之一就是在超声速领域的技术突破。那时,"快"是航空业的绝对主题,世界航空界洋溢着追求"快"的热力。美、欧、苏三款超声速客机项目同时推进——美国波音公司的 2707 项目,英、法联合的"协和"号,苏联的图-144 型,且都是在政府层面展开竞争,近乎疯狂。

1) 波音公司的 2707 项目

在第一代喷气客机之战中,美国以波音 707 为代表大获全胜,该机累计生产 1 010 架。几乎与波音 707 交付的同时,波音公司还组建了超声速客机研究小组。1963 年,时任总统肯尼迪指令启动美国的超声速客机计划,目标是250~300 人的载客量和 3 倍声速,航程覆盖北大西洋和太平洋航线。

在波音公司的内部竞争中,变后掠翼方案胜出,代号波音 733,后改为2707 项目(见图 2 - 22),既有第二代的含义,又与里程碑机型波音 707 暗合,意欲发展出如波音 707 那样的新一代名机。波音公司那时对 2707 的重视程度,远超同时期也正在研发的波音 747,以致波音 747 总设计师乔·萨特多次对公司在人力与财力分配中慢待波音 747 表示强烈不满。

在项目艰难推进的过程中,波音公司终于意识到噪声和声爆问题,在那

图 2-22 波音 2707 原型机

时的技术条件下无法完全解决,且提出的飞机性能指标也太过先进,无法实现。内外原因综合施力,1971 年 5 月,美国国会拒绝继续为该项目提供财政支持,由此直接导致了该项目终结。

以今天的眼光看,幸亏 2707 项目急流勇退,使波音公司避免了无谓的更大浪费,并得以集中力量,促成波音 747 的巨大成功,光耀了"老店"的辉煌。

2)英、法联合的"协和"号

当时的欧洲,空客公司尚未出世。面对美国在喷气客机上的咄咄势头,以及军机已实现 2 倍声速的技术进步,为抢占竞争优势,法国总统戴高乐和英国首相麦克米伦亲自推动两国在超声速客机领域的合作。1962 年 11 月两国签订超声速运输计划(SST 计划——Supersonic Transport Program)合作协议。两国政府平摊研制费,戴高乐还亲自为计划研制的飞机取名"协和"(Concorde)。

这款 120 座、2.02 倍声速的中程客机(见图 2-23)1969 年首飞,经过各项适航认证后,于1976年投入商业运营。英、法两国政府在该项目上的实际投资,超过8亿英镑(最初预算为1.7亿英镑)。1977年时,单机售价2 300万英镑,也大大超过预计价格600万英镑。根据预算,要售出至少64架才能盈亏平衡,后来发生的一切,使这一目标的实现成为泡影。

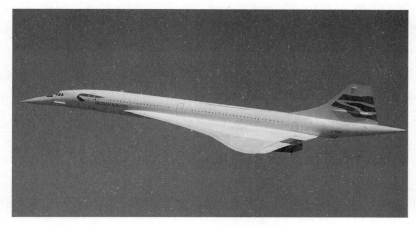

图2-23 "协和"号客机(英、法)

在英、法两国的共同努力下,"协和"号如期完成研制,也如愿地实现了超声速飞行。但由于声爆、起飞噪声等问题,其飞行被限定在非人口稠密区上空,只能飞以海洋路径为主的航线。加之,发生在1973年的石油危机推高国际油价,使"协和"号失去了绝大部分意向用户。到最后,只有英、法两国自己的航空公司购买,且以政府提供贷款的形式购入。原本计划卖出至少200架,但实际上总共才生产了20架,其中仅有14架投入运营。

环保性差是"协和"号的致命伤,且由于燃油消耗高,造成经济性也差。没有足够的订货,又进一步加剧了项目的商业危机。在经济性上,一个对比数据是,载400人的波音747和载100人的"协和"号,在飞越大西洋时,所消耗的燃油几乎等量。"协和"号还有一个致命缺点就是它的航程太短。其最远航程仅为5 000 km,只能刚刚满足跨大西洋的需要,这导致"协和"号可选择的航线极为有限,又进一步限制了它的商业运营。如果跨越太平洋飞行的话甚至还需中途降落加油,而不需要中途加油的高亚声速客机反而能先于"协和"号抵达,这使得"协和"号的速度优势荡然无存。另外,"协和"号的舒适性也不好,虽然机票昂贵,但乘坐空间与常规民航的经济舱相差无几。

"协和"号的安全性整体良好,到2000年,安全运营24年,当时被称为世界上最安全的客机。而一场主因并非飞机的空难,却成了压垮"协和"号这匹骆驼的最后一根草。2000 年 7 月 25 日,"协和"号班机 AF4590 在戴高乐机场起飞时,卷起前架航班飞机遗落在跑道上的一根金属条,造成爆胎,轮胎破片击中机翼油箱,燃油泄漏,引发大火,飞机在起飞数分钟后爆炸,坠毁于机场附近,机上人员 114 人全部罹难。后来虽然经过改进设计,用凯夫拉材料加强了油箱,解决了这一设计缺陷,"协和"号重新获得了适航证并投入运营,但坠机事故却成了"协和"号挥之不去的阴影,之后上座率只能勉强达到 20%,惨淡维持。

在停运又恢复、勉强支撑了不足 3 年后,2003 年 6 月 14 日,在巴黎航展上,运营 27 年的"协和"号正式告别蓝天。一代名机就此谢幕。"协和"号在商业上虽然失败了,但在技术上却取得了诸多进步。

"S"形双三角翼是空气动力学的创举,它有内外两个不同的后掠角,靠近机身的翼根处后掠角较大以降低空气阻力,外段则采用较小的后掠角和较小的机翼弦长,内外段的前缘为一个经精确计算的"S"形曲线。细长"S"形前缘三角翼提高了低速时的升阻比,涡流稳定性好,兼顾了超声速时的阻力要求以及民航客机的起降性能要求。

计算机控制的配平油箱,可以将燃油在三个辅助调整油箱间实时转移以调整整机重心,解决了亚/超声速飞行时由于气动焦点变化导致的重心配平问题。

"协和"号使用的罗罗和斯奈克玛公司联合研制的"奥林匹斯"593 Mk610 型轴流式双转子涡喷发动机(见图 2-24)是当时世界上推力最大的涡轮喷气发动机,也是西方国家唯一一种带加力燃烧室的发动机,单台推力 18.7 t;并且为了适应亚、跨、超声速三个速度段的进气特性,设计人员还设计了进气口调节斜板,对进气进行预压缩,以提高超声速飞行时的发动机效率。

为解决超声速气动加热问题,"协和"号进行了整机的气动、热、结构耦合分析,取得了飞行性能与成本之间的均衡。为解决起降过程中头锥遮挡驾驶员视线的问题,设计了可下垂的机头头锥,这也成了"协和"号的显著外观特征之一。

通过上述技术创新,"协和"号飞机达到了当时民用航空技术的最高水平,一经问世,它所表现出的速度优势就令人刮目相看。从伦敦飞纽约,"协和"号客机只需 3.5 h,只是常规客机的一半时间。由于飞行速度比晨昏线的速度更快,从伦敦或巴黎飞美国的航班竟能出现一种奇特的"追日"现象,英航的广告词甚至直接写出"出发前到达"。

图 2 - 24　"奥林匹斯"593 Mk610 型发动机(英)

3) 苏联的图-144 型

其时,苏联也在全力发展他们的超声速飞机图-144(见图 2-25)。该项目甚至可以看作那个年代资本主义和社会主义两大"阵营"间竞争的一个政治产物,为了表明"你行我也不差"而搞出的一个面子工程。著名飞机设计师图波列夫受赫鲁晓夫指示,要求尽快研制出超声速运输机。

图 2 - 25　图-144 客机(苏)

图-144 虽仓促上阵,但 1968 年 12 月即实现首飞,比"协和"号还早 2 个月。该机虽按计划研制出来了,但油耗高、振动大,在货运还是客运的定位上举棋不定。如果货运,如此高的速度似嫌不必;如果客运,不解决经济性和舒适性,又难以被接受。这使得"带病出征"的图-144 注定前景悲催。

1973 年 6 月,该机在巴黎航展进行飞行表演时,因试图避开一架法国的摄影飞机而失控坠毁,机上人员无一生还,包括该项目的一位主任设计师。

该机 1975 年 12 月投入试用后,又发生两起事故。其载客服务仅半年,就不得不停止,短命生涯告终。货运和邮件服务则延续至 1987 年。图-144 只生产了 17 架,比"协和"号还少 3 架,更谈不上商业成功。

4) 教训与回归

飞行尤其是超声速飞行,由于速度效应,空间被压缩,距离似乎变小。发生于 20 世纪六七十年代那场超声速民机飞行的奋斗,给了人们巨大的信心,同时引发了深刻的教训。

教训之一:应全面理解技术的先进性及其相互影响、相互依附的关系,只追求单项指标(如速度提升)的技术进步,而忽视环保性与经济性,不重视技术权衡与集成,不可能得到真正的技术成功。

教训之二:商业航空的生命线是在确保安全性前提下的经济性,赔本赚吆喝可以支撑一时,但绝不可能长久,即便是国家意志的产物。

"协和"号项目中技术的局限性、政府的过度参与、脆弱的国际合作、并不严谨的市场调查等诸多因素,导致该项目在商业上的失败。它深刻地启示人们,工程是计划、管理、技术的高度集成,只有每个环节都完整,才有可能形成一个真正意义上的好产品。具体到商用飞机,真正的成功一定是、也只能是商业成功,技术只能是实现商业成功的工具和手段。

在 20 世纪超声速运输机归于沉寂后,进入 21 世纪以来,新一轮超声速运输机研发热潮又逐渐兴起。近年来,在安静型低噪声布局和动力技术方面取得了重大技术进步。可以预见,超声速运输机从小型到中型,再到大型,归去来兮,时日不远。

(3) 波音 747 的成功与渐退

波音 747 是由美国波音公司在 20 世纪 60 年代末研发的世界首款宽体民用客机。自 1970 年交付运营,到 2007 年 A380 投入服务前,波音 747 保持全世界最大载客量纪录长达 37 年。截至 2018 年共生产 1 500 架。作为一代杰出的、迄今最为成功的大客机,其设计理念、定义与构型,它的客货两型并发之策,它的商业成功的实践,构成一段不了的传奇,其巨大成功成为航空史上的一段佳话,值得细细品味;其经验,也值得认真学习和借鉴。

其时,波音公司的客户泛美航空公司要求波音公司提供一种比波音 707 大两倍的客机,在强烈需求的推动下,波音公司启动波音 747 研发。以乔·萨特为总设计师(见图 2-26)的项目团队提出宽体单层及客货两型并举的思路,并成功实现,仅用 28 个月完成设计,用 4 年时间完成研制与取证。

1969 年 2 月 9 日,使用 4 台普惠 JT - 9D 涡轮风扇发动机的波音 747 - 100 完成首飞,接着在 1970 年 1 月,完成首架交付,泛美航空公司在几天后执飞纽约到伦敦的航班。

图 2 - 26　乔·萨特(美)

波音 747 的成功,得益于遇上了一个好时代,一个急需大型客机的时代,得益于总设计师乔·萨特及他的好领导——有魄力、敢于"豪赌"、赏识和信任他的董事会主席比尔·艾伦及其后任威尔逊。乔·萨特 1946 年加入波音公司,1965 年担任波音 747 总设计师。他凭借自身的洞察力、领导力、正直和才华,带领研发团队,奉献给世界一款堪称经典的运输类名机,其中的客运型是世界首例双通道宽体客机。他本人则成为公认的、20 世纪伟大的飞机设计师之一。

1965 年的波音公司同时有三个重大项目:超声速运输机、"阿波罗"任务包和波音 747 研制。三个项目中,波音 747 的位置最靠后,在内部资源有限的情况下,无论人力还是财力,甚至工作环境与条件,波音 747 的处境都很窘迫。以致多年后乔·萨特还慨叹:相比那些条件好的"富人",波音 747 团队是一群"穷人",似乎是"后娘"养的。领导者对于波音 747 的慢待,皆因那另外两个大项目太过耀眼夺目。

超声速运输机项目是由政府出资的任务,旨在开发出名为波音 2707 的超声速客机。那时,航空界几乎人人都相信,超声速运输机就是商用航空的出路。美国、苏联和欧洲都这样认为,于是在国家层面,展开近乎疯狂的竞争。波音公司把最有经验的工程师派到 2707 项目。

而参与"阿波罗"工程更是政治任务,实为美国政府和肯尼迪总统站台。由于 1967 年 1 月项目进展中发生发射台起火,致 3 名宇航员丧生,项目的系统工程管理的难度与紧迫性陡增。此时,波音公司除了要完成"阿波罗"所需的"土星"5 号运载火箭第一级的研制外,还成为最重要的主承包商,承担起"阿波罗"项目技术综合与评估的重任。为此,波音公司抽调数千名工程师,优先配置资源,做了他们所能做的一切。

就是在这样的背景下,44 岁的"年轻人"乔·萨特走马上任。面对急切而又强悍的用户——泛美航空公司,他首先需要的是对要研制的这款产品进行正确的定义与构型。那时,出于商业航空竞争的需要,泛美航空公司提出双层客机的产品设想与需求,而经过前期工作后,乔·萨特和他的团队提出单层双通道方案,并且想方设法游说泛美航空公司,终于成功说服他们接受了这个方案。

乔·萨特基于对一款好的运输类飞机的深刻理解,综合运用当时所能得到的先进技术,创新性地提出真正意义上的"宽体双通道"概念,并由此发展成为最终的布局方案。为了同时满足货运型要求,机身前端采用了凸起的"驼峰外形",即把驾驶舱提升,不与客舱同高,以便增设可开启的机头货舱门。铰接在机身上的机头能向一侧打开,货物经由此门可直接被装入货舱。出于空气动力学的考虑,在凸起的驾驶舱后面,添加了整流罩。为了充分利用整流罩下面的上层空间,在改型发展波音 747 - 400 时,将其延长,扩为可容纳约 40 个座位的商务舱。

就此,乔·萨特特别解释道:"总体而言,波音 747 主要还是一款单层客舱的飞机。""它拥有一个单层、宽敞的双通道客舱,而不是上下两层的狭窄的客舱。"他还写道:"在决定采用单层舱的设计方案后,设计一款大型运输机的工作忽然变得易如反掌。货运容量及装载方式、乘客登机及离机、客舱运行环境、空中服务,以及紧急情况下乘客的逃生问题都变得简单起来。"

乔·萨特在他的著作《未了的传奇》一书中,还颇有深意地写道:"如果我们当初按照其他人的想法设计出一款双层客舱飞机,波音公司不可能累计生产超过 1 350 架波音 747 飞机(作者成书时),甚至连 300 架这个数目我都不敢想。在我看来,即使是波音公司内部,也未必能完全理解或欣赏我这个项目组所取得的成就。"

波音 747 成功的另一重要技术因素是大涵道比涡扇发动机的使用(见图 2 - 27)。普拉特·惠特尼集团公司(简称普惠公司)承担了这项任务,克

服了许多困难,将单台推力一举从为波音 707 配套发动机的不足 16 000 lb
(1 lb=0.454 kg),提高到 40 000 lb。波音 747 成为航空史上第一款采用大
涵道比涡扇发动机的民用客机,从它开始,这成了民用客机的标配。波音
747 的成功也再次证明,航空发动机对于先进航空器的决定性作用。

图 2-27 大涵道比涡扇发动机的使用

波音 747 的成功也离不开泛美航空公司这家民航飞机的大用户。1966
年,泛美航空公司决定订购 25 架波音 747,并支付 5.25 亿美元的订金。这
在 50 多年前的航空市场上,堪称是一场豪赌:一方仅凭图纸就订购、付定金
(连发动机都还在图纸上),一方则冒险开建巨型工厂(因为制造如此之大、
尾部有 6 层楼高的"巨无霸",没有现成的工厂可以容纳)。1966 年,即泛美
航空公司订货的当年,波音公司投巨资,包括使用部分泛美航空公司的订
金,在西雅图以北 35 km 的埃弗雷特新购买数百公顷土地,兴建起至今仍为
全球最大单体建筑的总装厂(见图 2-28)。风险之大,用乔·萨特的话说,
就是:"如果波音 747 项目失败,波音和泛美都会垮掉。"回顾当时的研发过
程,波音公司在各种条件都需要创造的前提下 4 年内完成首飞、2 年后交付,
研发速度简直难以想象。

波音 747 的经济性也达到很高的水准,其单座运营成本比此前最好的喷

图 2 - 28　波音 747 总装厂（美）

气式飞机还要低 30%。而在第一代宽体机中,从一开始,就按洲际飞行的航程要求,设计成客运、货运两型的,唯有波音 747 这一款。波音 747 货运型的成功甚至不亚于客运型,实际上,世界上近半数的空运货物都是由波音 747 货机载运的。

今天,回过头来看波音 747 的成功。这款首例宽体双通道客机以及与其比翼齐飞的货运型飞机所以成为传世名机,就在于在最需要的时间点上,波音公司将其奉献给世界,奉献给用户;其正确的产品定义与构型是成功的基础,而果断进行基础设施建设,迅速形成基本产能,则是成功的保障。优秀的设计师与优秀的企业家各负其责,珠联璧合,相得益彰,成就了伟大的波音 747 传奇;研制过程中并行的设计研发思路也为航空界的发展提供了很好的借鉴。

但是,正如世间万物都有生命周期一样,波音 747 也走过了“高光时刻”而步入衰微阶段。波音 747 的一大不足是飞行距离不够长。在波音 747 诞生之际,航空公司最关注的国际航线是欧洲跨越大西洋往返美国的航线,波音 747 的飞行距离能够胜任此等任务。但现在全世界飞行时间最长的直飞航班,大多集中在中东飞往新西兰、澳大利亚飞往英国或者美国飞往东南亚,这些航线没有一条是波音 747 可以执飞的,只能选择其他航程更远的客机。波音公司不得不推陈出新。

波音 747 风光不再,特别是客机,已基本没有市场,不断让位于波音 777、波音 787、空客 350 等采用更新技术、航程更远、经济性更好的双发宽体客机。截至 2018 年,全球在运营中的波音 747 飞机 473 架,其中客机 174 架,货机 299 架。美国本土航空公司的波音 747 客机已在 2017 年年底前全部退出运营,而全球范围的退役也只是近期之事,近年来的订货量和交付量都呈现递减趋势,其原因在于,航空科技的持续发展,特别是发动机和机体结构材料的进步,使双发宽体客机成为洲际飞行和点对点中远距直航的主流机型,且燃油成本更低,乘坐飞机的旅客们也已经不满足于短途飞行或在几个大城市之间中转,而是更希望直达目的地,自然不会再首选波音 747。因为人们的认识很朴素,两引擎飞机能做的事,为什么要用四引擎呢? 如果飞机功能接近,在激烈的市场竞争中,多引擎飞机注定陷入天然的劣势。四引擎的客运型波音 747,正在退出历史舞台。技术的进步和商业需求的变化促使产品加快更新换代,无论多么优秀的机型,都会面临被更新更好产品取代的命运,唯有不断创新,研发出满足市场与用户需求的产品,才能永葆基业长青。

3. 中国的大飞机

在经历了愈挫愈奋、屡败屡战的漫长历程后,2007 年 2 月 26 日,中国航空工业的发展迎来了历史性的一天。时任国务院总理温家宝主持国务院常务会议,听取了关于大型飞机方案论证工作汇报,原则批准大型飞机研制重大科技专项正式立项(即大飞机专项),决定组建大型客机股份公司。

研制大型飞机是党中央、国务院作出的重大战略决策,也是全国人民多年的愿望。中国航空工业经过 50 多年的发展,已经具备发展大型飞机的技术和物质基础。自主研制大型飞机,发展有市场竞争力的航空产业,对于转变经济增长方式,带动科学技术发展,增强国家综合实力和国际竞争力,加快现代化步伐,具有重大意义。

"大飞机专项"是一个含义特定的专用名词。大飞机专项里,包括大型军用运输机和大型干线客机两型飞机(简称"大运"即运 20 和"大客"即C919),分别按军品研制和按市场规律、适航标准开发两种模式,同步实施。

军用运输机和大型客机拥有共同的基因,都是战略性装备。前者除满足快速运送兵力与物资的需求外,还是多种特种飞机(如大型预警机)的平台,且可直接民用;后者除满足公共航空运输需要外,还可用于战争与非战争各式军事行动,以及社会经济活动中广泛的航空作业需求(如应急救援),亦可用于特种飞机开发平台。对于中国,在大飞机这类战略性装备的发展与保障上,决不能仰人鼻息,靠谁也靠不住,只能靠自己。可以说大飞机专项是军民融合性最强、最典型的代表。

大飞机作为国家的重大科技专项,是一项复杂的系统工程,任务艰巨,困难重重。国务院会议强调大飞机研制需要重视六个方面:一要加强组织领导,集中力量,合力攻关。各方面要牢固树立全局观念,大力协同、密切配合,各种资源统筹安排、合理整合。二要坚持高标准、高水平、高质量。在研制、生产和服务的全过程确保飞机的安全性和经济性,提高产品的国际竞争力。三要坚持以我为主,积极开展国际合作。通过自主创新、集成创新和引进消化吸收再创新,突破关键技术。四要统筹协调大型客机与大型运输机的研制。做到分工合作,成果共享,避免重复建设,提高投资效益。五要坚持体制机制创新。遵循科学规律和经济规律,面向国内外市场,引入竞争机制,创新管理经营模式。六要充分利用我国航空工业的现有基础。调动地方、企业的积极性,特别要发挥科研人员的积极性,培养、吸引、凝聚大批优秀科技人才,为大型飞机研制建功立业。

(1) 运 20 大型运输机

运 20 是中国自主研发的新一代战略军用大型运输机(见图 2 - 29),由中国航空工业集团公司第一飞机设计研究院设计,西安飞机工业公司负责包括总装在内的大部分制造事务,沈阳、成都、陕西、哈尔滨飞机工业公司及上海飞机制造公司也参与部分部件的制造。2007 年 6 月 20 日,运 20 正式立项。2013 年 1 月 26 日运 20 首飞成功,与国外同类飞机相比较,研制周期缩短了一半。2017 年运 20 列装部队并展开训练。运 20 运输机的服役,标志着中国成为继美国、俄罗斯和乌克兰之后,世界上第四个能够自行研制并生产 200 t 级大型军用运输机的国家,具有重要的战略意义。

图 2 - 29   运 20 大型运输机(中)

运 20 工程的成功主要有以下几方面的原因。

第一,英明的战略部署。根据世界大势和国家社会、经济发展及国防建设的需要,中央及时决策上马大飞机重大专项,并确定军民两型并举的方针,历史证明,这一部署完全正确。其时其势,抓住这一战略窗口,开辟航空工业和军民航装备发展的新机遇,对于国家和民族具有极为重大的意义。从此,AVIC(中国航空工业集团有限公司)和 COMAC(中国商用飞机公司)各司其职,东西两翼,一军一民,协调推进,开辟了威武雄壮的航空振兴之路。

大飞机重大专项需要国家的强力持续支持。国家以雄厚国力为支撑,全国上下一盘棋,集中力量干大事,再一次显示了中国社会主义制度的优越性,体现出中国是有大气魄、大手笔,运筹帷幄,决胜千里,集中力量办大事的国家。

第二,准确的装备定位。运 20 的装备定位准确,项目目标合理,战技指标高下适宜,进度安排疾徐有度,这是成功的重要原因。过急过高,做不到;太慢太低,则无用。我军历来实施"需求牵引、技术推动"的八字方针。在运 20 工程的宏观筹划中,以急迫的军事需求为牵引,充分考虑工业基础和技术现状,以军为主,兼顾民用,制订了一个很好的发展规划和计划。

作为一款首先满足战略投送之急需的装备,必须优先满足使用环境多样化、能适应恶劣气候气象条件、可容纳现役大型车辆装载运输等基本要求,因此运 20 工程目标定为全面高于伊尔 76,着力改进机舱容高和容宽,确保良好起降性能、飞行品质和人机工效等,这一装备定位清晰而准确。

第三,强大的工业能力。以设计、制造、试验为主的工业能力,不与特定型号相联,但却同每一个项目密切相关,支撑着每一个项目的顺利进展,并全面反映一个行业的整体技术能力与水平。近年来实施的国防科技工业基础能力建设计划,大幅提升了航空工业的能力,在整体上跨过了"巧妇难为无米之炊"和"无具之炊"的初级阶段,步入适应创新活动需要的更有预见、难度更大的能力建设高级阶段。

在国家的统筹规划和强大的财力支持下,从设计所到工厂,再到试飞院的物理空间,从设计到制造,再到试验试飞的全链条全过程,航空工业建成、改善了一大批基础设施,明显短板基本补齐。正是这个基本建成的现代化研发生产能力体系,为中国大型运输机的研制提供了坚实的物质基础,使运 20 既能较快地设计出来,也能制造出来,并用适当的手段试出来、飞出来。

第四,出色的组织管理。航空工业有着良好的工程管理的基础与经验。在运 20 项目中,行政指挥(总指挥系统)与技术指挥(总师系统)两条线密切结合,运转高效。鉴于运 20 首先需满足军事需求,故按军事项目的组织与流程实施严格、高效的管理;同时考虑提高安全性、提高管理水平及未来的民用前景,在研制进程中又融入民机适航要求与程序。这是军机研制中的创举,也是重要的发展趋势。运20的组织管理既继承传统,又有所发展。在工业部门与军方的协同、指挥线与技术线的密切结合、军品研制程序的恪守与融入民机适航要求等方面,都体现了系统工程的最新、最高水平,堪称典范。

第五,正确的技术路径。针对大运的战略定位,确定了由基本型循序发展的技术路径。在总体布局、高升力、起落架、大开门、大尺寸构件制造等一系列预研技术储备的基础上,针对项目需要,开展大规模的技术攻关,掌握了一大批先进技术,建成了一批新设施。大胆而科学地采用新材料、新技术、新工艺,以及在总体指导下,合理确定配套设备与系统的新技术含量及供应周期,使大运的研制在总体上反复较少较小、风险较低可控。在大运项目中,不断推行信息化是技术路径上的突出特点。把数字化、信息化的深度和广度提到更高的水平,对保证设计质量,缩短研制周期,以致在更大规模上实现设计制造一体化,改进组织,优化流程,产生了决定性的作用。

第六,卓绝的大运精神。进入21世纪以来,航空工业带给国人一个又一个惊喜。成就伟业的是充满航空报国豪情、奋发图强之志和顽强拼搏精神的40万航空人。在运20的舞台上,一支忠于祖国、团结奋斗的研发团队,铸就了"大情怀、大奉献、大跨越、大协同、大运载"的大运精神,书写了许多可歌可泣、催人泪下的感人事迹。一批又一批、一代又一代航空人的传承与开拓,是今日成功的保证,也是明日辉煌的希望。在航空器的研发中,试飞队伍的作用举足轻重。在大运项目中,他们更是全面参与研发活动,以科学求实的态度和不怕牺牲的精神,高效完成3年科研试飞任务,为型号的研制成功做出了特殊贡献。

大运列装,是形成中国战略投送能力的新起点,是国家大飞机工程建设新阶段的新起点。既然是"起点",后面的路还有很长,今后面临的工作仍十分繁重,任务仍非常艰巨,要按计划优质提交后续产品,继续改进和完善产品性能,推动国产发动机的研制及实现装机,更需脚踏实地、负重前行。

(2) C919大型客机

C919大型客机(见图2-30)是中国首款按照最新国际适航标准、自行研制、具有自主知识产权的大型喷气式干线民用飞机,于2008年开始研制。C是China的首字母,也是中国商飞英文缩写COMAC的首字母,第一个"9"的寓意是天长地久,"19"代表的是最大载客量为190座。C919大型客机于2017年5月5日成功首飞,国人激动不已,航空人为之振奋,经过数十年的奋争、十数年的艰辛,终于走出了关键的一步。

图 2 - 30　C919 大型客机(中)

在大型商用飞机领域,当空客(Airbus)和波音(Boeing)两霸平分天下之时,在世界的东方出现新的一极,这一极就是中国商用飞机公司(COMAC),就是中国的民机研制生产大军,就是中国的商用发动机自主保障与配套能力。中国开始研制大型商用飞机,将意味着 A+B 的既有局面将被打破,A+B+C 的新格局定将出现。

大型客机从技术上和组织管理上有着和大型运输机共同的特点,但也有民用飞机研发的独特之处,更有其特有的商业成功的艰难性。

1) 研制历程的长期性

民用飞行器的研制一般分以下几个阶段:立项论证,概念设计,初步设计,详细设计,工程发展和试生产,而后转入量产。

现代航空是一个宏大的产业体系,现代航空器研发是这个产业体系的物质基础,是基于航空科学技术的复杂系统工程,其中设计工作是最重要的、基础性的创造性劳动。一般来说,设计的飞机越先进、越大型,就越难成功。

客机的设计是从市场需求开始的,在市场预测、竞争态势分析的基础上,确定研制总要求,包括基本技术方案和主要技术性能指标分析,产品研制能力和途径分析,投资估算、筹资方案和经济性初步分析,研制周期和里程碑计划分析以及风险和规避措施初步分析,这是第一步,称为"立项论证"。

之后,要把研制总要求具体化,开展总体设计,确定布局和外形、主要性能参数、结构形式和重量,考虑发动机和主要机载设备的选型,称为"概念设计"。进一步以概念设计的结果为基础,对气动和结构等方面的设计进行深化,称为"初步设计"。

进而,进入详细设计,也称"预发展阶段"。此阶段的主要工作是,确定工艺方案,落实先锋用户,提出适航申请,选择发动机、机载设备和系统及原材料供应商,启动长周期项目,确定试验、试飞项目等。

在飞机构型方案冻结、先锋用户订单达到项目研制启动数量后,项目转入工程发展阶段。工程发展阶段的任务是完成研制生产、试飞和取证,包括:发动机、设备和系统及原材料的采购,零件制造、部件装配和飞机总装,试验和试验结果评审,首飞和飞行试验,取得型号合格证(TC)和生产许可证(PC)等。之后,开始试生产,然后转入批量生产。

不同于军机,民机的设计从一开始就要考虑满足适航要求,符合相应安全等级;从详细设计阶段提出适航申请开始,适航管理和审定就要渗透所有环节。除了军民机设计的普适内容外,民机的特殊性问题还集中在结构完整性、系统完整性、使用完整性和抗坠毁性等方面,通过细致的设计工作,来满足极高的安全性、经济性、环保性和舒适性要求。这些都是高于军机的、近乎严苛的要求。

经过八年的工作,C919终于完成首飞,并进入型号试飞阶段。首飞的成功展示了飞机的基本性能与操纵稳定性良好、动力与系统的功能正常。首飞成功标志着中华民族的"大飞机梦"取得历史性突破,一款属于中国的、完全按照国际先进标准研制的大型客机,正向世界走来。首飞成功还表明,中国具备了研制现代干线飞机的核心能力(设计、集成与机体制造),一支与世界接轨的研发生产队伍正在快速成长;飞机的总体设计(气动、结构与系统设计及其综合等)是成功的,飞机大系统的基本功能经受了初步考核,组成系统的各部分无干涉、无冲突,工作协调正常;工艺设计和制造工程能力获得初步验证。

首飞成功无疑是里程碑式的成就。但首飞只是飞机研制和运营过程的起步,研制和运营中还有极为繁重的后续任务,需要一件一件地去完成,一步一步地走完后面漫长的道路。

2)适航审查的复杂性

适航审查是民航客机研发所特有的。军用飞机研制成功后就可以按计划列装部队,由国家主导,受市场的影响较小。而民航客机研制成功后,要交付航空公司,航空公司要根据安全性、经济性、环保性、舒适性等择优选合适的产品,因此民航客机的运营主要是由市场主导的,特有的困难来自严苛的适航审查和取证以及惨烈的技术竞争。

适航即适航性,是民用航空器适于空中飞行的一种属性,是指该航空器(包括其部件及子系统)整体性能和操纵性在预期运行环境和使用条件下的安全性和物理完整性的一种品质。判定是否符合适航性,就需要适航标准。它是为保证实现适航性而制定的强制性最低安全标准,是通过长期的经验积累,吸取事故教训,经必要验证或论证而制定的。目前,影响最大的适航标准是美国联邦航空局(FAA)的《联邦航空条例》(FAR)和欧洲联合航空局(EASA)的《联合适航条例》(JAR)。中国民用航空局(CAAC)主要参考FAR,结合国情制定了中国的适航标准《中国民航规章》(CCAR)。

依据适航标准,对民用航空器的设计、制造、使用和维修等环节进行科学统一的审查、鉴定、监督和管理,称为适航管理。适航管理又分为初始适航管理(航空器交付使用前,适航部门经审定,向研制部门颁发 TC 和 PC)及持续适航管理(航空器获得适航证、投入运行后,为保持其适航水平而进行的持续管理)。

适航性是为维护公众利益而形成的技术与管理概念,对民用航空器进行适航管理是确保安全性的重要举措。美欧作为民航领域的"先行者"分别制定了适航标准,经不断修订,十分严苛和烦琐。世界上多国认可美欧标准,民用航空器只有按美欧标准获得适航证,才可进入国际市场,否则,就不能销售到任何美欧标准的国家,甚至都不允许飞进美欧国家领空。

中国研制的客机,从 ARJ21 到 C919,如果要进入国际市场就必须按美欧标准组织研发和生产活动,严格遵守国际标准,从详细设计阶段提出适航申请开始,就要接受别国的适航审查。要求飞机的每一个部件、每一项配套设备,甚至重要的原材料都要达标,这对于稚嫩的中国客机制造业,是很大的挑战。

中国的综合国力今非昔比,军机研发举世瞩目,但在民机适航取证方面,几乎是一片处女地。以机载设备为例,军机国产化率非常高,有些分系统或设备的技术水平也很高,但没有适航证,就不能装在面向国际市场的商用飞机上。何况民机适航标准在许多方面要严于军机,我国不少产品的性能与质量,还的确达不到适航要求,也不可能在短时间内全部取证。这种情况下,只能踏踏实实地苦干,只能探索切实可行的突破之路。为了尽快取得国际适航证,COMAC 在 C919 项目中采取与国外技术先进、产品性能达标、具有适航经验的公司合作的办法,成立合资公司,联合开发产品,弱化取证阻力,缩短取证周期,一项一项地填补空白,从而为自主化客机尽快问世奠定基础。

适航标准与管理既是必须符合、不可违逆的民机安全性的门槛,同时也是先进者对后来者所设的壁垒。ARJ21是完全按国际适航标准研制的支线喷气式客机,其配置多为直接购买美欧供应商的子系统,5架原型机历经6年5 000多小时的试飞,如今也只取得了CCAR适航证,取得国际认证的道路还很漫长。ARJ21的国际适航取证尚且如此之难,国产化程度明显高出一筹的C919,在未来取证的道路上一定会遇到更多的困难,必须做好长期、韧性战斗的准备。

目前的适航取证现状,要求中国加快建立民航适航体系,经历完整的适航审查的实践,争当国际考官,逐步拥有话语权。如果能把中国的适航体系也立为世界标准,不获中国适航证就不能进中国市场,甚至不能进世界市场,那时,中国就将真正登临世界商用飞机制造业的制高点。

小贴士:民用飞机的适航审定

适航性(Airworthiness)是民航飞机在规定的使用条件下保证航行和乘员安全的性质。飞机具有适航性的标志是获得相应的适航证。新研制的飞机需取得型号合格证(TC)才能投入生产,工厂需取得生产合格证(PC)才能进行生产。进口的民用航空器需要由所有者或占有者按照有关规定,提出适航证申请。民用航空主管部门依据适航条例,对航空器的设计、生产、使用维修和进出口等环节,进行适航审定,颁发适航指令或通报,颁布相应证件并进行统一的审定、检查鉴定和监督执行。航空发达国家都有各自的适航条例,如美国的FAR和欧洲的JAR。中国的适航条例CCAR主要参照美国FAR制定。民用航空器的适航管理分为初始适航管理和持续适航管理两个阶段:前者发生在航空器交付使用之前,后者在民用航空器投入运营之后。

3) 技术竞争的严峻性

除了适航审查和取证外,C919还面临激烈的技术竞争。

C919在2009年确定方案,向世界发布时,就提出了一些超越波音和空客的先进技术,如超临界机翼、采用先进发动机等,以获得燃油效率提升的优势。而后,空客和波音先后启动空客320和波音737改型,也都不约而同地采取了换发和改进气动设计的措施。由于波音和空客均声称,其改进型全机95%的部分没有变动,操作基本不变,维修保障方便,这使得用户很容易接受,且只需做有限度的适航审查,从而获取大量订单。

4）产能提升的迫切性

目前,无论是在民航的国际市场还是在国内市场,波音和空客都占有绝对的垄断市场,双方平分秋色。2018 年,波音交付 806 架,空客则交付了 800 架;其中与中国在研 C919 处于同一级别的波音 737 则交付了 580 架、空客 320 交付了 626 架;而从 1967 年问世以来,各型波音 737 的总产量已经超过 10 000 架,空客 320 的总产量约 8 000 架。这对于中国商飞这个新手和后来者无疑是巨大的挑战和压力,已经投入运营的 ARJ21,目前的年产量仅十数架。C919 投产后如何尽快形成规模,逐步取得一定的市场份额,将是更加严峻的考验。

憧憬大型商用飞机的 A＋B＋C 新格局,要变成美好的现实,面对激烈的技术竞争现状,目前能做的就是保持定力,精益求精地把自己的事情做好,把预期的飞机性能百分之百地实现,如期实现适航取证,严格控制成本,保住价格优势,提升产能,尽早达到盈亏平衡点(300～400 架),着手建立售后服务体系,先国内、再国际,谋划未来的发展与改进。

大型飞机研制各国的竞争完全是由资本逐利的本性决定的。想当年,英、法、德、西、荷等国为抗衡美国独霸大客世界市场,组建跨国的空客公司,从 1970 年成立开始,坚持了近 30 年,终于与波音平分天下。在空客和波音较量的几十年里,双方打了多少次仗,甚至诉诸法律,仍历历在目;中国大型飞机这第三极的出现,也一定会发生同样的境况。

中国已是世界航空运输总量的世界第二大国,很快就会成为第一,而且将会持续占据世界最大单一航空市场国的地位。早在十余年前,美国科特勒国际咨询公司总裁米尔顿·科特勒先生就说过:"美国的航空市场造就了波音,欧洲的航空市场造就了空客,中国的航空市场应该造就第三强"。在这种情形下,必须迎难而上,不能错失中国经济高速发展带来的市场机遇。

4. 第五代战斗机

第五代战斗机是 21 世纪开始服役的新一代战斗机,也是第四代超声速战斗机。其代表机型有:美国的 F－22、F－35,俄罗斯的苏－57,中国的歼 20、歼 31。第五代战斗机具备高信息化、高敏捷性、低可探测性、超声速巡航和短距起降能力,采用翼身融合体和具有隐身或部分隐身能力的气动布局;机体结构部分采用复合材料;装备推力可转向的推重比 10 一级的航空发动机,飞机起飞推重比超过 1;机载火控系统采用可同时跟踪和攻击多个空中目标的多功能火控雷达;挂载具有大离轴角和发射后不管能力的空空导弹等机载武器。

（1）美国 YF-22 和 YF-23 的对垒

20世纪80年代,苏联研制的苏-27和米格-29开始具备作战能力,对拥有 F-14、F-15、F-16、F/A-18 等优秀战斗机的美国形成威胁。为了应对来自苏联的空中威胁,美国空军于1983年启动下一代具有空中优势的先进战术战斗机(ATF)计划。作为竞标者之一的洛克希德公司领导的洛克希德/波音/通用动力联合小组,提出1132型ATF方案,编号 YF-22A(见图 2-31)。竞争对手是诺斯罗普公司领导的诺斯罗普/麦道公司联合小组的 N-14 型设计方案,编号 YF-23A(见图 2-32)。按照要求,双方均需提供两架试飞样机。双方调集5000多名工程师和技术人员,在长达8年的时间里,展开激烈角逐。1991年4月23日,美国空军宣布 YF-22A 方案获得ATF竞争的胜利,并选用普惠公司研发的 YF119-PW-100 发动机作为推进系统。

图 2-31 YF-22A 战斗机(美)

参与竞争的双方均为美国军火界巨头,洛克希德公司曾为美国空军研制出 P-38、F-80、SR-71、C-130、F-117 和 F-104 等飞机,而诺斯罗普研制出了 A-6、B-2、EA-6B、E-2C 和 F-14 等产品。从试飞结果来看,两种飞机也各有千秋,且都基本符合美国空军提出的战术战斗机的要求。那么,为什么竞标成功的是 YF-22A 和 F119 组合呢?

1)招标模式

1986年10月31日,美国空军与洛克希德和诺斯罗普公司分别签订价值6.91亿美元的研发合同,用于开展 ATF 计划的演示验证。根据合同要求,两家公司将分别制造两架原型机,一架装备 YF119 发动机,另一架则装

图 2 - 32　YF - 23A 战斗机(美)

备 YF120 发动机,然后根据试飞结果,从中选出优胜者。

美国空军和承包商签订的是固定价格合同,除了空军提供的经费以外,每组竞标团队还需自行投入 3 亿～5 亿美元。在空军拨给每组竞标团队的经费中,有近 1 亿美元分配给雷达与光电传感器的开发,2 亿美元分配给航电架构与综合。发动机研发所需经费,则由空军另行向通用电气公司(GE)和普惠公司两家发动机提供商分别拨付。

在演示验证阶段,美国空军与相关承包商有 3 项主要任务,分别是:

第一,ATF 系统规格发展:进一步完善武器系统特性与作战需求规格制定,通过一系列试验活动,包括雷达截面积测试、操纵模拟、材料试验、可靠性/维护性展示,以重新审查和修订 ATF 正式需求文件。

第二,航电系统地面原型/航电系统飞行实验室:实际展示与 ATF 配套的综合航电套件发展成果。虽然空军并未要求进行实际试飞,不过两组竞标团队都选择由民航机改装的空中实验室,进行航电系统原型的飞行试验。

第三,原型飞行器:依托两组竞标团队 ATF 飞机平台,并展示平台的操作性能和能力。

2) 全机竞标

1971 年,美国空军发布"1985 年战术空军研究(1969—1970)"报告,提出了新一代战斗机的概念原型,并称之为 ATF。1983 年,美国空军提出 ATF 设计概念,洛克希德、波音、通用动力、诺斯罗普、格鲁门、麦道和罗克韦尔国际等 7 家公司投标。按美国空军要求,除了保持现有战斗机的加速性能等,新一代战斗机要具有低可探测性、高机动性、超声速巡航能力和超视距作战能力,能做到先敌发现、先敌发射、先敌摧毁,同时要求高可靠性,易维修保养,成本低。为此,ATF办公室制定了对动力推进、高压液压、高度集成电路、共享天线、座舱显示、人工智能、推力矢量操纵、短距起降、集成电子战、混合传感器和机载氧气发生系统等的明确要求。

1986年,美国空军宣布洛克希德和诺斯罗普两家公司在第一阶段胜出,并建议落选的几家公司与获得资格的2家公司组建团队,参与设计,以分摊成本和损失,并共享利润。随后,洛克希德、波音和通用动力3家公司联合在一起,诺斯罗普和麦道公司则组成另一联合小组,展开新一轮竞争。

3)发动机竞标

为了能满足第五代战斗机的要求,ATF办公室制定了详细的发动机性能指标:不加力状态下达到 Ma 为 1.5～1.6;发动机推重比为10,单台推力为 13 000 daN;有充足的喘振裕度,能实现无限制操作;零件少,维修成本低;全寿命期成本比 F110 降低 25% 以上,耐久性比 F110 提高 2 倍;全面优化发动机的可操作性、耐久性、可靠性、维修性。1987 年 6 月,美国空军提出了进一步要求,发动机的加力推力在原基础上提高 20%,达到 15 600 daN,中间推力达到 10 500 daN。

1983 年 9 月,美国空军分别与通用电气和普惠两家公司签署了一份为期 50 个月的合同,并各提供了 2 亿美元,用以设计制造先进的动力推进系统。1983 年 12 月,两家发动机制造商正式加入 ATF 计划,普惠公司以 PW5000(XF119)型发动机,通用电气公司以 GE37(XF120)型发动机展开竞争。1990 年 12 月,PW5000 型 ATF 发动机编号为 YF119 - PW - 100,GE37 型 ATF 发动机正式编号为 YF120 - GE - 100。

4)激烈的飞行竞争

ATF 试飞——诺斯罗普公司研发的 YF - 23A 于 1990 年 7 月率先亮相,在爱德华兹空军基地进行了低速滑行试验。8 月底,进行了首次试验飞行。11 月 14 日,第一架 YF - 23A 飞至 12 800 m 高空时,飞行速度达到 Ma 1.43,在后来的飞行中更是达到了 Ma 1.6。到 1991 年 2 月底,YF - 23A 共进行了 50 次试验飞行,在第 4 次试飞中,YF - 23A 进行了空中加油试验。但直至试验飞行结束,YF - 23A 未进行导弹发射和大攻角机动飞行。

YF - 23A 试飞的 2 个月后,9 月 29 日,YF - 22A 开始试飞。洛克希德公司安排了史上最为紧凑的试验飞行,2 架 YF - 22A 原型机在 60 天的时间内进行了 74 次试飞,结果比 YF - 23A 结束试飞整整提前了 2 个月。11 月

3 日,YF-22A 在试飞中达到 $Ma > 2$,率先达到超声速巡航要求。12 月,YF-22A 成功发射了 2 枚空空导弹。为了突出 YF-22A 的优越性,洛克希德公司更是安排了 10 个架次的攻角机动飞行,包括 45°压坡度飞行、360°翻转、垂直爬升和垂直俯冲,展示了 YF-22A 良好的机动性能。

推进系统的比较——普惠公司设计的 YF119 发动机(见图 2-33)采用常规设计,强调应用现有成熟技术,涵道比为 0.2～0.3,为双转子涡扇发动机。与 YF120 发动机(见图 2-34)相比,YF119 结构更加简单,耐久性提高 2 倍,零件减少 40%,寿命延长 50%,发动机总增压比提高 40%,无加力状态下的推力提高 61%,开加力状态下的推力增加 47%。为了减轻重量,提高推重比,YF119 在设计上不断创新,包括二维矢量喷管、空心风扇叶片、阻燃钛合金、不同材料焊接的涡轮转子、非金属不冷却的热端部件、复合材料风扇进口机匣等。值得注意的是,YF119 的零件虽比当时战斗机的发动机零件少,却更耐用,在无加力超声速巡航状态下能运行更长时间。

图 2-33　YF119 发动机(美)

图 2-34　YF120 发动机(美)

YF120 于 1983 年开始研制,采用了可变热力循环技术和双转子、无叶片、对转涡轮,能在涡喷和涡扇模式下相互切换,即使在超声速巡航速度下,也表现出了很高的燃油使用效率。其涵道比为 0～0.25,推力达 15 600 daN。YF120 在美国空军阿诺德工程发展中心进行测试时,创造了 37 h 的试验时间纪录和 875 000 个破纪录的试验数据。

5) YF-22A 与 YF119 组合成功竞标

洛克希德和诺斯罗普两个联合小组创造出了两款性能卓越、都有可能成为美国第五代战斗机的原型机;也产生了两种出色的发动机 YF119 和 YF120。经过验证试验,美国空军最终选定了 YF-22A 与 YF119 组合。主要原因在于:洛克希德公司对未来空战做出了合理预估与响应;鉴于当时美国空军无法保证未来空战中不会出现近距格斗,因此 YF-22A 具有的高敏捷性和高爬升率十分重要;YF-22A 安装了二元矢量喷管,使其在机动性,尤其是在大攻角和较低速飞行条件下的机动性和可控性突出。相比较而言,YF-23A 对战斗机的机动性能关注不够,因采用超前的气动布局,使战斗机的可控性和整体性能有较大的不确定性。更重要的原因在于,洛克希德联合小组采用相对平衡的设计,在设计中加入了许多可靠性、可维修性和保障性功能,飞机与发动机系统组合"显然以更低的成本提供了更好的性能,从而能为空军提供最好的价值"(时任空军部长语)。作为对比,当时已基本成形的 YF120 发动机,实现了变循环,是真正的创新技术,却因被认为技术成熟度不够、结构较复杂,有可能导致维护成本高和更大的使用风险,而被弃之不用。

美国第五代战斗机的决策和研发过程,再次说明航空工程的复杂性和综合性。而得胜的 F-22 虽然在此后的研制和生产基本顺利,战斗机性能卓越,却终因造价过高,在只提交了 187 架后,关闭了生产线。这足以说明经济可承受性也已成为影响航空装备持续发展的决定性因素之一。

(2) 美国 X-35 和 X-32 之争

美国联合攻击战斗机(Joint Strike Fighter,JSF)是 20 世纪最后一个重大军用飞机工程。JSF 被定位为低成本武器系统,这是因为当时的先进战斗机,如 F-22 的成本过高,单纯依靠这样的高性能且高价格战斗机组成战斗机部队,在财政上难以承受。因此,美国各军种改变以往各自研制战斗机的传统,联合起来,共同研制一种用途广泛、性能先进而价格可承受的战斗机。

在正式启动 JSF 项目之前,美国国防部于 1993 年启动了"联合先进攻击技术"(JASF)验证机研究,并且在 1994 年 1 月成立了 JASF 研究计划办公室,希望研制一种各军种通用的轻型战斗攻击机系列,取代美国空军的

F-15E、F-16、F-15C、F-117,海军的 F-14,海军陆战队的 AV-8B 等型号。与此同时,英国也对这项计划表现出兴趣,提出加入这项计划,意欲用这种飞机替换"鹞"式及"海鹞"系列战斗机。美国国防部为了整合资源、突出重点,将正在进行的美国海军"联合攻击战斗机"JAF 计划和国防高级研究计划局"通用低成本轻型战斗机"CALF 计划也纳入 JASF 计划中,并在 1996 年 3 月将 JASF 计划正式更名为"联合攻击战斗机(JSF)项目"。1996 年 11 月 16 日 JSF 项目正式启动。

在国防部的招标阶段,波音公司和洛·马公司形成了两个竞争团队。洛·马公司联合了诺斯罗普·格鲁门公司和英国宇航公司,以 X-35 战斗机(见图 2-35)作为 JSF 的候选机。波音公司则联合了麦·道公司,共同研制 X-32 战斗机(见图 2-36)。经过评估与考察,美国国防部于 2001 年决定 X-35 中标,被正式赋予编号 F-35,洛·马公司成为 JSF 项目的主承包商。

图 2-35　X-35 战斗机(美)

F-35 是一款单座单发动机、三军通用的多用途战斗机,属第五代战斗机,是美国远、近距离空对空战斗能力仅次于 F-22 的战斗机。为适应不同军种的需求,F-35 衍生出 3 个子机型,包括采用传统跑道起降的 F-35A,短距起飞、垂直降落的 F-35B,以及作为航空母舰舰载机的 F-35C。F-35 战斗机具备超强的隐身能力和信息优势,尤其是强大的战场感知和信息融合能力,使它成为美军未来作战体系中的重要组成部分。

1) 性能要求

美国国防部的目标是将"联合攻击战斗机"制成新世纪空中战场的"全

图 2-36　X-32 战斗机(美)

能冠军",要求其具有高生存性、高机动性、隐身性、低成本、精确交战、通用和模块化,以及短距起飞、垂直降落等特点。此外,各军种还有各自的特定要求。

在 JSF 上运用研制 F-22 的成功经验,通过降低雷达、红外可探测性,机身雷达有效反射截面不大于 0.5 m²,以及加强机载反雷达/红外对抗措施,提高飞机在战争中的生存力。要求 JSF 能运载 6 t 弹药,同时强调武器系统的效能;综合利用机载传感器,提高现役和未来精确武器的发射命中精度。强调降低飞机的地面维护工作量,确保飞机的快速出勤和好的耐用性。

为实现经济可承受性,美国国防部明确规定了三个要求:一是在 JSF 上不采用未成熟的新技术,所有机载设备和系统应是货架产品;二是应该具有衍生出满足不同军种需求型号的能力,且各型号的零部件、系统、设备应达到 80% 以上的通用性;三是把单机采购价格控制在 2 800 万～3 800 万美元。而实际上,F-35 的单价已经比原来的目标价翻了三番,2018 年在特朗普的直接干预下,F-35A 被强行降至 9 000 万美元以内。

2)F119 改型发动机

参与 JSF 竞争的双方都选择了普惠公司生产的 F119 改型发动机作为动力装置。由于两家公司对飞机的要求不同,普惠公司研制两种略有不同的 F119 改型发动机。两种型别发动机的差异,主要是因为两个飞机制造商采用的垂直升力系统不同。波音公司采用导流槽布局,利用位于中机身的两个可偏转喷管使发动机的排气转向下方,从而获得短距起飞、垂直降落能力;随着飞机的加速,机翼产生的升力将代替发动机产生的升力,喷管便可以逐渐地转向后方。洛·马公司则选用了升力风扇系统来实现垂直飞行。波音公司的发动机带有一个与 YF-22 相似的喷管,洛·马公司的发动机采用了轴对称喷管,与 F-15、F-16 上用过的喷管相似。

在两型发动机上,低压涡轮均由一级改为两级,把发动机风扇的截面积增加了 10%～20%,以便增加空气的流量。两型发动机的部件基本通用,涡轮结构转动部件 100% 通用。用于海军型的发动机因需承受弹射起飞和阻拦着陆时的载荷,结构强度有所增强,其重量比空军型要重。

在真正的首飞之前,普惠公司对每种型别发动机分别进行了 30 000 h 的试验。最初的试飞工作在爱德华兹空军基地进行,随后由美国海军进行短距起飞、垂直降落试验。在概念验证阶段结束、飞机系统承制商选定后,普惠公司进入工程制造发展阶段,在此阶段生产了 30 台试验用发动机。

3) X-35 为何胜出

在 JSF 的竞标中,波音公司的 X-32 和洛·马公司的 X-35 在试飞中表现都很好,也都能满足各军种提出的性能要求,但美国国防部为什么将这项"世纪合同"授予后者呢?

从工程角度分析,主要是由于 X-35 采用了相对成熟的技术,而最大限度地规避了风险,这是其赢得胜利的关键。X-35 选用了相对常规的布局,其采用的许多技术都是基于 F-22 研制的基础,尤其是沿用了 F-22 的大量电子设备,X-35 三种不同机型的座舱罩、雷达及大多数的航空电子设备都与 F-22 的相同,技术已相当成熟,从而大大降低了工程研制风险和费用。相比之下,X-32 采用的布局相对新颖,创新技术带来的不确定性,使得用户认为较难把握。

X-35 的短距起飞、垂直降落性能优势明显。虽然 X-35 和 X-32 使用的发动机都是以安装在 F-22 上的发动机为原型,但两者采用不同的产生升力的方案。X-35 采用升力风扇和尾喷管向下偏转 90° 的推力矢量(见图 2-37),共同完成起飞和降落;其优点是比单一发动机多产生 60% 的推动力和 160% 的气流,同时可以对排气进行冷却;其三向旋转喷管性能优越,技术成熟。X-32 则采用简单的喷气升力系统(见图 2-38),起飞和降落时的效能不及 X-35 的升力风扇系统。

高度的通用性和单机维修量的减少,也是 X-35 制胜的优势。为了尽可能节省经费,洛·马公司为各军种型号采用了同样的结构,以保证经济上

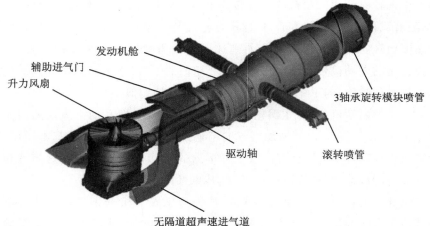

图 2-37 X-35 动力系统方案(美)

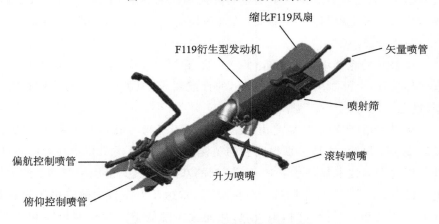

图 2-38 X-32 动力系统方案(美)

的可承受性。在设计机身时,尽量减少零部件数量,只采用少量连接部件,以大大简化飞机的维修;在制造过程中也采用了许多新技术,对隐身部件控制面减少了 90% 的维修工作量。

4) F-35 的创新

作为 20 世纪最后一个重大军用航空工程,F-35 取得了多方面的创新成果。

F-35 项目突出的技术特点是三军通用,而最大难点在于海军型 F-35B 的垂直起降技术。如果机身前部采用垂直涡喷发动机,除了油耗惊人,排出的高温燃气也会灼烧甲板。洛·马公司创新性地在机身前部布置了一个升力风扇,利用一根长转轴将发动机的主轴与风扇连接,直接驱动风扇高速旋转,与主发动机向下偏转的尾喷口共同作用,完成垂直起降。洛·马公司同普惠、罗罗及德国 MTU 公司共同努力,圆满解决了发动机转轴与变速器等技术难题,成功研发出 F135 发动机(见图 2-39),实现了垂直起降。

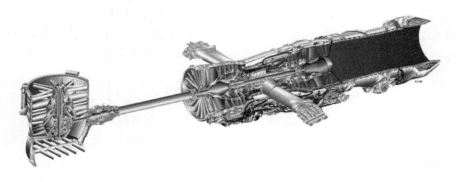

图 2-39　F135 发动机(美)

　　F-35 的最大战场优势在于信息优势,它具备空前的"战场态势感知能力"和"协同作战能力",并且表现出了强大的对空、对地作战能力。F-35 装备 APG-81 机载有源相控阵雷达,对空最大探测距离 160 km,对地、对海探测能力更强,寿命则达到 8 000 h,同时能够对多源电磁信号进行统一管理;APG-81 雷达还具备强大的电磁伪装和欺骗能力,配合 6 个布满机身四周的红外探测器,具备 360°的全向感知能力,并可将获取的红外图像投影到飞行员的头盔显示器上。协同作战时,F-35 获取的各种战场信息还可通过数据链在整个作战网络中共享。

　　F-35 作为美国与其盟国的空战主力装备,其性能符合"超视距作战"的需求,不仅将在很长的时间内是全球数量最多的第五代战斗机,而且是真正意义上的多军种通用多用途战斗机/联合攻击机,从项目初期至今,受到世界各国的广泛关注。F-35 除技术创新外,在工程组织与管理模式上的创新也值得学习借鉴。多国联合研制以分摊费用、降低风险,以及多军种通用、提高效能、控制成本的理念等,在工程上都具有重大意义。

　　(3) 俄罗斯的苏-57

　　苏-57 战斗机是俄罗斯的第五代战斗机,是一款俄罗斯空军的单座双发隐形多功能重型战斗机。苏-57 战斗机具备隐身性能好、起降距离短(起飞或着陆滑跑距离为 300~400 m)、超机动性能、超声速巡航等特点。俄罗斯对苏-57 提出的设计标准是:多功能性——在多种复杂条件下夺取制空权,精确摧毁空中和地面及海上目标;作战半径为 1 100~1 300 km,最大飞行马赫数为 $Ma=2$。苏-57 集攻击机和歼击机功能于一身,更加强调中距空战的能力,装备了全新的航空电子系统,大大加强了俄战斗机原有的弱项——控制与雷达系统,具备"自动驾驶"功能,具备专家辅助决策系统,可在很大程度上降低飞行员的工作强度。

苏-57 战斗机的前身为 T-50 战斗机,2010 年 1 月 29 日首飞。从 2010 年到 2015 年秋,T-50 的 5 架原型机完成了 700 架次试飞;2017 年 8 月 11 日被正式命名为苏-57。俄罗斯计划用该型战斗机取代苏-27 战斗机,以抗衡美国的 F-22 战斗机。

(4) 我国的第五代战斗机

为应对威胁环境,我国经多年预先研究后,于 21 世纪初正式启动第五代战斗机的研发。由中航工业成都飞机设计研究所和成都飞机工业公司共同研制的歼 20(见图 2-40)横空出世。几代人薪火相传,二十余载矢志奋斗,我国终于有了可以匹敌当今世界最先进战斗机的新一代战斗机。该型战斗机于 2014 年定型;2016 年 8 月 25 日,首架量产型歼 20 交付部队试用;2016 年 11 月 1 日,歼 20 在珠海航展上闪亮登场;2017 年,歼 20 正式服役。歼 20 成为世界上第三种交付部队的第五代战斗机。

图 2-40　歼 20 战斗机(中)

歼 20(代号:威龙)是一款具备高隐身性、高态势感知、高机动性等能力的第五代战斗机。歼 20 采用单座双发、全动双垂尾、DSI 鼓包进气道、上反鸭翼带尖拱边条的鸭式气动布局;其头部、机身呈菱形,垂直尾翼向外倾斜,起落架舱门为锯齿边设计;采用创新的隐身弹舱,可内埋 PL-15 和 PL-21 等型空空导弹。在动力系统的选配上,歼 20 采取"两步走"发展策略,首先采用涡扇 10"太行"系列作为早期动力,最终将装配推重比 10 一级的高性能国产涡扇发动机。

作为中国首款第五代战斗机,歼 20 融合了全球优秀战斗机的特点,集成应用所掌握的先进技术,达到了世界级高水平。其独创的"升力体、边条翼、鸭翼"布局,使飞机既有很好的隐身性,又有很强的超声速和机动飞行能力。该机配置了分布式综合光电系统、有源相控阵雷达、光传操纵系统等先进的系统与设备,采用了飞行/火力/推力一体化控制系统,最大限度地发挥了全系统的综合威力。

歼 20 的标志性能力主要有:隐身能力、机动性、敏捷性、大仰角能力、纵向稳定性、格斗能力、"先敌发现"和多目标探测与跟踪能力、远程空战和护航任务能力。凭借出色的综合能力,歼 20 正成为保卫祖国主权的蓝天利剑。

同期,由中航工业沈阳飞机设计研究所和沈阳飞机工业公司共同研制的歼 31 战斗机(代号:鹘鹰,见图 2-41)于 2012 年 10 月 31 日首飞成功。歼 31 是针对国际市场需求研发的第五代中型多用途战斗机,综合作战效能优异,采用单座、双发、外倾双垂尾、全动平尾的正常式布局,两侧布置大"S"弯进气道,配置内埋武器舱。其主要特点是:高生存力——低雷达可探测性、低红外辐射特性、优异的电子对抗性能、低易损性设计;多任务能力——强大的目标探测和外部信息综合能力、优异的态势感知和信息共享能力、超视距多目标攻击和大离轴角全向攻击格斗空战能力、对地和海面目标精确打击能力、适应复杂气象条件和广地域使用能力;优异的综合保障能力及高性价比。

图 2-41 歼 31 战斗机(中)

歼 20 与歼 31 南北呼应,相得益彰,共同构成中国的第五代战斗机格局,也以此向世界宣示:中国成了同时拥有两款第五代战斗机的国家,在战斗机的世界舞台上中国正坚定地步入强者之列。

小贴士：战斗机的划代法

关于战斗机的划代，有"四代"和"五代"两种方法。"四代"法以世界上第一批实用的超声速战斗机(典型机型是美国的 F－100 和苏联的米格－19)为第一代，即"超声速战斗机"划代法，是 21 世纪初，除俄罗斯以外各国普遍采用的划代法。俄罗斯把战斗机划为"五代"，区别在于把"四代"法中的第二代分成了两代，即把变后掠翼战斗机米格－23 单独列为一代。2006 年，美国提出新的五代划代法，把最早出现的喷气式战斗机列为第一代，把高亚声速后掠翼战斗机列为第二代，把低超声速战斗机和 $Ma2$ 一级的战斗机都列入第三代。这种划代法可以说是"喷气式战斗机"划代法。

从 2008 年以来，形式上，美、俄都采用了"五代"法划代，但在对早期机型的"代"的认定上有一定差异，而对现役先进机型的"代"的认定基本一致。如能把两种"五代"法融合起来(称为"五代说")，以超声速战斗机划代为基础，将亚声速和高亚声速合并作为第一代，以此构成一种新的喷气式战斗机划代方法，相对更为合理，也更能科学地、较为完整地反映战斗机的发展历程。按照"五代说"的划分，五代机有美国的 F－22、F35 和我国的歼 20、歼 31 及俄罗斯的苏－57。

2.2.2　重大航天工程

本小节在前述航天工程发展脉络的基础上，对现代火箭、"阿波罗"登月、空间站、航天飞机、空间探测和中国载人航天与探月六项重大航天工程，逐一进行介绍，从而增进对航天工程成就与特点的认知。

1. 现代火箭的问世

19 世纪末到 20 世纪初，现代火箭取得重要发展。在俄国人齐奥尔科夫斯基指出利用多级火箭可以克服地球引力进入太空，并建立火箭运动基本方程后，1926 年，美国人戈达德试制成功世界第一枚液体火箭，宣告现代火箭技术的诞生。

始于 1940 年研制的德国 V－2 火箭(又称 V－2 导弹)具有传奇般的经历。这款由冯·布劳恩主持的项目发展出的称为"飞弹"的武器，共生产6 000 余枚，给英国、荷兰等国造成深重灾难。V－2 导弹在工程技术上实现了航天先驱的设想，对现代大型火箭的发展起了承上启下的作用，成为航天发展史上一个重要的里程碑。有评价认为，V－2 导弹之于航天，犹如莱特兄弟的飞机之于航空。

战后,美国攫取了近百枚的 V-2 导弹成品及相关设备和半成品,并成功说服冯·布劳恩及其领导的包括 126 位成员的研究团队前往美国。由此,美国在火箭领域一举冲上世界领先地位,其主要标志是以 V-2 导弹为基础、支持"阿波罗"登月工程的"土星"5 号火箭的研制与应用。

(1) V-2 导弹的由来

V-2 导弹是德国在"二战"中研制的一种短程弹道导弹,也是世界上最早投入实战使用的弹道导弹,最大航程 320 km。其中"V"是德文复仇武器(Vergeltungswaffe)一词的首字母。

20 世纪 20 年代后期,德国陆军炮兵局着手开展火箭研究。1929 年,陆军炮兵局研究与发展部安排火炮科学家瓦尔特·多恩伯格系统研究喷气推进火箭以及运载炸弹,以期开发一种火箭武器。

1932 年后,德国陆军命令瓦尔特·多恩伯格上尉担任负责人,带领冯·布劳恩等多位火箭专家,开展液态火箭推进器的试验。1933 年到 1941 年,该研发团队在佩内明德火箭研究中心进行了多种 A 系列小型火箭的研究和测试。1942 年 10 月 3 日,A-4 型火箭宣布研发成功,后被命名为 V-2 导弹。1944 年 5 月 16 日,德国最高统帅部下达使用 V-2 导弹作战的命令。1944 年 9 月 8 日,德国向英国伦敦发射第一枚 V-2 导弹,并在市区爆炸。这是 V-2 导弹首次袭击英国本土,引起民众的恐慌。

(2) V-2 导弹的技术创新

V-2 导弹长 13.5 m,全重 13 t,垂直发射,由液体火箭发动机推动,燃烧工质为液氧和乙醇,能把 1 t 重的弹头送到 320 km 以外的距离。发射时火箭先垂直上升到 24~29 km 的高度,之后根据导弹陀螺仪的控制,在喷口燃气舵的作用下以 40° 的倾角弹道上升,也可由地面控制站向导弹接收机发射无线电控制指令。1 min 后,火箭飞到约 48 km 的高度,速度达 5 000 km/h 以上。此时,无线电控制系统指令关闭发动机,火箭靠惯性继续上升到 97 km 的高度,然后沿抛物线自由下落并击中目标。

V-2 导弹是一个由约 20 000 个零件构成的单级火箭。火箭的外壳是板杆结构,并使用薄钢板覆盖。火箭沿箭体从上到下由 4 个部分组成,分别是安装战斗部和撞击引信的头锥,头锥下面的仪表舱,火箭中部安装燃料罐,尾部则装有推进机构。从功能上,分为战斗部、操纵系统、制导系统和推进系统四部分,其中,制导系统和燃料泵是最昂贵的部件。

战斗部——在火箭的头部装载约 738 kg 混合炸药。由于飞行速度高达

$Ma5.0$,火箭头部在飞行中因强烈的空气摩擦而被加热,为保证飞行过程的安全,使用引爆温度在 200 ℃ 以上的炸药。

操纵系统——初始阶段,由发动机喷流中的四个石墨燃气舵控制姿态,空气舵和燃气舵的舵面均由伺服发动机驱动。在以较高速度飞行时,依靠火箭上的尾翼和空气舵稳定火箭和控制飞行。

制导系统——采用当时最先进的惯性制导系统。战斗部下方的仪表舱安装陀螺仪、弹载电池和电子计算机。导弹上搭载两台陀螺仪,能自主地保持预先设定的火箭弹道。模拟式电子计算机从陀螺仪获取横向和纵向偏差,输出指令操作燃气和空气舵,控制飞行弹道。

推进系统——使用 75% 的乙醇和液氧作为液体燃料。利用燃料泵将乙醇和液氧输入燃烧室以产生足够的推力。燃料泵由蒸汽涡轮驱动,过氧化氢和高锰酸钾混合产生蒸汽动力。

(3) 实战应用与影响

V-2 导弹在俯冲攻击目标时,速度超过 $Ma4.0$,在整个 300 km 射程内的飞行时间仅为 5~8 min,以当时盟军的技术手段根本无法预警,更无法拦截。而且,V-2 导弹通常在白天发射,它对伦敦的攻击时间主要在上午 7 时至 9 时、中午 12 时至下午 2 时以及下午 6 时至 7 时的交通高峰期,人们的日常工作和生活完全被打乱,曾经饱受多年飞机轰炸都没有离开故土的伦敦市民,竟有 100 万~150 万在 1945 年撤离城区。

自 1944 年 9 月 6 日到 1945 年 3 月 27 日,德国共发射了 3 745 枚 V-2 导弹(其发射场如图 2-42 所示),其中有 1 115 枚击中英国本土,2 050 枚落在欧洲大陆的比利时安特卫普、布鲁塞尔、列日等地,还有 582 枚用于发展、改进和训练。由于当时导弹制导控制、定位系统等技术水平有限,仅能依靠初级的惯性导航设备,使得 V-2 导弹的打击精度并不好,在所有发射的导弹中,74% 落在目标周围 30 km 以内,这些导弹中的 44% 落在 10 km 范围内。从袭击英国造成的人员伤亡看,V-2 导弹共炸死 2 724 人,炸伤 6 476 人。而 V-2 导弹的研发和制造成本高昂,单枚导弹造价约 12 万马克,效费比很低。因此,V-2 导弹武器的威力虽然得到充分展示,但难以起到挽回败局的作用。

纳粹德国投降后,为争夺 V-2 导弹技术,美军发起"回形针"行动,抢在苏联之前夺走大量导弹和设备,并且成功说服项目负责人瓦尔德·多恩伯格中将和以冯·布劳恩博士为首的研发团队前往美国,为美国后来的航天技术发展奠定了基础。苏联在占领区也得到一些德国导弹科学家和完整导弹并运回国内,于 1946 年仿 V-2 研制成 R1 导弹,之后在此基础上改进开

图 2 - 42 V - 2 导弹发射场(德)

发了著名的 R11 飞毛腿导弹。

V - 2 导弹是人类首款投入实战的弹道导弹,它开启了弹道导弹武器在战略、战术领域广泛运用的纪元,拉开了冷战对峙的序幕;同时,也为民用航空航天技术做出了贡献,美国人曾用缴获的 V - 2 导弹进行高空气候检测试验,"二战"后人类对太空的一系列探索,都是以 V - 2 导弹技术为基础。

2."阿波罗"登月工程

"阿波罗"工程或称"阿波罗"计划(Project Apollo),是美国国家航空航天局(NASA)从 1961 年至 1972 年从事的一系列载人航天任务的总称。1969 年,"阿波罗"11 号宇宙飞船登上月球,尼尔·阿姆斯特朗成为踏足月球表面的第一人。

(1) 背景与历程

20 世纪 50 年代末 60 年代初,苏联连续获得数个太空竞赛第一:1957 年 10 月 4 日发射第一颗人造地球卫星(见图 2 - 43);1959 年 9 月,苏联的"月球"2 号登陆月球(见图 2 - 44),成为世界上首个登陆月球的探测器;1961 年 4 月 12 日,苏联宇航员尤里·加加林搭乘"东方"1 号飞船升空(见图 2 - 45),成为人类历史上首位太空人。苏联的一系列成就极大地刺激了美国,使美国在太空竞赛中赶上对手的意愿大为增强。

1960 年 7 月,美国国家航空航天局宣布"阿波罗"工程启动,开始对飞船的可行性进行研究。1960 年 11 月,约翰·肯尼迪入主白宫,成为美国的第 35 任总统,他早在竞选时就向选民承诺,要使美国在太空探索和导弹防御上

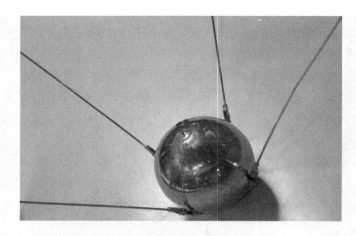

图 2-43　第一颗人造地球卫星(俄)

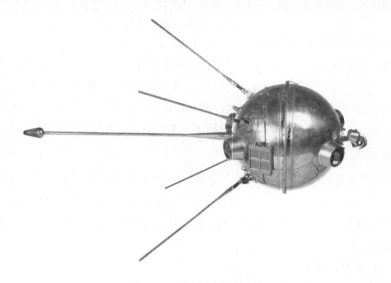

图 2-44　"月球"2 号探测器(俄)

全面超越苏联。1961 年 5 月 25 日,肯尼迪在一次美国国会演讲中宣布,美国人要不惜一切代价登上月球,未来十年之内必将有一个美国人踏上月球。自此,美、苏间太空竞赛正式拉开序幕。

　　1969 年 7 月 16 日,巨大的"土星"5 号火箭载着"阿波罗"11 号飞船从美国卡纳维拉尔角肯尼迪航天中心点火升空,开始了人类首次登月的太空征程。7 月 20 日,"阿波罗"11 号降落在月表静海附近;7 月 21 日凌晨 2 点 56 分,阿姆斯特朗(见图 2-46)的左脚踏上了月球,他的名言"这是一个人的一小步,却是人类的一大步"永世流传。

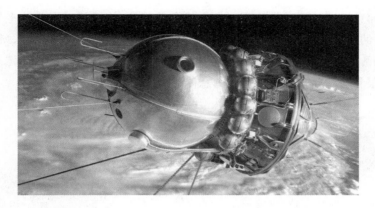

图 2－45 "东方"1 号飞船(俄)

图 2－46 阿姆斯特朗登月(美)

阿姆斯特朗和另一位宇航员在月球表面活动了 2.5 h,钻探取得了月芯标本,拍摄了一些照片,采集了 22 kg 月表岩石。"阿波罗"11 号的成功,标志着美国在航天竞赛中的胜利。

"阿波罗"工程包括 3 次无人发射任务和 11 次载人发射任务,其中,"阿波罗"4 号到"阿波罗"6 号是无人测试飞行,而从"阿波罗"7 号到"阿波罗"17 号,全部是载人发射。

(2) 技术与创新

1) 任务模式

"阿波罗"工程的第一个重大决策是选择最佳登月任务模式,包括论证飞船登月飞行轨道和确定载人飞船总体布局。类似于苏联同时期的登月计划,美国方面提出了四种方案:直接起飞,地球轨道集合,月球表面集合,月球轨道集合。由于月球轨道集合方案只需要一艘很小的航天器降落在月球表面,而且返回时将登月舱的一部分留在月球上,使返回时在月球上起飞的航天器的质量大大减小,且一次任务只需要一次单独的火箭发射,所以,在综合权衡后决定采用月球轨道集合的任务模式(见图2-47),并确定了由指令舱、服务舱和登月舱组成飞船的总体布局(见图2-48)。

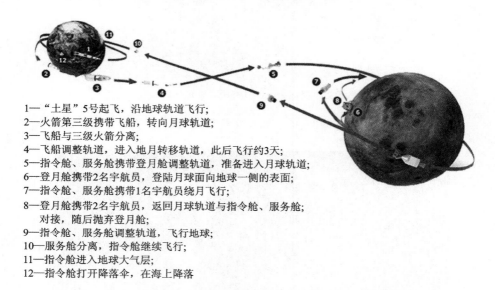

1——"土星"5号起飞,沿地球轨道飞行;
2——火箭第三级携带飞船,转向月球轨道;
3——飞船与三级火箭分离;
4——飞船调整轨道,进入地月转移轨道,此后飞行约3天;
5——指令舱、服务舱携带登月舱调整轨道,准备进入月球轨道;
6——登月舱携带2名宇航员,登陆月球面向地球一侧的表面;
7——指令舱、服务舱携带1名宇航员绕月飞行;
8——登月舱携带2名宇航员,返回月球轨道与指令舱、服务舱;
　　　对接,随后抛弃登月舱;
9——指令舱、服务舱调整轨道,飞行地球;
10——服务舱分离,指令舱继续飞行;
11——指令舱进入地球大气层;
12——指令舱打开降落伞,在海上降落

图2-47 "阿波罗"号飞船往返月球的路径示意图(美)

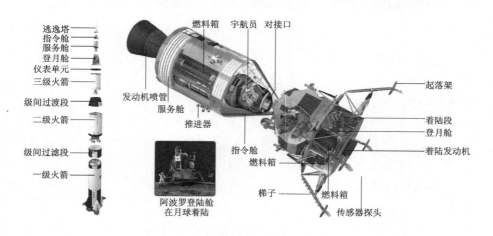

图2-48 "土星"5号火箭和"阿波罗"号飞船内部构造图(美)

2）航天器

"阿波罗"工程的航天器包括三个主要部分：指令舱、服务舱及登月舱。

指令舱是宇航员在飞行中生活和工作的座舱，也是全飞船的控制中心。指令舱为圆锥形，高 3.2 m，重约 6 t；分前舱、宇航员舱和后舱 3 部分。前舱内放置着陆部件、回收设备和姿态控制发动机等。宇航员舱为密封舱，存有供宇航员生活 14 天的必需品和救生设备。后舱内装有 10 台姿态控制发动机，以及姿态控制系统、制导导航系统、船载计算机、无线电分系统等。指令舱外层有隔热板，能够抵挡进入大气层时的高温。进入大气层后，指令舱打开降落伞，逐渐减速并降落在海面等待救援。

服务舱的前端与指令舱对接，后端有推进系统主发动机喷管。舱体为圆筒形，高 6.7 m，直径 4 m，重约 25 t。主发动机用于轨道转移和变轨机动。姿态控制系统由 16 台火箭发动机组成，它们还用于飞船与第三级火箭分离、登月舱与指令舱对接和指令舱与服务舱分离等。返回大气层前，服务舱被丢弃。

登月舱是真正登月时使用的部分。为了尽可能减轻其重量，登月舱没有隔热板，动力很小，只能在月球表面飞行。登月舱能够搭载两名宇航员，包括下降级和上升级两部分。下降级里还装载了"阿波罗"科学实验包，以及最后三次任务中的月球车。在登月任务完成时，宇航员驾驶上升级返回环月轨道与指令舱会合，准备返回地球。

3）运载火箭

"阿波罗"飞船运载火箭的设计和制造是当时的巨大挑战。"土星"5 号（Saturn Ⅴ）运载火箭是多级可抛式液体燃料火箭，专为阿波罗工程设计。研制分两个阶段进行：第一步，研制"土星"1 号和 1B 号，用以获取大型运载火箭的研制经验，并进行"阿波罗"号飞船的飞行试验；第二步，研制"土星"5 号巨型 3 级运载火箭，作为飞船登月的运载工具。

"土星"5 号火箭于 1962 年开始研制，从 1967 年的首飞，到 1973 年 5 月的末次飞行，共执飞 17 次，其中 13 次执行"阿波罗"任务，并有 11 次为载人飞行，全部成功，达到极高的可靠性。它是迄今为止世界上最大的运载火箭，起飞质量 2 950 吨，起飞推力 3 400 t，可将 47 t 有效载荷送上月球，或将 139 t 有效载荷送上近地轨道。

（3）成果和影响

"阿波罗"工程的成功，在人类文明史上具有划时代的意义，它首次将人类文明带入了地球外空间，显示了人类文明的伟大成就，开辟了人类的空间时代。

从 1961 年美国政府批准登月计划开始,历时 11 年,耗资 255 亿美元,"阿波罗"工程取得辉煌的成功。1969 年 7 月到 1972 年 12 月这段时间里,先后 7 型"阿波罗"飞船(从 11 号到 17 号),全部发射成功,其中 6 次实现登月("阿波罗"13 号虽任务失败,但飞船与宇航员平安返回),共 12 名宇航员踏上月球;他们在月面上共计停留了 300 h,探测 80 h,在月球上累计行程超过 90 km,安装了自动月震仪、激光反射仪、太阳风测试仪等多种科学仪器,建立了 5 座核动力科学实验站,并从月球上运回了岩石、土壤 384.6 kg。"阿波罗"工程实现了对月球的探测,详细地揭示了月球的表面特性、物质化学成分、光学特性并探测了月球重力、磁场、月震等,取得了重大科研成就。

"阿波罗"工程不仅使美国在与苏联的太空争霸中夺回主动权,更重要的是,促进了多个领域的技术进步,催生了液体燃料火箭、微波雷达、无线电制导、合成材料、计算机、无线通信等一大批高科技工业群体。通过该工程取得的技术进步成果在转向民用(4 000 余项高科技专利、技术被转为民用)后,带动了美国整个科技的发展与工业繁荣。其二次开发应用的效益,远远超过"阿波罗"工程本身所带来的直接经济、社会效益。有分析称:IBM、惠普、微软、Sun、AT&T 和高通等美国商业公司都是或多或少受此恩惠而发展起来的;而波音和通用电气等公司则直接受益于航天科技的发展;甚至羽绒服、旅游鞋技术也是来自"阿波罗"技术的民用化。现在美国领先于世界的信息、生物、新材料等高端技术,很大一部分来自对"阿波罗"工程技术的消化、优化和二次开发。这些技术上的突破,既改善了普通美国人的生活,也造福了世界经济和全人类,其深远影响不可估量。

"阿波罗"登月工程是一个巨系统工程。工程高峰时,20 000 家企业、200 多所大学、80 多个科研机构、超过 30 万人参与。这项工程促进了航天工业与技术体系的建立,有力带动了相关高新技术与系统工程的发展。在"阿波罗"工程实施中,制定了正确的技术路线,最大限度地规避了技术风险,并且运用系统工程的方法,包括计划评审技术、关键线路法等新的管理技术,使用电子计算机进行各种模拟和仿真,确保各项任务准确按期完成。"阿波罗"工程是人类科技史上动员资源最多的一项工程,不仅是 20 世纪最伟大的科技创举,也是最伟大的系统工程范例,在人类航空航天史上写下具有划时代意义的篇章。

3. 空间站

空间站又称太空站、航天站、轨道站,是一种在近地轨道长时间运行,可供多名航天员巡访、长期工作和生活的载人航天器。空间站与一般航天器相比,有效容积大,可装载比较复杂的仪器。由于空间站可以长期载人,许多仪器可由人直接操作,可避免机械动作带来的误差,可以完成比较复杂、非重复性的太空实验和设备维修等工作任务。

苏联是第一个成功发射空间站的国家,1971 年发射了人类第一个空间站"礼炮"1 号。此后,世界上有多个空间站进入太空,先后有数十批上百人次宇航员到站工作,进行了多项次科学实验,取得了大量实验数据和宝贵的科学资料。

空间站的总体结构形式最初是舱段式的,后来改为多对接口复合式,现在开始向桁架挂舱式发展。空间站可以分为单模块空间站、多模块组合空间站和一体化组合空间站三种。

(1) 单模块空间站

单模块空间站是指由运载器一次发射入轨即可运行的空间站。在载人航天发展初期,实验型的空间站都是单模块空间站,如苏联的"礼炮"号系列空间站和美国的"天空实验室"。

(2) 多模块组合空间站

多模块组合空间站是指由运载器将各模块逐个发射入轨,在轨组装而成的空间站。如苏联的"和平"号空间站就是一个多模块组合空间站,它由 1 个核心舱及 5 个有效载荷舱组成(见图 2 - 49),分别是"量子"1 号舱、"量子"2 号舱、"晶体"号舱、"自然"号舱、"光谱"号舱。该空间站的轴向可以对接载人飞船和货运飞船,载人飞船负责航天员的天地往返,货运飞船为空间站提供食物、水、氧气、推进剂等补给品。"和平"号空间站由"质子"号运载火箭每次发射 1 个舱段(即 1 个模块)入轨。

(3) 一体化组合空间站

一体化组合空间站又称一体化综合轨道基地,其设想由美国提出,后体现在国际空间站设计方案中。国际空间站由美、俄、欧、日本、加拿大、巴西等 6 方 16 国合作建造。其建造过程如下:先将"曙光"号功能能源舱送入轨道,然后将"团结"号节点 1 舱送入轨道,并实现两者组装,再将气闸舱、实验舱、居住舱、大桁架等构件发射入轨并在轨道上装配。全站有统一的姿控系统和服务设施,集中供电、供气和温度控制,以提高全站使用效率(见图 2 - 50)。

空间站发展的几十年来,取得了丰硕成果,对于载人航天和航天科学研究产生了巨大影响。如"和平号"空间站自 1986 年 2 月 20 日升空 15 年来,

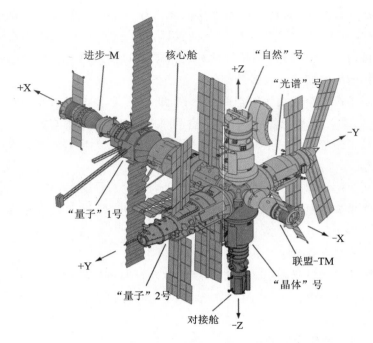

图 2-49 "和平"号空间站舱段组成示意图(俄)

总共绕地球飞行了 8 万多圈,行程 35 亿 km,并曾创造 9 年又 358 天的人类最长连续逗留纪录。共有 31 艘联盟号载人飞船、62 艘进步号货运飞船与空间站实现对接,宇航员在空间站上进行了 78 次航天行走,在舱外逗留的时间长达 359.2 h。先后有 28 个长期考察组和 16 个短期考察组在空间站从事考察活动,共有俄罗斯、美国、英国、法国、德国、日本、叙利亚、保加利亚、阿富汗、奥地利、加拿大、斯洛伐克共 12 个国家的 135 名宇航员在空间站上工作。这些宇航员共进行了 1.65 万次科学实验,完成了 23 项国际科学考察计划。

空间站作为一个长期在太空驻留,需要有人值守的人造天体,需要有政治、经济等多方面的强力支持,耗费巨大。如"和平"号升空 5 年后便发生了苏联解体,尽管俄罗斯政府非常希望能够继续维持"和平"号的运行,但当时正处于严重财政困境的俄罗斯政府实在无力继续承担,不得不大大削减航天开支,"和平"号只能寻求与国外航天机构合作,以获取经费,维持生存。最终,由于经济不支,加上超期服役带来的故障频发(共发生了 2 000 处故障,其中近 1 000 处故障一直未能排除),"和平"号空间站不得不退役坠毁。

国际空间站的建设和维护成本巨大,仅美国在过去十多年的时间里就已经花费了近 1 000 亿美元,用于发射硬件及维持运行。为维持空间站运

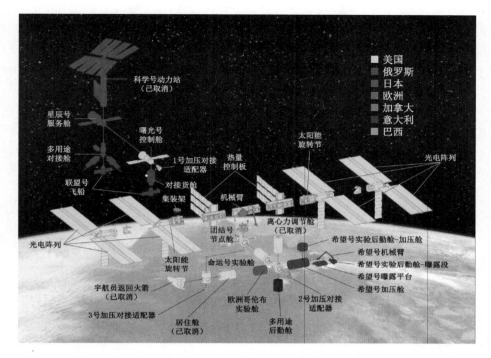

图 2-50 国际空间站的结构组成

行,美国 NASA 每年还需支付 30 亿～40 亿美元,约占 NASA 年度总预算的 20%。高昂的使用成本(运载 1 kg 有效载荷需花费 44 000 美元)和紧张的资金状况使得空间站无法得到充分使用,其内部实验设施中只有 79% 被使用,外部实验平台中只有 62% 被使用。目前,国际空间站的命运未卜,是否再投入巨资建造新的空间站尚不得而知。

4. 航天飞机

航天飞机是一种可重复往返于地球与空间的航天器,是现代火箭、飞机、飞船三者结合的产物,它像火箭一样垂直起飞,像飞船一样绕地球运行,在完成太空任务后重返大气层,像滑翔机一样降落在跑道上(见图 2-51)。迄今只有美国与苏联曾经制造过能进入近地轨道的航天飞机,并成功发射和回收,而美国是唯一以航天飞机执行过载人航天任务的国家。

1981 年 4 月 12 日,当地时间晨 7 时,世界上第一架实用航天飞机"哥伦比亚"号(见图 2-52)从美国佛罗里达州卡纳维拉尔角起飞,历时 54.5 h,绕地球 36 圈后安全返回。它的成功飞行标志着"空天一体"时代的来临。遗憾的是,2003 年 1 月 16 日,"哥伦比亚"号在完成第 28 次飞行任务返航时,因

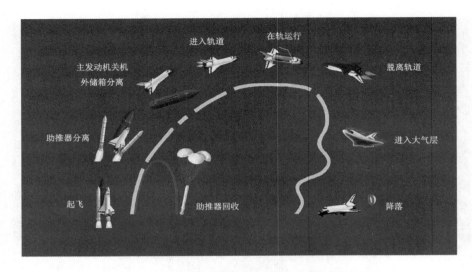

图 2-51　航天飞机的上升、轨道飞行、返回的示意图

结构损伤而爆炸解体,机内 7 名宇航员牺牲。此前,第 10 次执飞的"挑战者"号航天飞机,于 1986 年 1 月 28 日升空 73 s 后因燃料泄漏而爆炸,7 名宇航员也全部牺牲。

图 2-52　"哥伦比亚"号航天飞机(美)

"发现者"号、"亚特兰蒂斯"号、"奋进"号三架航天飞机分别以执飞 39 次、25 次和 33 次的业绩,先后于 2011 年 3 月到 7 月间,结束各自的历史使命,也为美国持续 30 年的航天飞机工程项目画上了句号。

航天飞机具有可重复使用、容量大、有效载荷量大、搭载人数多、乘坐体验比载人飞船舒适等特点,除了能够在太空投放、部署卫星外,还可以对在轨运行的航天器开展检修和维护工作,在太空开展科学实验和空间研究工作,参与发射空间实验室、建立空间站等工作。在军事领域,航天飞机可以执行载人近地轨道侦察、拦截卫星、战略轰炸等任务。但航天飞机也有其重大缺陷:结构复杂,费用昂贵,单次飞行成本高达 5 亿美元,没有逃逸系统,实行人货混运,"挑战者"号和"哥伦比亚"号的失事证明,其安全性和可靠性低于系统相对简单的载人飞船。

航天飞机带来了一个时代,可以说功勋卓著。航天飞机不仅参与了国际空间站的组建,还负责补给物资、调换人员、维修设备等工作;发射、维修、维护"哈勃"太空望远镜;发射多颗通信、中继、遥感卫星,参与多颗卫星的维修、回收等工作;发射"尤里西斯"太阳探测器、"麦哲伦"号金星探测器、"伽利略"号木星探测器等空间探测器,取得了弥足珍贵的巨量成果。

但航天飞机存在的问题也不容小视。美国起初对航天飞机计划的预算为 430 亿美元(换算为 2011 年的美元价格),每次发射费用预计为 5 400 万美元,但由于航天飞机系统过于复杂(机身超过 250 万个零件),技术和系统维护需要大量的人力物力,费用远超预算。截至 2011 年的统计显示,航天飞机工程共花费 1 960 亿美元,每架航天飞机的造价约为 120 亿美元,单次发射费用约为 4 亿 5 千万美元(超预算近十倍),而一次性使用的宇宙飞船造价也仅为 2 亿～3 亿美元。以 2005 年为例,美国宇航局近 30% 的经费,约 50 亿美元,都花在航天飞机上,其中航天飞机的地面维护占了很大的比重。2004 至 2006 年间,因为"哥伦比亚"号事故,航天飞机仅仅发射了 3 次,但美国宇航局仍为此计划花费了 130 亿美元。

在长达 30 年时间内,美国 NASA 利用航天飞机共执行了 135 次太空任务(见图 2 - 53),将 1.36 万 kg 货物、600 多名宇航员送入太空,成就斐然,但离预期目标还有一定的距离。如"发现"号自 1984 年服役以来,共飞行 39 次,是执行任务次数最多的航天飞机,一共在太空中逗留了 365 天,总飞行里程近 2.3 亿 km,相当于往返月球 288 次。每架航天飞机的设计使用次数是至少 100 次,但美国正常退役的也是仅剩的三架航天飞机"发现"号、"亚特兰蒂斯"号和"奋进"号中,飞行次数最多的"发现"号其飞行次数也只有 39 次,不到设计飞行次数的二分之一。美国航天飞机执行飞行任务最多的一年是 1985 年,飞了 9 次,但离预期的每年飞行 30～60 次目标仍有很大差距。

航天飞机虽然最终退役了,但在后航天飞机时代,航天飞机可重复使用的迷人之处,还在激励着航天界继续前进。美国太空探索技术公司

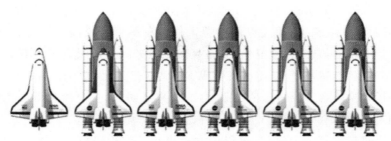

| "企业"号 试验型 | "哥伦比亚"号 28次任务 | "挑战者"号 10次任务 | "发现"号 39次任务 | "亚特兰蒂斯"号 33次任务 | "奋进"号 25次任务 | 合计 135次任务 |

图 2-53　美国的航天飞机

(SpaceX)公司研制了可重复使用的"猎鹰"9号运载火箭(见图2-54),实现了第一级火箭在此的成功回收,回收后的一级火箭在此后又成功用于再次发射,降低了发射成本。目前,这种可重复使用方式已经在逐步实用化。美国的X-37B空天飞行器(见图2-55)可以说是航天飞机的无人版,已经完成多次天地往返任务飞行。它的第四次飞行于2015年5月由"宇宙神5"型火箭送入太空,在轨运行了718天。

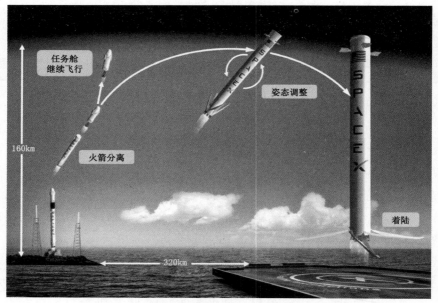

图 2-54　"猎鹰"9号运载火箭的发射、回收示意图(美)

5. 空间探测

空间探测是指对月球和月球以远的天体和空间进行探测,探测的主要

图 2 - 55　X - 37B 空天飞行器(美)

目的是：了解太阳系的起源、演变和现状；通过对太阳系内的各主要行星的比较研究，进一步认识地球环境的形成和演变；探索生命的起源和演变。而空间探测器是实施上述任务的航天器。

空间探测器按探测的对象分为月球探测器、行星和行星际探测器、小天体探测器等。目前，人类所发射的空间探测器已经对太阳、多个行星和"哈雷"彗星进行过探测，对个别行星的卫星也进行了探测。

空间探测的主要方式有：从月球、行星或恒星近旁飞过，进行近距离观察；成为月球、行星或恒星的人造卫星，进行长期的反复观测；在月球、行星或恒星表面硬着陆，利用坠毁之前的短暂时机进行探测；在月球、行星或恒星表面软着陆，进行实地考察，也可将取得的样品送回地球进行研究。

人类对于太阳系天体开展深空探测的活动已有 200 多次，成功和部分成功的占 50% 左右。美国和苏联/俄罗斯是开展空间探测活动比较多的国家，发射次数都在 100 次左右，欧洲一些国家、日本、中国、印度近年来也在积极开展深空探测活动。

按探测对象统计，人类已开展的深空探测中，探测月球的任务占 50% 左右，探测火星的任务占 17% 左右，探测金星的任务约占 18%，探测太阳的任务约占 5%，对其他天体的探测共约占 10%。

空间探测器具有以下特点与要求：在空间进行长期飞行(见表 2 - 1)，飞抵目标往往需要数月、数年或更长时间，地面不能进行实时遥控，所以必须具备自主导航能力；向距离太阳比较远的星体飞行，其飞行轨道将逐渐远离太阳，无法利用太阳能电池阵，而必须采用核能源系统；为承受严酷的空间环境条件，需要采用特殊防护结构；较之人造地球卫星，离开地球的飞行速度需要更高等。这些特点与要求对于航天技术的发展是强劲的牵引，也带动了诸多相关领域科学技术的发展和进步。

表 2 - 1　飞往其他行星的最小速度及航行时间

目标行星	水星	金星	火星	木星	土星	天王星	海王星
需要速度/(km·s^{-1})	11.6	11.5	11.6	14.2	15.2	15.9	16.2
航行时间/年	0.29	0.42	0.71	2.75	6	16	30

小贴士:火星探测

火星是太阳系中与地球环境条件最为接近的行星。火星探测的主要科学意义有:①探索火星生命存在的证据,火星上有干枯的河川和水流的痕迹,水就意味着生命,这是关系到人类生存发展的重要命题。②探测火星磁场的长期演变,这对研究地球磁场的长期演变具有重要的借鉴意义。③研究火星大气和气候的演变过程,这一演变不仅关系到火星环境的变化,同时对研究火星上生命的存在与消失问题也很关键。目前人类对火星的探测,主要通过发射从火星附近掠过、环绕火星运行、登陆火星表面的探测器来实现。至于登陆火星,那还是遥远的未来的任务。

6. 中国载人航天与探月工程

载人航天和探月是我国航天历史上具有里程碑意义与巨大价值的重要工程,对于我国强国战略的实现具有深远的意义。

(1) 载人航天

早在 20 世纪 70 年代,我国已经开始进行载人航天的科学研究。当时,中国第一颗人造地球卫星"东方红"1 号上天,时任国防部五院院长的钱学森提出中国要开展载人航天工程,遂将这个项目命名为"714 工程"(即 1971 年 4 月提出),飞船名为"曙光"1 号。在开展了一段时间的工作后,发现在研制队伍和能力,以及工业基础与综合国力方面,尚不完全具备条件,项目被暂时搁置。

1992 年 9 月 21 日,中国政府批准载人航天工程正式上马,代号"921 工程"。工程含七大系统,核心是载人飞船。同时决策实施我国载人航天"三步走"发展战略:

第一步,发射载人飞船,建成初步配套的试验性载人飞船工程系统,并开展空间应用实验;

第二步,突破航天员出舱活动、空间交会对接技术,发射空间实验室,解决有一定规模的短期有人照料的空间应用问题;

第三步,建造空间站,解决较大规模、长期有人照料的空间应用问题。

2003 年 10 月 15 日中国首次发射的载人航天飞行器"神舟"5 号成功地将航天员杨利伟送入太空(见图 2-56)。飞行时间 21.38 h(21 小时 22 分 45 秒)。这标志着继苏联和美国之后,中国成为第三个有能力独立地将宇航员送上太空的国家。

图 2-56 杨利伟在"神舟"5 号舱内

虽然中国载人航天发展较晚,但在前期世界各国开展的载人航天工程的基础上,吸取经验教训,发挥后发优势,选择适合本国国情的发展道路,优化任务规划,取得发射次数较少,但总体效率较高的成果;仅用 11 次神舟飞船、1 次天舟实验室和 2 次天宫实验室任务,就完成了从零到建立大型空间站的跨越。我国用较短时间和较少经费,达到了航天大国的同等技术水平,做出了远超预期的贡献。

从 1992 年载人航天工程启动以来,中国航天事业不断取得新突破,现已成为世界上第三个独立掌握载人航天技术、独立开展空间实验、独立进行出舱活动、独立进行飞船和空间飞行器交会对接的国家。在此过程中我国攻克并掌握了一大批尖端核心技术,建设形成了基本完整配套的研制实验体系,并在大型系统工程组织管理方面积累了宝贵经验;带动诸多领域和行业的创新发展与产业提升,形成了巨大的拉动与辐射效应;凝聚、培养和造就了新一代航天高科技人才队伍,形成了"特别能吃苦、特别能战斗、特别能攻关、特别能奉献"的航天精神,极大激发了广大民众特别是青少年热爱祖国、崇尚科学、探索未知的热情。

(2) 探月工程

20 世纪 50 年代至 70 年代,美、苏两个超级大国在冷战背景下开展了大规模的探月活动,并取得了一系列重要成果。我国在探月领域属于后来者。1995 年,"863"计划航天领域专家委员会提出并下达了"我国开展月球探测的必要性和可行性研究"课题。2000 年 11 月 22 日,中国政府首次公布《中国的航天》白皮书,在近期发展目标中明确提出"开展以月球探测为主的深空探测的预先研究"。2004 年 1 月,绕月探测工程立项,第一颗绕月卫星被命名为"嫦娥"1 号。

中国的整个探月工程分为"探""登""驻"三大步,亦称"三部曲",分别指无人探月、载人登月、长久驻月。而后续的"登月"和"驻月"也是为了探月,为有人探月。其中探月部分便是目前实施的"嫦娥工程",其下又分为"绕""落""回"三期,也称"三步走"。

一期工程"绕"("嫦娥"1 号、2 号),2007 年启动。其内容为:发射月球轨道器/硬着陆器,在距离月球表面 2 000 km 的高度绕月飞行,进行月球全球探测。

二期工程"落"("嫦娥"3 号/"玉兔"号、"嫦娥"4 号),2013 年启动。其内容为:发射月球软着陆器/巡视器(见图 2 - 57),降落到月球表面,释放一个月球车,进行着陆区附近局部详细探测。

三期工程"回"("嫦娥"5 号、6 号),内容为:发射月球自动采样返回器,降落到月球表面后,机械手采集月球土壤和岩石样品,并送上返回器,返回器再将月球样品带回地球,开展相关研究。

截至 2019 年,我国已经成功完成"嫦娥"3 号在月球正面的着陆和"嫦娥"4 号在月球背面的着陆。二期工程完美收官,后续工程将持续展开。

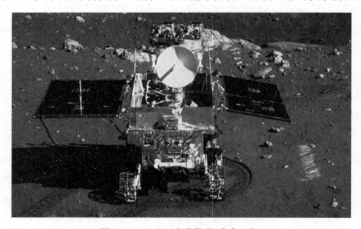

图 2 - 57 "玉兔"号月球车(中)

月球探测是一个国家综合国力的体现,是航天技术发展水平的象征,是提升国家地位的载体,是一个国家科学技术发展水平的重要标志。实施探月工程,能够展示我国的综合国力,增强民族凝聚力,也将带动和促进我国基础科学和高科技的发展,促进宇宙学、空间天文学、空间材料科学等的创新发展。

第 3 章　空天工程的科学基础

　　本章对空天工程所涉及的科学作简明介绍，以期垒建空天工程这座恢宏巨建的科学基石，包括航空航天共用的力学与数学基础、航空的科学基础和航天的科学基础。力学与数学基础主要涉及：牛顿三大定律、热力学定理、空气动力学、飞行力学、材料力学、结构力学以及其中的重要数学方程。航空的科学基础从飞行三要素出发，主要介绍浮力、伯努利定理、升力产生原理、推力产生原理、飞机的操纵性和稳定性等。航天的科学基础主要涉及：开普勒三大定律、万有引力定律、宇宙速度、火箭推进原理等。该部分内容浩繁，理论性强，对于理解空天工程极其重要。这里给出一个知识框架，并力图从工程视角予以诠释，以利于读者按图索骥，在需要的时候找到自己需要的知识；并使本书有别于其他概论性书籍。

3.1　概　　述

　　我们的祖先创造了伟大的四大发明（造纸术、指南针、火药、印刷术）和航空四大发明（风筝、竹蜻蜓、爆竹、孔明灯），在一定程度上改变了人类的生活方式。但非常遗憾的是，飞机、直升机、火箭、热气球等，这些原理上源自中国古代发明的航空航天产品，却没有在中国诞生。其深层次的原因，与我国当时没有在这些伟大发明的基础上形成科学，更没有构建科学体系密切相关。

　　为使读者从本质上理解空天工程，本节对空天工程诞生和发展中涉及的科学基础作简要介绍，分别如图 3-1 和图 3-2 所示。

　　航空的科学基础围绕"航空器为什么会飞"而构建，如图 3-1 所示。从飞行原理出发，引出升力/浮力平衡重力、拉力/推力平衡阻力、拥有操纵系统并具备操纵性和稳定性等这些航空器飞行的必要条件。升力产生的原理来自伯努利定理，而伯努利定理的导出源于机械能守恒定律，进而源于牛顿定律。空气的浮力源自地球对于空气的引力而产生的重力，这又离不开万有引力。推力的产生遵循动量守恒定律，这也是牛顿定律的实际运用。航空器的操纵性和稳定性的获得，是空气动力学的直接应用，而空气动力学则是在牛顿定律的基础上发展起来的。

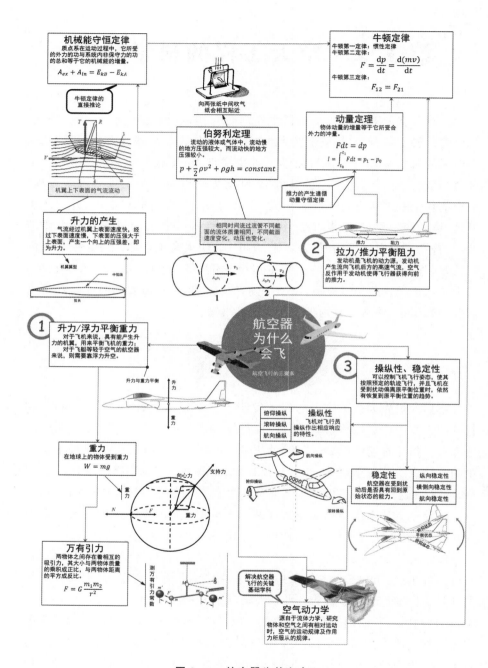

图 3-1 航空器为什么会飞

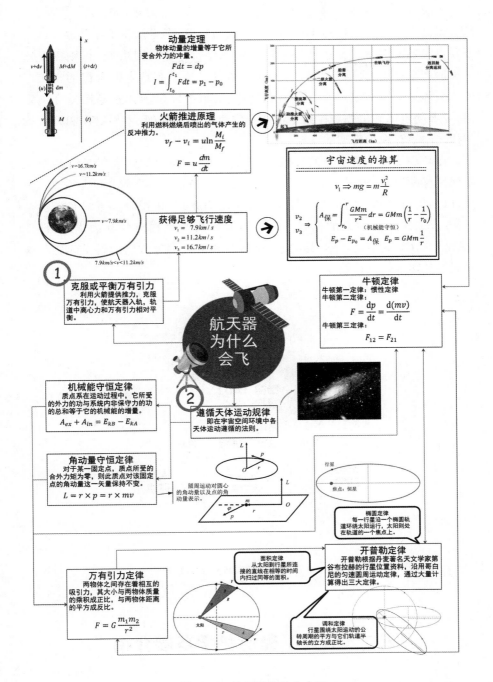

图 3-2　航天器为什么会飞

航天的科学基础则围绕"航天器为什么会飞"而构建,如图 3-2 所示。航天器的飞行遵循天体运动的规律,并且需要克服或平衡万有引力。这需要获得足够的飞行速度达到或超过宇宙速度,而飞行速度的获得则需要通过火箭产生推力,火箭推力的产生则是动量定理进而是牛顿定律的直接应用。天体运动规律蕴含着万有引力定律、机械能守恒定律和角动量守恒定律,开普勒定律和牛顿定律则是这几个定律导出的基础,牛顿定律和开普勒定律之间也存在着密切的联系。

在解决上述科学问题的基础上,飞行器在飞行中受到大气环境甚至是空间环境的影响,为了保护飞行器中的人和设备,还需要构建人造环境。为此,以结构/机构为平台,为飞行器配置了动力系统、机械电气系统和航空电子系统,来保证高性能的飞行。这就需要解决与掌握空气动力学/飞行力学、结构力学、轨道动力学、热力学、材料学和信息学等方面的科学问题。这些关系如图 3-3 所示。

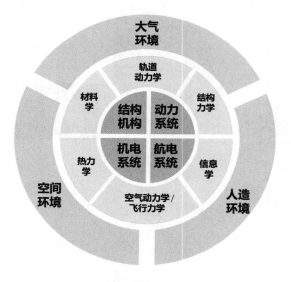

图 3-3　飞行环境和所涉及的科学

3.2　空天工程的科学基础介绍

本节对与航空航天相关的主要自然科学进行描述,并对航空航天飞行所面临的自然环境以及用于保障和支持飞行、保护人员和设备所建立的人造环境进行介绍，从而让读者对空天工程的科学基础有所认识。

3.2.1　航空航天科学的范畴

自然科学中的物理学、化学、天文学是航空航天发展的最主要科学基础。

物理学是研究物质运动最一般的规律和物质基本结构的学科。物理学中的力学是飞行器飞行的重要科学基础，飞行器内部人机环境和外部气动热防护则离不开热力学，电学为飞行器的机电系统和航电系统提供了科学依据。

化学是在分子、原子的层次上研究物质的组成、性质、结构与变化规律的学科，也是人类创造新物质的工具。燃烧是一种重要的化学反应，是内燃机工作的科学基础。利用化学创造的新物质则为航空航天提供了新的材料。

天文学是研究天体、宇宙的结构和运行规律的学科。天文学是一门古老的科学，自有人类文明以来，天文学就占有重要的地位。对天文学的研究是航天发展的主要动力，天文学的研究成果也是航天发展的基础，如开普勒定律为航天飞行提供了科学基础，天文导航为航天飞行提供了一种新的导航方式，空间探测器的主要探测任务就是对宇宙进行研究。

3.2.2　空天飞行的自然环境

空天飞行要面临的自然环境包括空间飞行环境和大气飞行环境。

空间飞行环境是航天飞行需要面对的，它是一个具有失重、低温、真空、强辐射等极其严酷特征的综合环境，这对人类征服太空来说是一个严峻的挑战。

当航天器在外太空飞行时，它们的重量都不见了，这种现象称为"失重"。太空本身是没有温度的，它所表现出来的只是太空中物体的温度。当航天器在太空中飞行时，没有空气传热和散热，所以受到阳光直射的一面，温度可高达 100 ℃ 以上，而背阴面，温度则可能低至 −200 ℃。

在太空中，不仅有宇宙大爆炸时留下的辐射，还有各种天体向外辐射出的电磁波，许多天体还向外辐射高能粒子，形成宇宙射线。例如，人们把太阳上发生耀斑时所发射出的高能带电粒子流称为太阳粒子辐射。将它辐射出的射电波、红外光、可见光、紫外线、X 射线等统称为电磁辐射。许多天体都有磁场，可以俘获高能带电粒子，并因此形成辐射很强的辐射带，如地球的上空就有内、外两个辐射带。

地球大气是飞行器所要面临的大气环境。在距离地面 50 km 以内的空间里,集中了大气中 99.9% 的气体。随着高度增加,大气密度下降,大气压也在逐渐降低。数据显示,离地表高度 100 km 左右处的大气压只有地面上大气压的百万分之一,接近真空状态。

(1) 地球大气层

地球的大气层是航空活动的范围,也是航天活动必经的空间环境。

大气层又称大气圈,是由聚集在地球周围的空气在地球引力的作用下形成的。大气层的厚度大约为 1 000 km,高空探测发现在 3 000 km 处仍有稀薄大气。气体密度随离地面高度的增加而变得越来越稀薄。大气层的主要成分包括:氮 78%、氧 21%、氩 0.93%、二氧化碳 0.03%、氖 0.001 8%,此外还有水汽和尘埃等。地球大气层环境按大气温度随高度的分布和其他物理特性,划分为对流层、平流层(又称同温层)、中间层、热层和散逸层(见图 3 - 4)。

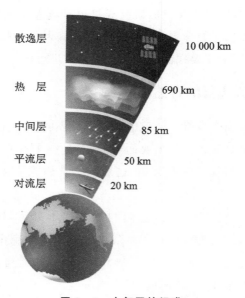

散逸层   10 000 km

热　层   690 km

中间层   85 km

平流层   50 km

对流层   20 km

图 3 - 4　大气层的组成

对流层是大气层中最低的一层,其高度因纬度不同而不同,平均高度在低纬度地区为 16～18 km,中纬度地区为 10～12 km,高纬度地区为 8～9 km。这里集中了全部大气 3/4 的质量和几乎全部的水汽,空气具有强烈的对流运动,天气变化最复杂,如雷暴、浓雾、雨雪、大气湍流、切变风等重要天气现象都出现在这一层,这些天气现象对火箭发射、升空飞行都会有很大影响。对流层气温随高度的增加而降低,高度每上升 100 m,气温下降0.65 ℃。

平流层位于对流层之上,其顶界延伸到距地球表面 50～55 km 高度。在平流层中,空气的垂直运动远比对流层弱,空气密度也比对流层小得多,因而气流平稳,天气晴好,这是对飞行活动有利的方面;但由于空气密度减小,使吸气式动力的效率和航空器的操纵效率降低。依照目前人类的航空技术水平,航空范围还仅局限在平流层以下的空间。

中间层位于从平流层顶界到距地球表面约 85 km 高度。在这个层次里,气温随高度的增高又开始急剧下降,空气有强烈的垂直运动。在人类 100 多年的航空历史上,中间层几乎是人类航空实践的空白区域。

热层位于中间层顶界至距地球表面 800 km 的高度,热层空气气温随高度升高而迅速上升,可达 750～1 000 K,且处在高度电离状态,所以又被称为电离层。

热层顶界以上的大气统称为散逸层,是大气层的最顶层次。由于这里的大气极其稀薄,受地球引力作用较小,因而大气质点不断向星际空间逃逸。再向上这一层的空气密度很小,甚至小到连声音都难以传播的程度。

小贴士:卡门线

卡门线(Kármán line)是指处于海拔 100 km、被认为是航空、航天分界的高度线,也是对大气层和外层空间的另一分界方式。经过西奥多·冯·卡门的计算,此线大致位于中间层层顶,海拔 85～100 km 处。经国际航空联合会(FAI)认可,卡门线被定为海拔 100 km 高度。在此高度,极其稀薄的大气难以产生足够支持飞行的升力;只有在飞行器速度高于轨道速度时,才能够获得足够的升力来支撑自身重量。轨道速度是指使飞行器在某个轨道上能够稳定运行的速度,轨道速度因轨道高度的不同而不同。以低轨道运行的空间站为例,其轨道速度约为 27 000 km/h。

从地表向上,空气密度随高度增加而下降,在海拔 30 km 以上急剧下降,海拔高度达到 100 km 时,空气密度约为地表空气密度的 220 万分之一,在此环境下,空气动力学不再适用,飞行遵循空间轨道运行原理。FAI 还使用卡门线来定义航空、航天活动之间边界:在地球表面向上 100 km 内的飞行活动,称为航空;而 100 km 外的飞行活动,称为航天。美国宇航局对于宇航员的界定也使用卡门线定义。卡门线还有未经国际法规认定的政治含义,即分界线以下的空间属于相应国家,分界线以上为自由空间。

（2）地球行星空间和行星际空间环境

太阳系有八大行星，由里到外依次为水星、金星、地球、火星、木星、土星、天王星和海王星。它们都在各自的轨道上绕太阳运行（见图 3-5）。

图 3-5　太阳系的行星

围绕行星运行的天体称为卫星，月球是地球唯一的天然卫星；除水星、金星没有卫星外，其他行星都有卫星，有的甚至有几十颗卫星。除八大行星和卫星外，太阳系还有许多小行星和彗星。这些天体不仅是航天器造访的对象，而且因为它们的环境各不相同，对航天器的探测飞行都有不同的影响。

地球周围在大气层以外的空间，叫作地球行星空间。太阳系各行星之间的空间，称为行星际空间。

在这样的空间环境，除高真空、超低温和微流星体外，还有太阳电磁辐射、太阳宇宙线和太阳风（见图 3-6）等。地球磁场的磁层俘获太阳发出的高能粒子形成地球辐射带，太阳产生耀斑时由高速太阳风引起磁暴和强烈的 X 射线。这些现象都会对航天活动产生很大的影响。

（3）太阳环境

太阳是个炽热的火球，从内向外分为内部结构（含日核、辐射层、对流层）和大气层。太阳的大气层由里往外分为光球层、色球层和日冕层（见图 3-7）。

光球层上有一种气体活动现象，导致温度较低的暗淡"黑子"成群出现，

图 3-6　太阳风

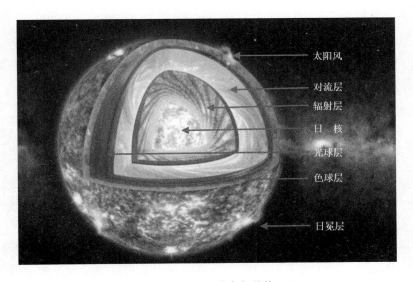

图 3-7　太阳的内部结构

其数量不稳定,会向外喷射高能粒子,剧烈时能引起地球磁场爆发、电离层扰动和气候变化。色球层会发生"耀斑爆发",产生大量紫外线、X 射线、γ 射线和高能带电粒子。日冕层的冕洞不断向外喷射高温磁化粒子,这些带电粒子形成强劲的气流,即很强的太阳风。这些强辐射高能粒子对航天器和航天员都会造成不利的影响。

3.2.3　空天飞行的人造环境

航空器和载人航天器在飞行中所面临的环境(如高空、太空)往往不同于地面环境,为了保障飞行人员能够正常生活和工作,需要在飞行器内创建人造环境,这些人造环境,既是空天飞行必需的条件,也是空天工程技术的组成部分。这里所说的人造环境,以直接保障和支持飞行为主,包括地面的设施和条件、舱内环境系统和个体防护系统等。

1.　航空的人造地面环境

航空的人造地面环境是为保障航空器正常使用而建立的设施与条件的总称,主要有:

(1)　机　场

供航空器起降、停泊、存放的专门场所,分为军用机场和民用机场两类。在各类机场中,除主跑道外,还设有塔台、停机坪、机库、客运站、维修厂等设施,并提供机场管制、空中交通管理等服务。

(2)　跑　道

跑道是机场飞行区的主体设施,其几何尺寸、道面状况、跑道方向、附属区域等,决定了机场的承载能力和运输能力。

(3)　空域和航线/航路

空域是一种特殊资源,是指飞行活动所占用的空间。一国的领空就是该国的空域资源。我国空域通常被划分为机场飞行空域、航路、航线、空中禁区、空中限制区和空中危险区等不同类型。对其中的管制空域分为 A、B、C、D 四类,A 类为高空管制空域,B 类为中低空管制空域,C 类为进近管制空域,D 类为塔台管制空域。

航空器飞行的路线称为航线,航线确定了飞行的具体方向、起讫和经停地点;航路是一个沿航线的立体空域,该空域以连接各导航设施的直线为中心线,规定高度和宽度的上限与下限。

2.　航天的人造地面环境

航天飞行活动的高度远大于航空,但也都是从地面上出发的,并接受地基为主的管理与控制,所以也需要人造地面环境。主要有:

(1)　航天发射场

用于发射装载航天器的运载器的特定场区,具有装配、储存、检测航天器与航天运载器,测量飞行轨道,发送控制指令,接收和处理遥测信息的整套设施和设备,完成航天运载器、航天器、有效载荷和航天员系统的测试、组装和发射的全部工作,是航天系统的重要组成部分。

(2) 模拟太空环境

模拟太空低温/极低温、真空、强辐射、失重等环境,用于测试航天器、培训航天员。

(3) 航天测控系统

对运行中的航天器(运载火箭、人造地球卫星、宇宙飞船和其他空间飞行器)进行跟踪、测量和控制的大系统。包括:跟踪测量、遥测、遥控、计算等系统,时间统一系统,显示记录系统,通信、数据传输系统。

3. 航空器座舱环境系统

在航空器飞行的环境中,很大部分不适合人类生存,地球大气随高度增加而变得越来越稀薄,空勤人员要经受气压下降、氧气减少、温度降低等恶劣环境。因此现代航空器上都配有较好的座舱环境系统和气密座舱(见图 3－8,图 3－9)。座舱环境系统包括氧气供应系统、温度控制系统、气压控制系统等设备。

高空气压下降的同时,氧气含量也在减小,一般人在 3 000 m 高度时就有缺氧症状出现,在 10 000 m 高空只要暴露 1 min 便会丧失意识。采用座舱增压系统可保证座舱环境的气压维持在一定的水平,同时通过供氧系统增加氧气浓度,以便在周围大气压下降时,使吸入的空气中保持必需的氧气含量。也可通过氧气面罩直接向飞行员提供适当压力和氧浓度的呼吸气体。

图 3－8 战斗机的座舱

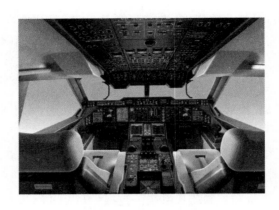

图 3-9 民航客机的驾驶舱

4. 载人航天器舱内环境

载人航天器大部分时间是在真空环境中工作,在真空环境中,溶于人体血液中的氮气会重新变成气体,体积膨胀。如果不采取措施就会因体内外的压差悬殊而发生生命危险。因此需要构建能保障航天员在太空生活和工作、执行航天任务并安全返回地面的舱内环境。舱内环境的载体是载人航天器,由环境控制与生命保障系统构建航天员的生存、生活和工作的主要环境条件(见图 3-10)。舱内环境要确保航天员生命安全和身心健康。载人航天器的舱内环境是极端环境下人类科技发展、文化进步的重要体现形式之一。

图 3-10 载人航天器的生命保障系统

5．飞行员个体防护系统

除了座舱环境系统之外，还要有飞行员的个体防护系统。以保证在一些不能使用座舱环境系统的情况下（如飞行员紧急跳伞等），或座舱环境系统功能不足时，依旧能够保护飞行员。飞行员的个体防护系统包括飞行服、氧气面罩、头盔等设备。

飞行员有了个体防护系统后，当座舱对环境温度调节能力不足时，飞行员可通过穿着调温服来获得较舒适的温度环境。例如，在海上应急跳伞落水后体热散失很快，浸泡在 5～10 ℃ 的海水中，仅有 50％ 的人可存活 1 h。具有保暖和防水功能的飞行服可保证人员在 4 ℃ 水中浸泡 1.5～2 h。

6．航天服

航天服是保障航天员的生命活动和工作能力的个人密闭装备，可避免和减小空间的真空、高低温、太阳辐射和微流星等环境因素对人体的危害。航天服是在飞行员密闭服的基础上发展起来的多功能服装（见图 3－11）。早期的航天服只能供航天员在飞船座舱内使用，后研制出舱外用的航天服。现代新型的舱外用航天服有液冷降温结构，可供航天员出舱活动或登月考察。航天服按功能分为舱内用应急航天服和舱外用航天服。

舱内航天服用于飞船座舱发生泄漏或压力突然降低时，航天员及时穿上它，接通舱内与之配套的供氧、供气系统，服装内就会立即充压供气，并能提供一定的温度保障和通信功能，让航天员在飞船发生故障时能安全返回。飞船在轨道飞行时，航天员一般不穿航天服。

舱外用的航天服除有舱内航天服的各层外，还有三层：一是真空隔热层，用于保护航天员在舱外作业或在月球与其他星体表面活动时，不受舱外环境过冷、过热的侵袭，又可防止服装内部的热量散失。二是液冷服，它是将舱内航天服的通风散热层管内的气体改为液体而成。航天员在舱外作业有时长达几个小时，身体产生的热量多，靠气体散热达不到散热要求，而液态冷却工质可以很好地把热散掉。三是最外层，它除要有防高热、防磨损和保护内部各层的功能外，还要有防太阳辐射的功能和连接其他装具的接口，例如，与航天员舱外活动时的"脐带"连接，与身背携带式生保环境装备、太空机动飞行机构连接等。

图 3-11 "阿波罗"11 号任务中使用的舱外航天服

3.3 航空航天的力学与数学基础

力学是航空航天的基础科学,没有力学的托举,空天飞行不可能实现,更谈不上近百年来的巨大进步。航空中的升力、阻力、结构应力等问题,航天中的轨道运动、推力、姿态稳定等问题,都是力学的具体体现。牛顿三大运动定律是解决力学问题的根本出发点,本节从简述牛顿三大运动定律出发,并通过介绍一些基本的力学概念,力图让读者对航空航天中的力学基础有所认识。本节还对航空航天中所涉及的热力学定律进行了简单介绍,并通过介绍弹性力学、空气动力学和飞行力学的基本方程,对数学在航空航天中的应用进行了概述。

3.3.1　牛顿三大运动定律

在前人研究成果的基础上,牛顿创造性地以严整的理论体系,建立了关于物体运动的三大定律和万有引力定律。两者如同相互支撑的两大支柱,构成了经典力学和天文学。我们从中学开始就已经熟悉牛顿定律,这里从飞行器飞行的角度扼要地阐释牛顿运动定律。

(1)牛顿第一定律——惯性定律

任何物体都保持静止的或沿一条直线匀速运动的状态,除非作用于它的力迫使其改变这种状态。

根据这一表述,物体将保持自己的运动状态,直至受到他物的作用。此表述虽然简短,内涵却丰富,从中可引发三个问题。其一,用什么物理量来描述物体的运动状态,以使运动状态改变具有明确意义?其二,采用什么物理量体现他物的作用,以使这种作用与运动状态的改变之关系有个明确的定量表达?其三,物体具有保持自己运动状态不变的内在属性——惯性,是否可以用一个物理量给予度量?

这三点,在随后的牛顿第二定律中得以完满解决,牛顿第一定律也被简称为惯性定律。按惯性定律,一个不受他物作用的自由物体,则静者恒静,动者始终保持匀速直线运动——这是对哪个参照系而言:一个匀速直线运动,在另外一个参照系看来可能就是变速曲线运动。可见,惯性定律的表述本身就联系着一个特殊的参照系——惯性定律成立的参照系,简称惯性系。不论现实宇宙中是否存在这样一个惯性系,以上论述已表明,由惯性定律作为开始的牛顿运动理论,是在惯性系框架中被确立的。牛顿第二定律和第三定律只适用于惯性系。飞行器飞行中的运动问题也是参照惯性系描述的。

牛顿第一定律还和两个力学基本概念相联系。一个是物体的惯性,是物体本身要保持运动状态不变的性质,或者说是物体抵抗运动变化的性质。另一个是力,是迫使一个物体运动状态改变,即使该物体产生加速度的其他物体对它的作用。

(2)牛顿第二定律——力和惯性质量的定义和量度

运动的变化与所加的力成正比,并且发生在该力所沿的直线的方向上。

牛顿第一定律只定性地指出了力和运动的关系，牛顿第二定律进一步给出了力和运动的定量关系。牛顿对该定律叙述中的"运动"一词，定义为物体（应理解为质点）的质量和速度的乘积，现在把这一乘积称作物体的动量。牛顿第二定律的有关理论的表述如下：

以 p 表示质量为 m 的物体以速度 v 运动时的动量，则动量也是矢量，其定义式是

$$p = mv \tag{3.1}$$

牛顿第二定律文字表述中的"变化"一词应该理解为"对时间的变化率"。因此牛顿第二定律用现代语言表述为：物体的动量对时间的变化率与所加的外力成正比，并且发生在这外力的方向上。

以 F 表示作用在物体（质点）上的力，则第二定律用数学公式表达就是

$$F = \frac{\mathrm{d}p}{\mathrm{d}t} = \frac{\mathrm{d}(mv)}{\mathrm{d}t} \tag{3.2a}$$

牛顿当时认为，一个物体的质量是一个与它的运动速度无关的常量。因而由式（3.2a）可得

$$F = m\frac{\mathrm{d}v}{\mathrm{d}t} \tag{3.2b}$$

由于 $\frac{\mathrm{d}v}{\mathrm{d}t} = a$ 是物体的加速度，所以有

$$F = ma \tag{3.3}$$

即物体所受的力等于它的质量和加速度的乘积。

式（3.3）是大家熟知的牛顿第二定律公式，在牛顿力学中它和式（3.2）完全等效。但需要指出，式（3.2a）应该看作是牛顿第二定律的普遍形式。这一方面是因为物理学中动量这个概念比速度、加速度等更加普遍和重要。另一方面还因为，现代实验已经证明，当物体速度接近光速时，其质量已经明显和速度有关，因而式（3.3）不再适用，而式（3.2a）却被实验证明仍然成立。

根据式（3.3）可以比较物体的质量。用同样的外力作用在两个质量分别是 m_1 和 m_2 的物体上，以 a_1 和 a_2 分别表示它们由此产生的加速度的数值，则由式（3.3）可得

$$\frac{m_1}{m_2} = \frac{a_2}{a_1} \tag{3.4}$$

即在相同外力的作用下,物体的质量和加速度成反比,质量大的物体产生的加速度小。这意味着质量大的物体抵抗运动变化的性质强,也就是它的惯性大。因此可以说,质量是物体惯性大小的量度。正因为这样,式(3.2)和式(3.3)中的质量叫作物体的惯性质量。

式(3.2)和式(3.3)都是矢量式,实际应用时常用它们的分量式。在直角坐标系中,这些分量式是

$$F_x = \frac{\mathrm{d}p_x}{\mathrm{d}t}, \quad F_y = \frac{\mathrm{d}p_y}{\mathrm{d}t}, \quad F_z = \frac{\mathrm{d}p_z}{\mathrm{d}t} \tag{3.5}$$

或

$$F_x = ma_x, \quad F_y = ma_y, \quad F_z = ma_z \tag{3.6}$$

对于平面曲线运动,常用沿切向和法向的分量式,即

$$F_t = ma_t, \quad F_n = ma_n \tag{3.7}$$

关于飞行器的运动,为了分析方便通常也采用力、动量和加速度的分量形式(见图 3 - 12)。

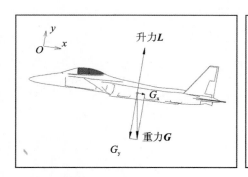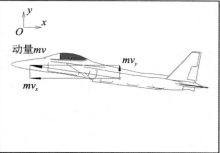

图 3 - 12　飞行器的力、动量分量

式(3.2)到式(3.6)是针对物体只受一个力的情况。当一个物体同时受到几个力的作用时,式中 F 是这些力的合力,即这些力的矢量和。这几个力的作用效果跟它们的合力的作用效果一样。这一结论称为力的叠加原理。

(3) 牛顿第三定律——作用力与反作用力

牛顿第三定律对于作用力和反作用力的关系给出了定义,如下:

对于每一个作用,总有一个与之相反且相等的反作用;或者说两个物体对各自对方的相互作用总是相等的,且指向相反的方向。

根据以上表述,若以 F_{12} 表示第一个物体受到的第二个物体的作用力,

以$\boldsymbol{F}_{21}$表示第二个物体受到的第一个物体的作用力,则这一定律可用数学形式表示为

$$\boldsymbol{F}_{12} = -\boldsymbol{F}_{21} \tag{3.8}$$

应该明确,这两个力是分别作用在两个物体上的;牛顿力学还认为,这两个力同时作用而且沿着一条直线。可以用 16 字概括第三定律的意义:(作用力和反作用力)同时存在,分别作用,方向相反,大小相等。

根据牛顿第三定律,火箭喷射时火箭对喷气的作用力$\boldsymbol{F}_{21}$和喷气对于火箭的反作用力$\boldsymbol{F}_{12}$,大小相等、方向相反,如图 3 - 13 所示。

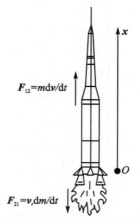

图 3 - 13　火箭推进的作用力和反作用力

3.3.2　力学基本概念

(1) 常见力及力的平衡

1) 重　力

在地球表面附近的物体都受到地球的吸引作用,这种由于地球吸引而使物体受到的力叫作重力。重力的表达式如下:

重力的大小等于物体的质量和重力加速度的乘积。质量为m的物体,所受到的重力方向竖直向下,大小为

$$W = mg \tag{3.9}$$

式中:g是重力加速度。

重力是地球引力的表现,根据万有引力定律,可得$g = \dfrac{GM}{R^2}$。这里,M是地球质量,R是地球半径,G是万有引力常数,详见本章后文。

2) 弹性力

发生形变的物体，由于要恢复原状，对与它接触的物体会产生力的作用，这种力叫弹性力。弹性力的表现形式有多种：两弹性固体相互压紧时，在其接触面上都会产生施加给对方的弹性力；张紧的绳子中的张力是弹性力，被拉紧或压缩的弹簧中的力也是弹性力（见图 3 - 14）。弹性力的表达式如下：

> 弹性力常用线性弹簧的弹性力来代表（见图 3 - 14）。倔强系数为 k，自由长度为 l_0 的弹簧和物体相连，当弹簧处于自然长度时，物体不受弹性力作用，这一点称为平衡位置。以平衡位置为坐标原点，则当弹簧伸长量（或压缩量）为 x 时，物体受弹簧作用力的大小为
>
> $$f = -kx \qquad (3.10)$$
>
> 式中：负号表示力的方向始终指向平衡位置。
>
> 这一公式称为胡克定律。它反映了弹簧力是一种线性恢复力，不过这种关系只是在弹簧形变于一定限度内成立。

当飞行器结构发生变形，内部也存在弹性力（见图 3 - 15）。

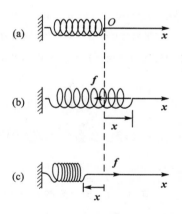

图 3 - 14　弹簧的弹力

3) 摩擦力

两个物体相互接触，如果两者沿着接触面的切线方向有相对滑动或存在相对滑动的趋势，则在接触面沿切线方向存在阻碍相对滑动的摩擦力。两者发生相对滑动时产生的摩擦力称为滑动摩擦力（见图 3 - 16 中的 f_{k1} 和 f_{k2}），两者相对静止但存在相对滑动的趋势时的摩擦力称为静摩擦力。

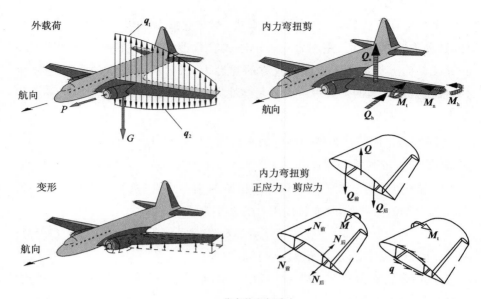

q_1、q_2—分布的空气动力；

M_n—由垂直剪力 Q_n 引起的、作用在垂直面内的弯矩；

M_h—由水平剪力 Q_h 引起的作用在弦平面内的弯矩；

M_t—由垂直剪力 Q_n 引起的扭矩；N—梁缘条的拉力和压力以抵抗弯矩 M_n 和 M_h；

Q—梁腹板的剪切力以抵抗剪力 Q_n；q—蒙皮和梁腹板的剪流以抵抗扭矩

图 3 - 15 飞机机翼在空气动力作用下产生变形进而产生弹性力抵抗空气动力

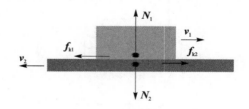

图 3 - 16 滑动摩擦力

物体与空气或其他气体高速相对运动时,由于气流与物面的强烈摩擦,在边界层内,气流损失的动能转化为热能,使边界层内气流温度上升,并对物体加热,这个传热过程,被称为气动加热。飞行速度越高,气动加热越严重。在超声速飞行中,飞行器周围空气因受剧烈压缩而产生高温,是气动加热的主要热源(见图 3 - 17)。

图 3 - 17　航天飞机再入大气层时产生严重的气动加热问题

4）流体压强和浮力

流体是液体和气体的总称,液体和气体对于处于它们内部的物体存在压力的作用,单位面积上的压力称为压强。液体压强的表达式如下:

> 液体内部的压力等于液体密度与重力加速度和深度的乘积。液体压强的公式为
>
> $$p = \rho g h \tag{3.11}$$
>
> 式中:p 为液体压强;ρ 为液体密度;g 为重力加速度;h 为液体深度。

大气的压强在数值上等于单位面积上向上延伸到大气上界的垂直空气柱所受到的重力,气压大小与高度、温度等条件有关,一般随高度增大而减小。大气压不是固定不变的,同是海平面不同纬度、季节都有差别,早中晚也有差异。为了比较大气压的大小,在 1954 年第十届国际计量大会上,科学家对大气压规定了一个"标准":在纬度 45°的海平面上,当温度为 0 ℃时,760 mmHg 产生的压强叫作标准大气压,大小为 101.325 kPa。

飞行器的飞行性能与大气的物理状态(密度、温度和压强等)有密切关系,而大气物理状态是随其所在地理位置、季节和高度而变化的。为了准确描述飞行器的飞行性能,就必须建立一个统一的标准,即标准大气。目前我国采用的是国际标准大气,它是由国际性组织(如国际民用航空组织、国际标准化组织)颁布的一种"模式大气"。它依据实测资料,用简化方程近似地表示大气温度、密度、压强等参数的平均铅垂分布,并排列成图表,形成国际标准大气图表如图 3-18 所示。

应当注意,各地的实际大气参数与国际标准大气之间是存在差别的。国际标准大气所得的数据与地球北纬 36°～60°(主要是欧洲)地区的平均数值相近,它与我国的情况有一定的差距。例如我国广州(北纬 23°0′)、上海(北纬 31°21′)两地,夏天海平面的实际平均气温都比标准大气规定的数值高。实际情况虽然如此,但在进行飞行试验或性能计算时,还是要以国际标准大气规定的数值为准,只有这样才便于对飞行器的飞行性能进行研究和对比。

国际标准大气有如下规定:①大气被看成完全气体,服从气体的状态方程。②以海平面的高度为零高度。在海平面上,大气的标准状态为:气温为 15 ℃,压强为 1 个标准大气压,密度为 1.225 kg/m³,声速为 341 m/s。

根据上述规定,并通过理论计算,即可以确定各高度处的大气物理状态参数(密度、温度和压强等),如图 3-18 所示。

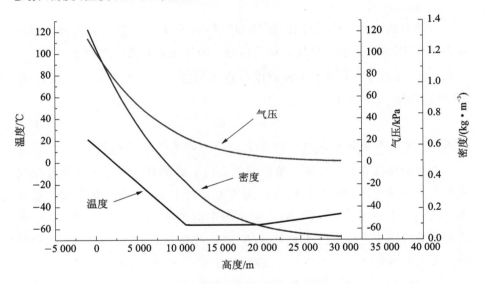

图 3-18 大气温度、密度和气压随高度的变化

处于流体中的物体受到流体压力的作用,各表面受流体压力的合力就是浮力。浮力的方向与重力方向相反,竖直向上。飞机和飞艇在空气中都受到浮力的作用,但前者受到的浮力相对于其重力来说要小得多,因此不能靠浮力升空;而飞艇所受到的浮力相对于其重力来说则大小相当,因此可以靠浮力升空。

5）飞机的受力

飞机在空中飞行将受到升力、阻力、重力、拉力/推力。飞机的升力是由于和空气的相对运动产生的，与来流的方向垂直；飞机的阻力沿来流的方向；重力竖直向下；拉力/推力由发动机产生。对于匀速平飞的飞机，作用在飞机上的这几个力处于平衡状态：升力等于重力，拉力/推力等于阻力，如图 3-19 所示。关于升力、阻力、拉力/推力的产生原理，将在后文介绍。

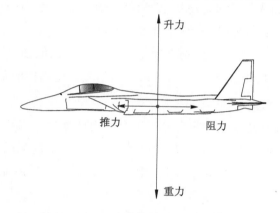

图 3-19　匀速平飞的飞机的受力平衡

（2）冲量和动量定理

牛顿第二定律通常使用加速度表示的式（3.3）的形式。该式表示了力和受力物体的加速度的关系，那是一个瞬时关系，即在力作用下物体所获得的加速度和该力的关系。实际上，力对物体的作用总要延续一段或长或短的时间。在很多问题中，在这段时间内力的变化复杂，难以细究，而我们只关心在这段时间内力的作用的总效果。这时我们直接利用式（3.2a）表示的牛顿第二定律形式，并把它写成微分形式。这种微分方式就是动量定理，其表达式如下：

冲量的表达式为

$$\boldsymbol{F}\mathrm{d}t = \mathrm{d}\boldsymbol{p} \tag{3.12}$$

式中：乘积 $\boldsymbol{F}\mathrm{d}t$ 叫作在 $\mathrm{d}t$ 时间内质点所受合外力的冲量，即该段时间内外力作用的总效果。

此式表明在 $\mathrm{d}t$ 时间内质点所受合外力的冲量等于在同一时间内质点的动量的增量。

如果将式(3.12)对 t_0 到 t_1 这段时间积分,则有

$$\int_{t_0}^{t_1} \boldsymbol{F} \, \mathrm{d}t = \int_{p_0}^{p_1} \mathrm{d}\boldsymbol{p} = \boldsymbol{p}_1 - \boldsymbol{p}_0 \qquad (3.13)$$

左侧积分表示式(3.12)对 t_0 到 t_1 这段时间内合外力的冲量,以 $\boldsymbol{I}$ 表示,即

$$\boldsymbol{I} = \int_{t_0}^{t_1} \boldsymbol{F} \, \mathrm{d}t = \boldsymbol{p}_1 - \boldsymbol{p}_0 \qquad (3.14)$$

式(3.13)和式(3.14)是动量定理的积分形式,它表明质点在对 t_0 到 t_1 这段时间内所受到的合外力的冲量等于质点在同一时间内动量的增量。值得注意的是,要产生同样的动量增量,力大、力小都可以:力大,时间可短些;力小,时间需长些。只要外力的冲量一样,就产生同样的动量增量。

(3) 动量守恒定律

对于质点组其总动量的改变量等于合外力的冲量。当一个质点所受到合外力为零时,这一质点的总动量就保持不变,这一结论就叫作动量守恒定律。对于一个不受外界影响的系统,常被称为孤立系统,在运动过程中,其总动量一定保持不变。这也是动量守恒定律的一种表述形式。

在一个问题中,如果我们考虑的对象包括几个物体,则它们总体上常被称为一个物体系或简称为系统。系统外的其他物体统称为外界。系统内各物体间的相互作用力称为内力,外界物体对系统内任意一物体的作用力称为外力。例如,把地球与月球看作一个系统,则他们之间的相互作用力称为内力,而系统外的物体如太阳以及其他行星对地球或月球的引力都是外力。这里从系统的角度讨论动量变化的规律,如下:

如图 3-20 所示,设这两个质点的质量分别为 m_1 和 m_2。它们除分别受到相互作用力(内力) $\boldsymbol{f}_{12}$ 和 $\boldsymbol{f}_{21}$ 外,还受到系统外其他物体的作用力(外力) $\boldsymbol{F}_1$ 和 $\boldsymbol{F}_2$。根据式(3.12)分别对两质点写出动量定理式,得

$$(\boldsymbol{F}_1 + \boldsymbol{f}_{12}) \, \mathrm{d}t = \mathrm{d}\boldsymbol{p}_1, \quad (\boldsymbol{F}_2 + \boldsymbol{f}_{21}) \, \mathrm{d}t = \mathrm{d}\boldsymbol{p}_2 \qquad (3.15)$$

将这二式相加,可以得

$$(\boldsymbol{F}_1 + \boldsymbol{F}_2 + \boldsymbol{f}_{12} + \boldsymbol{f}_{21}) \, \mathrm{d}t = \mathrm{d}\boldsymbol{p}_1 + \mathrm{d}\boldsymbol{p}_2 \qquad (3.16)$$

由于系统内力是一对作用力和反作用力,根据牛顿第三定律,得 $\boldsymbol{f}_{12} = -\boldsymbol{f}_{21}$ 或 $\boldsymbol{f}_{12} + \boldsymbol{f}_{21} = 0$,因此式(3.16)可整理为

$$(\boldsymbol{F}_1 + \boldsymbol{F}_2) \, \mathrm{d}t = \mathrm{d}(\boldsymbol{p}_1 + \boldsymbol{p}_2) \qquad (3.17)$$

如果系统包含两个以上质点,例如 i 个质点,可仿照上述步骤对各个质点写出牛顿定律公式,再相加。由于系统的各个内力总是以作用力和反作用力的形式成对出现的,所以它们的矢量总和等于零。因此,一般又可得到

$$\left(\sum_i \boldsymbol{F}_i\right) \mathrm{d}t = \mathrm{d}\left(\sum_i \boldsymbol{p}_i\right) \tag{3.18}$$

式中:$\sum_i \boldsymbol{F}_i$ 为系统受的合外力;$\sum_i \boldsymbol{p}_i$ 为系统的总动量。

式(3.18)表明,系统的总动量随时间的变化率等于该系统所受的合外力。内力能使系统内各质点的动量发生变化,但它们对系统的总动量没有影响。(注意:"合外力"和"总动量"都是矢量和!)式(3.18)可称为用于质点系的动量定理。

如果在式(3.18)中,$\sum_i \boldsymbol{F}_i = 0$,立即可以得到 $\mathrm{d}\left(\sum_i \boldsymbol{p}_i\right) = 0$,或

$$\sum_i \boldsymbol{p}_i = \sum_i m_i \boldsymbol{v}_i = 常矢量 \left(\sum_i \boldsymbol{F}_i = 0\right) \tag{3.19}$$

这就是说当一个质点系所受的合外力为零时,这一质点系的总动量就保持不变。这一结论叫作动量守恒定律。

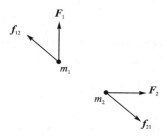

图 3-20　两个质点的系统

（4）角动量及角动量守恒

角动量的概念需要围绕某个固定点进行讨论,角动量守恒定律的推导如下:

如图 3-21 所示,一个动量为 $\boldsymbol{p}$ 的质点,对于惯性参考系中某一固定点 O 的角动量 $\boldsymbol{L}$ 用下述矢集定义:

$$\boldsymbol{L} = \boldsymbol{r} \times \boldsymbol{p} = \boldsymbol{r} \times m\boldsymbol{v} \tag{3.20a}$$

式中:$\boldsymbol{r}$ 为质点相当于固定点的径矢。

根据矢积的定义,可知角动量大小为

$$L = rp \sin \varphi = mrv \sin \varphi \qquad (3.20b)$$

式中:φ 是 r 和 p 两矢量之间的夹角,对于如图 3-22 所示的圆周运动 $\varphi = 90°$;L 也是矢量,方向垂直于 r 和 p 两矢量所确定的平面,指向按照右手螺旋法则确定。

角动量对于时间的变化率为

$$\frac{\mathrm{d}\boldsymbol{L}}{\mathrm{d}t} = d(\boldsymbol{r} \times \boldsymbol{p}) = \boldsymbol{r} \times \frac{\mathrm{d}\boldsymbol{p}}{\mathrm{d}t} + \frac{\mathrm{d}\boldsymbol{r}}{\mathrm{d}t} \times \boldsymbol{p} \qquad (3.21a)$$

由于 $\dfrac{\mathrm{d}\boldsymbol{r}}{\mathrm{d}t} = \boldsymbol{v}$,而 $\boldsymbol{p} = m\boldsymbol{v}$,所以 $\dfrac{\mathrm{d}\boldsymbol{r}}{\mathrm{d}t} \times \boldsymbol{p} = 0$。又由于线动量的变化率等于质点所受的合外力,所以有

$$\frac{\mathrm{d}\boldsymbol{L}}{\mathrm{d}t} = \boldsymbol{r} \times \boldsymbol{F} \qquad (3.21b)$$

此式中的矢积叫作合外力对于固定点(即计算 $\boldsymbol{L}$ 时用的那个固定点)的力矩,以 $\boldsymbol{M}$ 表示力矩有

$$\boldsymbol{M} = \boldsymbol{r} \times \boldsymbol{F} \qquad (3.22)$$

这样有

$$\boldsymbol{M} = \frac{\mathrm{d}\boldsymbol{L}}{\mathrm{d}t} \qquad (3.23)$$

这一等式的意义是:质点所受的合外力矩等于它的角动量对时间的变化率。这个结论叫作质点的角动量定理。

根据式(3.23),如果 $\boldsymbol{M} = 0$,则 $\dfrac{\mathrm{d}\boldsymbol{L}}{\mathrm{d}t} = 0$,因而

$$\boldsymbol{L} = 常矢量(如果 \boldsymbol{M} = 0) \qquad (3.24)$$

这就是说,如果对于某一固定点,质点所受的合外力矩为零,则此质点对该固定点的角动量这一矢量保持不变。这一结论叫作角动量守恒定律。开普勒第二定律就是角动量守恒的表现。

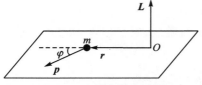

图 3-21　质点的角动量

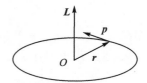

图 3-22　圆周运动对于圆心的角动量

（5）功和动能定理

1）功

功和能是一对紧密相连的物理量。功和保守力的阐述如下：

① 功的概念

一质点在力 $\boldsymbol{F}$ 的作用下，发生一无限小的元位移 d$\boldsymbol{r}$ 时（见图 3 - 23），力对质点做的功 dA 定义为力 $\boldsymbol{F}$ 和位移 d$\boldsymbol{r}$ 的标量积，即

$$dA = \boldsymbol{F} \cdot d\boldsymbol{r} = F \mid d\boldsymbol{r} \mid \cos \varphi = F_t \mid d\boldsymbol{r} \mid \tag{3.25}$$

式中：φ 是力 $\boldsymbol{F}$ 和元位移 d$\boldsymbol{r}$ 之间的夹角，而 $F_t = F\cos\varphi$ 为力 $\boldsymbol{F}$ 在位移 d$\boldsymbol{r}$ 方向的分量。

按式（3.25）定义的功是标量。它没有方向，但有正负。当 $0 \leqslant \varphi < \pi/2$ 时，d$A>0$，力对质点做正功；当 $\varphi = \pi/2$ 时，d$A = 0$，力对质点不做功；当 $\pi/2 < \varphi \leqslant \pi$ 时，d$A<0$，力对质点做负功。对于这最后一种情况，我们也常说成是质点在运动中克服力 $\boldsymbol{F}$ 做了功。

一般地说，质点可以是沿曲线 L 运动，而且所受的力随质点的位置发生变化（见图 3 - 24）。在这种情况下，质点沿路径 L 从 A 点到 B 点力 $\boldsymbol{F}$ 对它做的功 A_{AB} 等于经过各段无限小元位移时力所做的功得总和，可表示为

$$A_{AB} = {}_L\!\!\int_{(A)}^{(B)} dA = {}_L\!\!\int_{(A)}^{(B)} \boldsymbol{F} \cdot d\boldsymbol{r} \tag{3.26}$$

这一积分在数学上叫作力 $\boldsymbol{F}$ 沿路径 L 从 A 到 B 的线积分。

比较简单的情况是质点沿直线运动，受与速度方向成 φ 角的恒力作用。这种情况下，式（3.26）给出

$$A_{AB} = \int_{(A)}^{(B)} F \mid d\boldsymbol{r} \mid \cos \varphi = F \int_{(A)}^{(B)} \mid d\boldsymbol{r} \mid \cos \varphi$$

$$= F s_{AB} \cos \varphi \tag{3.27}$$

式中：s_{AB} 是质点从 A 到 B 经过的位移的大小。

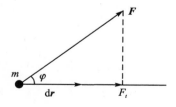

图 3 - 23　功的定义

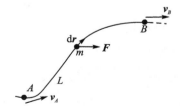

图 3 - 24　力沿一段曲线做的功

② 保守力

理论证明,重力做的功和弹簧的弹性力做的功都只决定于做功过程系统的始末位置或形状,而与过程的具体形式或路径无关。这种做功与路径无关,只决定于系统的始末位置的力称为保守力。重力和弹簧的弹性力都是保守力。而摩擦力做的功直接与路径有关,所以摩擦力不是保守力,或者说它是非保守力。

保守力有另一个等价定义:如果力作用在物体上,当物体沿闭合路径移动一周时,力做的功为零,这样的力就称为保守力。如图 3-25 所示,力沿任意闭合路径 $A1B2A$ 做的功为

$$A_{A1B2A} = A_{A1B} + A_{B2A} \tag{3.28}$$

因为对同一力 $\boldsymbol{F}$,当位移方向相反时,该力做的功应改变符号,所以 $A_{B2A} = -A_{A2B}$,这样就有

$$A_{A1B2A} = A_{A1B} - A_{A2B} \tag{3.29}$$

如果 $A_{A1B2A} = 0$,则

$$A_{A1B} = A_{A2B} \tag{3.30}$$

这说明,物体由 A 点到 B 点沿任意两条路径力做的功都相等(见图 3-25)。这符合前述定义,所以力 $\boldsymbol{F}$ 是保守力。

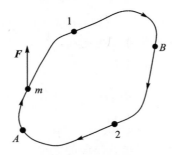

图 3-25 保守力沿闭合路径做功

2)动能定理

动能定理阐述如下:

将牛顿第二定律公式代入功的定义式(3.25),可得

$$\mathrm{d}A = \boldsymbol{F} \cdot \mathrm{d}\boldsymbol{r} = F_t \mid \mathrm{d}\boldsymbol{r} \mid = ma_t \mid \mathrm{d}\boldsymbol{r} \mid \tag{3.31}$$

由于

$$a_t = \frac{\mathrm{d}v}{\mathrm{d}t}, |\mathrm{d}\boldsymbol{r}| = v\mathrm{d}t \tag{3.32}$$

所以

$$\mathrm{d}A = mv\mathrm{d}v = \mathrm{d}\left(\frac{1}{2}mv^2\right) \tag{3.33}$$

定义

$$E_k = \frac{1}{2}mv^2 = \frac{p^2}{2m} \tag{3.34}$$

为质点在速度为 v 时的动能,则

$$\mathrm{d}A = \mathrm{d}E_k \tag{3.35}$$

将式(3.33)和式(3.35)沿从 A 到 B 的路径(参看图 3 - 24)积分

$$\int_{(A)}^{(B)} \mathrm{d}A = \int_{v_A}^{v_B} \mathrm{d}\left(\frac{1}{2}mv^2\right) \tag{3.36}$$

可得

$$A_{AB} = \frac{1}{2}mv_B^2 - \frac{1}{2}mv_A^2 \tag{3.37}$$

或

$$A_{AB} = E_{kB} - E_{kA} \tag{3.38}$$

式中: v_A 和 v_B 分别是质点经过 A 和 B 时的速率,而 E_{kA} 和 E_{kB} 分别是相应时刻质点的动能。

式(3.37)和式(3.38)说明:合外力对质点做的功要改变质点的动能,而功的数值就等于质点动能的增量,或者说力对质点做的功是质点动能改变的量度。这个关于力在一段路程上作用的效果的结论叫作用于质点的动能定理(或功-动能定理)。它也是牛顿定律的直接推论。

(6) 势 能

1) 重力势能

重力势能阐述如下:

质量为 m 的物体在高度 h 处的重力势能为

$$E_p = mgh \tag{3.39}$$

对于这一概念,应明确以下几点。

①只是因为重力是保守力,所以才能有重力势能的概念。重力是保守力,表现为

$$A_g = mgh_A - mgh_B \tag{3.40}$$

此式说明重力做的功只决定于物体的位置(以高度表示),而正是因为这样,才能定义一个由物体位置决定的物理量——重力势能,重力势能是由其差按下式规定的

$$A_g = -\Delta E_p = E_{pA} - E_{pB} \tag{3.41}$$

式中:下标 A、B 分别代表重力做功的起点和终点。此式表明,重力做的功等于物体重力势能的变化。

对比式(3.41)和式(3.40)即可得重力势能表示式(3.39)。

②重力势能表示式(3.39)要具有具体的数值,要求预先选定参考高度(或称重力势能零点),在该高度时物体的重力势能为零,式(3.39)中的 h 是从该高度向上计算的。

③由于重力是地球和物体之间的引力,所以重力势能应属于物体和地球这一系统,"物体的重力势能"只是一种简略的说法。

④由于式(3.39)中的 h 是地球和物体之间的相对距离的一种表示,所以重力势能的值相对于所选用的任一参考系都是一样的。

2)弹簧的弹性势能

弹簧的弹性势能阐述如下:

弹簧的弹力也是保守力,弹簧从位置 A 运动到位置 B 所做的功为

$$A_{ela} = \frac{1}{2}kx_A^2 - \frac{1}{2}kx_B^2 \tag{3.42}$$

因此,可以定义一个由弹簧的伸长量 x 所决定的物理量——弹簧的弹性势能。这一势能的差按下式规定

$$A_{ela} = -\Delta E_p = E_{pA} - E_{pB} \tag{3.43}$$

此式表明:弹簧的弹力做的功等于弹簧的弹性势能的变化。

对比式(3.43)和式(3.42),可得弹簧的弹性势能表示式为

$$E_p = \frac{1}{2}kx^2 \tag{3.44}$$

当 $x=0$ 时,式(3.44)给出 $E_p=0$,由此可知由式(3.44)得出的弹性势能的"零点"对应于弹簧的伸长为零,即它处于原长的形状。

弹簧的弹性势能属于弹簧的整体,而且由于其伸长量 x 是弹簧的长度相对于自身原长的变化,所以它的弹性势能也和选用的参考系无关。表示势能随位形变化的曲线叫作势能曲线,从函数形式可以看出弹簧的弹性势能曲线是一条抛物线。

由以上对重力势能和弹簧的弹性势能这两种势能的说明，可知关于势能的概念我们一般应了解以下几点。

①只有对保守力才能引入势能概念，而且规定保守力做的功等于系统势能的变化，即

$$A_{AB} = -\Delta E_p = E_{pA} - E_{pB} \tag{3.45}$$

②势能的具体数值要求预先选定系统的某一位置为势能零点。

③势能属于有保守力相互作用的系统整体。

④系统的势能与参考系无关。

对于非保守力，例如摩擦力，不能引入势能概念。

（7）机械能守恒

机械能守恒的推导如下：

对于质点系动能定理公式可写成

$$A_{ex} + A_{in} = E_{kB} - E_{kA} \tag{3.46}$$

内力中可能既有保守力，也有非保守力，因此内力的功可以写成保守内力的功 $A_{in,cons}$ 和非保守内力的功 $A_{in,n-cons}$ 之和。于是有

$$A_{ex} + A_{in,cons} + A_{in,n-cons} = E_{kB} - E_{kA} \tag{3.47}$$

由于保守内力所做的功等于势能的变化，即

$$A_{in,cons} = E_{pA} - E_{pB} \tag{3.48}$$

因此式（3.46）可写作

$$A_{ex} + A_{in,n-cons} = (E_{kB} + E_{pB}) - (E_{kA} + E_{pA}) \tag{3.49}$$

系统的总动能和势能之和叫作系统的机械能，通常用 E 表示，即

$$E = E_k + E_p \tag{3.50}$$

以 E_A 和 E_B 分别表示系统初、末状态时的机械能，则式（3.50）又可写作

$$A_{ex} + A_{in,n-cons} = E_B - E_A \tag{3.51}$$

此式表明，质点系在运动过程中所受的外力的功与系统内非保守力的功的总和等于它的机械能的增量。这一关于功和能的关系的结论叫机械能守恒定律。在经典力学中，它是牛顿定律的一个推论，因此也只适用于惯性系。

一个系统，如果内力中只有保守力，这种系统称为保守系统。对于保守系统，式（3.51）中的 $A_{in,n-cons}$ 一项自然等于零，于是有

$$A_{ex} = E_B - E_A = \Delta E \text{（保守系统）} \qquad (3.52)$$

一个系统，如果在其变化过程中，没有任何外力对它做功（或者实际上外力对它做的功可以忽略），这样的系统称为封闭系统（或孤立系统）。对于一个封闭的保守系统，式（3.52）中的 $A_{ex} = 0$，于是有 $\Delta E = 0$，即

$$E_A = E_B \text{（封闭的保守系统}, A_{ex} = 0） \qquad (3.53)$$

其机械能保持不变或说守恒，这一陈述也常被称为机械能守恒定律。大家已熟悉的自由落体或抛体运动就服从这一机械能守恒定律。

（8）有心运动的机械能守恒与角动量守恒

有心运动是两体运动的一个重要类型，如地球绕太阳转动。当两体质量 m 和 M 相比悬殊，M 参考系便是一个很好的准惯性系。受力方向沿两体连线方向：或逆矢径，即为有心引力场；或顺矢径，即为有心斥力场。故有心力场是个保守力场，运动物体的机械能守恒。同时，有心力与矢径 r 平行或反平行，其力矩为零，故运动物体的角动量守恒。这两个守恒量或守恒方程式就是一切有心运动的理论出发点。

太阳系中的行星运动，是典型的有心运动，行星受到有心引力场的作用。其运动满足机械能守恒和角动量守恒。

3.3.3 热力学定律

热力学是从宏观角度研究物质的热运动性质及其规律的学科。

热力学主要是从能量转化的观点来研究物质的热性质，它提示了能量从一种形式转换为另一种形式时需遵从的宏观规律，总结了物质的宏观现象而得到的热学理论。热力学并不追究由大量微观粒子组成的物质的微观结构，而只关心系统在整体上表现出来的热现象及其变化发展所必须遵循的基本规律。它满足于用少数几个能直接感受和可观测的宏观状态量如温度、压强、体积、浓度等描述和确定系统所处的状态。通过对实践中热现象的大量观测和实验发现，宏观状态量之间是有联系的，它们的变化是互相制约的。制约关系除与物质的性质有关外，还必须遵循一些对任何物质都适用的基本的热学规律，如热力学第零定律、热力学第一定律、热力学第二定律和热力学第三定律等如下：

（1）热力学第一定律

一个热力学系统的内能增量等于外界向它传递的热量与外界对它所做的功的和。即

$$Q = E_2 - E_1 + A, dQ = dE + dA \qquad (3.54)$$

式中：Q 为系统吸收的热量；E 为系统的内能；A 为系统对外界做的功。

热力学第一定律是能量守恒与转换定律在热现象中的应用，它确定了热力过程中热力系与外界进行能量交换时，各种形态能量在数量上的守恒关系。据此，如果一个系统与环境孤立，那么它的内能将不会发生变化。

在工程热力学的范围内，主要考虑的是热能和机械能之间的相互转换与守恒，所以第一定律可表述为："热是能的一种，机械能变热能，或热能变机械能的时候，它们间的比值是一定的。"或"热可以变为功，功也可变为热。一定量的热消失时必产生相应量的功；消耗一定量的功时必出现与之对应的一定量的热。"

热力学系统的状态随时间的变化被称为热力学过程，简称过程。每一时刻系统都处于平衡态的过程叫准静态过程或准平衡过程。如果一个过程既可正向进行，也可逆向进行，而且在逆过程时系统经过的全部状态与正过程所经历的状态相同只是次序相反，并在每一步上消除了正过程在外界产生的影响，则原过程称为可逆过程。若无论用什么办法都不能消除正过程在外界产生的影响，则原过程称为不可逆过程。事实上，没有摩擦阻力和其他损失的准静态过程一定是可逆的过程。这也是热力学第一定律的具体应用。

（2）热力学第二定律

热力学第二定律有以下几种表述方式。

克劳修斯表述：热量可以自发地从温度高的物体传递到温度较低的物体，但不可能自发地从温度低的物体传递到温度高的物体。

开尔文一普朗克表述：不可能从单一热源吸取热量，并将这热量完全变为功，而不产生其他影响。

熵表述：随时间进行，一个孤立体系中的熵不会减小。

物体的传热过程分为三种基本传热模式，即热传导、热对流和热辐射。

（3）热力学第三定律

热力学第三定律通常表述为：绝对零度时，所有纯物质的完美晶体的

熵值为零;或者表述为:绝对零度($T=0$ K 即 -273.15 ℃)不可达到。

R. H. 否勒和 E. A. 古根海姆还提出热力学第三定律的另一种表述形式:任何系统都不能通过有限的步骤使自身温度降低到 0 K,称为 0 K 不能达到原理。

（4）热力学第零定律

如果两个热力学系统均与第三个热力学系统处于热平衡,那么它们也必定处于热平衡。也就是说热平衡是传递的。

热力学第零定律是热力学三大定律的基础,它定义了温度。

3.3.4 几个重要的力学分支

（1）空气动力学和飞行动力学

空气动力学源自流体力学。它研究物体和空气之间相对运动,即物体在空气中运动或物体不动而空气流过物体时空气运动的规律及作用力(空气内部的和空气对物体的)所服从的规律。该学科是随着航空事业的发展而发展起来的。传统上所说的空气动力学,指的是飞行器的空气动力学,尤其是指普通飞机的空气动力学。空气动力学是解决航空器飞行的关键基础学科。

飞行器的空气动力学又可按飞行的速度范围划分成几部分:处理低速问题的低速空气动力学;处理高速问题的高速空气动力学。在高速范围内,有一个重要的划界速度,即声速。研究飞行速度低于声速的问题称为亚声速空气动力学,超过声速的称为超声速空气动力学,而研究飞行速度在声速左右的问题则称为跨声速空气动力学。当飞行速度大于 5 倍声速时,会出现一般超声速飞行所没有的新问题,研究这方面问题的学科则称为高超声速空气动力学。

在空气动力学中,通常从空气的连续方程、运动方程和能量守恒等出发,并引入一定的假设,演算出求解空气动力学的 N - S 方程、欧拉方程、势流方程和小扰动方程,分别适合不同状态下的空气动力学问题的求解。

飞行动力学是应用力学的一个分支,也称飞行力学,是研究飞行器在大气层内运动规律的学科,是以空气动力学、刚体力学、结构力学、控制理论和计算数学等作为主要理论基础,对飞行器动力学特性进行研究的综合学科。它是直接为飞行器设计和使用服务的。由于涉及的研究对象不同,所研究的飞行动力学问题性质也不完全相同,因而有飞机飞行动力学、直升机飞行动力学和导弹飞行动力学等子学科。

飞行动力学从作用在飞行器上的升力、阻力、拉力/推力和重力之间的力和力矩的平衡关系出发,建立飞行器的质心运动学方程和绕质心转动运动学方程,以此为基础研究飞行器在纵向和横向的力平衡、稳定性、操纵性、机动性,以及纵向和横向之间的耦合,并讨论包括平飞性能、爬升/下滑性能、续航性能、起降性能等在内的飞行性能。在飞行力学中,坐标系也是研究的关键要素,不同情况需要用到不同的坐标系,包括地面坐标系、机体坐标系、气流坐标系、航迹坐标系等。

(2) 材料力学与结构力学

1) 材料力学

材料力学是研究结构构件和机械零件承载能力的基础学科,是固体力学的一个重要分支。其基本任务是:将工程结构和机械中的简单构件简化为一维杆件,计算杆中的应力、变形并研究杆的稳定性,以保证结构能承受预定的载荷;选择适当的材料、截面形状和尺寸,以便设计出既安全又经济的结构构件和机械零件。材料力学在分析研究对象的承力能力时,通常需要求解出在各种外力作用下产生的应变、应力,分析其强度、刚度、稳定性等。

在结构承受载荷或机械传递运动时,为保证各构件或机械零件能正常工作,构件和零件必须符合如下要求:

① 不发生断裂,即具有足够的强度(抵抗破坏的能力);

② 构件所产生的弹性变形应不超出工程允许的范围,即具有足够的刚度(抵抗变形的能力);

③ 原有形状下的平衡应是稳定平衡,即构件具有足够的稳定性(保持原有平衡形式的能力)。

在进行材料力学分析时,通常做以下三点假设:

① 连续性假设。假设在构件所占有的空间内毫无空隙地充满了物质,即认定是密实的。按此假设,构件的一些力学量(如位移),可用坐标的连续函数表示,并可采用无限小的数学分析方法。

② 材料在外力的作用下所表现的性能,称为材料的力学性能或机械性能。在材料力学中,假设材料的力学性能与其在构件中的位置无关,即认为是均匀的。按此假设,从构件内部任何部位所切取的微小单元体(简称微体),都具有与构件完全相同的性能。同样,通过试样所测得的力学性能,也

可用于构件内的任何部位。

③ 假设材料沿各个方向具有相同的力学性能,即认为是各向同性的。沿各个方向具有相同力学性能的材料,称为各向同性材料。

综上所述,在材料力学中,一般将实际材料看作是连续、均匀和各向同性的可变形固体。

在研究材料的力学性能时,通常用胡克定律表述应力和应变的关系。

在正应力 σ 作用下,材料沿正应力作用方位发生正应变 ε,而且如果正应力不超过一定限度,则正应力与正应变成正比,即

$$\sigma = E\varepsilon \tag{3.55}$$

式中:E 为材料的弹性模量。上述关系称为胡克定律。

在切应力 τ 作用下,材料发生切应变 γ,而且,如果切应力不超过一定限度,则切应力与切应变成正比,即

$$\tau = G\gamma \tag{3.56}$$

式中:G 为材料的剪切模量。上述关系称为剪切胡克定律。

对于工程中的绝大多数材料,在一定的应力范围内,均符合或近似符合胡克定律与剪切胡克定律。

2) 结构力学

结构力学是固体力学的一个分支,它主要研究工程结构受力和传力的规律,以及如何进行结构优化,是航空航天专业、机械类专业和土木工程专业学生必修的学科。结构力学研究的内容包括结构的组成规则,结构在各种效应(外力、温度效应、施工误差及支座变形等)作用下的响应,包括内力(轴力、剪力、弯矩、扭矩)的计算,位移(线位移、角位移)的计算,以及结构在动力荷载作用下的动力响应及其相关物理量(自振周期、振型)的计算等。对于航空航天对象,结构力学主要采取杆、板、梁的形式对分析对象进行研究,少数情况用到体的形式。

在求解任何弹性结构的力学问题时,都必须满足 3 个基本方程,即平衡方程、几何方程和材料的本构方程。平衡方程用于描述矩形六面微元的正应力和剪应力引起的力和力矩的平衡关系,几何方程用于描述位移和应变的关系,本构方程用于描述应力和应变的关系。这 3 个方程是结构力学求解的基础。

结构力学通常有三种分析方法:能量法、力法、位移法。由位移法衍生出的矩阵位移法后来发展出有限元法,成为利用计算机进行结构计算的理论基础。变分原理、应变能、余应变能、虚功原理、最小势能原理、最小应变

能原理、最小余能原理、单位位移定理、单位载荷定理等弹性力学的理论和方法则是结构力学的理论分析基础。

3.3.5　数学在航空航天中的应用

数学中的微分、积分、矩阵及数值求解,是力学等航空航天科学的基础,具有重要的地位。在设计、分析和试验等方面都离不开数学基础。这里以弹性力学、空气动力学和飞行力学的基本方程为例,介绍数学在航空航天科学中的应用。

(1) 弹性力学

上文已提到,求解弹性结构的力学问题,确定结构在给定外载荷作用下的位移和应力分布时,必须用到几何方程、本构方程和平衡方程等 3 个方程如下:

弹性力学中的几何方程,即位移-应变方程:

$$
\left.
\begin{aligned}
e_{xx} &= \frac{\partial u_x}{\partial x}, e_{yy} = \frac{\partial u_y}{\partial y}, e_{zz} = \frac{\partial u_z}{\partial z} \\
\gamma_{xy} &= \frac{\partial u_y}{\partial x} + \frac{\partial u_x}{\partial y}, \gamma_{yz} = \frac{\partial u_z}{\partial y} + \frac{\partial u_y}{\partial z}, \gamma_{zx} = \frac{\partial u_x}{\partial z} + \frac{\partial u_z}{\partial x}
\end{aligned}
\right\}
\tag{3.57}
$$

式中:u_x、u_y、u_z 为弹性体中一点 $P(x,y,z)$ 在坐标轴 x、y、z 方向的位移分量;e_{xx},e_{yy},e_{zz},γ_{xy},γ_{yz},γ_{zx} 为 P 点的 6 个应变分量。

弹性力学的本构方程,即应力-应变方程:

$$
\left.
\begin{aligned}
e_{xx} &= \frac{1}{E}\left[\sigma_{xx} - \nu(\sigma_{yy} + \sigma_{zz})\right] \\
e_{yy} &= \frac{1}{E}\left[\sigma_{yy} - \nu(\sigma_{xx} + \sigma_{zz})\right] \\
e_{zz} &= \frac{1}{E}\left[\sigma_{zz} - \nu(\sigma_{xx} + \sigma_{yy})\right] \\
\gamma_{xy} &= \frac{2(1+\nu)}{E}\tau_{xy} \\
\gamma_{yz} &= \frac{2(1+\nu)}{E}\tau_{yz} \\
\gamma_{zx} &= \frac{2(1+\nu)}{E}\tau_{zx}
\end{aligned}
\right\}
\tag{3.58}
$$

式中:E 为材料的弹性模量;ν 为泊松比;σ_{xx},σ_{yy},σ_{zz},τ_{xy},τ_{yz},τ_{zx} 为 P 点的 6 个应力分量。

作用在六面矩形微元的一对典型表面上的 3 个应力分量如图 3-26 所示。

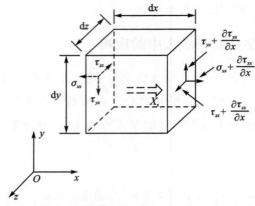

图 3-26 作用在六面矩形微元的一对典型表面上的 3 个应力分量

对于如图 3-26 所示六面体微元,有下列平衡方程:

$$\tau_{xy} = \tau_{yx}, \tau_{yz} = \tau_{zy}, \tau_{zx} = \tau_{xz} \tag{3.59}$$

并且

$$\left. \begin{array}{l} \dfrac{\partial \sigma_{xx}}{\partial x} + \dfrac{\partial \tau_{xy}}{\partial y} + \dfrac{\partial \tau_{xz}}{\partial z} + X_x = 0 \\[3mm] \dfrac{\partial \tau_{yx}}{\partial x} + \dfrac{\partial \sigma_{yy}}{\partial y} + \dfrac{\partial \tau_{yz}}{\partial z} + X_y = 0 \\[3mm] \dfrac{\partial \tau_{zx}}{\partial x} + \dfrac{\partial \tau_{zy}}{\partial y} + \dfrac{\partial \sigma_{zz}}{\partial z} + X_z = 0 \end{array} \right\} \tag{3.60}$$

式中:$X_i (i=x,y,z)$ 为体力在 i 方向的分量。

在式(3.57)～式(3.59)中,应力和应变分量各有两个下标,即 σ_{ii},τ_{ij} (e_{ii},γ_{ij})($i,j=x,y,z$)。其中第 1 个下标 i 表示分量的方向,第 2 个下标 j 或 i 表示分量所在面的外向法线的指向。例如,τ_{yz} 表示应力分量所在面的外向法线指向为 z 方向,而应力分量的指向为 y 方向。

在弹性体的表面处,弹性体内的应力必须与作用在弹性体表面上的外载荷相平衡。如果用 $p_i (i=x,y,z)$ 表示作用在弹性体表面单位面积上的外载荷在 i 方向的分量,则根据弹性体表面处的平衡条件,可以导出如下力的边界条件:

$$\left. \begin{array}{l} l\sigma_{xx} + m\tau_{xy} + n\tau_{xz} = p_x \\[2mm] l\tau_{yx} + m\sigma_{yy} + n\tau_{yz} = p_y \\[2mm] l\tau_{zx} + m\tau_{zy} + n\sigma_{zz} = p_z \end{array} \right\} \tag{3.61}$$

式中：l、m、n 表示物体表面外向法线在 x、y、z 这 3 个坐标方向的方向余弦。图 3-27 所表示的是弹性体表面处在 x 方向上的力的平衡，即式 (3.60) 中的第 1 个方程。

作用在整个弹性体上的表面力 p_i 和体力 $X_i(i=x,y,z)$ 以及反作用力组成了自身平衡的载荷系统。一般来说，在载荷系统中除分布的 p_i 和 X_i 外，还包含有集中力 P_i 和集中力矩 M_i。因此，自身平衡的载荷系统必须满足下列 6 个总体平衡方程：

$$\left.\begin{array}{l} \int_S p_x \, \mathrm{d}S + \int_V X_x \, \mathrm{d}V + \sum_{k=1}^n P_{xk} = 0 \\[2mm] \int_S p_y \, \mathrm{d}S + \int_V X_y \, \mathrm{d}V + \sum_{k=1}^n P_{yk} = 0 \\[2mm] \int_S p_z \, \mathrm{d}S + \int_V X_z \, \mathrm{d}V + \sum_{k=1}^n P_{zk} = 0 \end{array}\right\} \quad (3.62\mathrm{a})$$

$$\left.\begin{array}{l} \int_S (p_z y - p_y z)\,\mathrm{d}S + \int_V (X_z y - X_y z)\,\mathrm{d}V + \sum_{k=1}^m M_{xk} = 0 \\[2mm] \int_S (p_x z - p_z x)\,\mathrm{d}S + \int_V (X_x z - X_z x)\,\mathrm{d}V + \sum_{k=1}^m M_{yk} = 0 \\[2mm] \int_S (p_y x - p_x y)\,\mathrm{d}S + \int_V (X_y x - X_x y)\,\mathrm{d}V + \sum_{k=1}^m M_{zk} = 0 \end{array}\right\} \quad (3.62\mathrm{b})$$

方程 (3.62a) 给出了所有外力在 x、y、z 三个方向的总和等于零的条件，而方程 (3.62b) 则给出了所有外载荷对 x、y、z 这三个坐标轴的力矩总和等于零的条件。

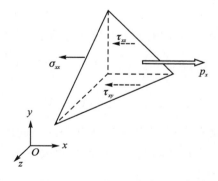

图 3-27　物体表面在 x 方向的力平衡

（2）空气动力学

在空气动力学的求解中，需要从连续方程、运动方程和能量方程出发，导出各种形式下的方程，如下：

1）连续方程

无黏、定常、可压气流的连续方程为

$$\frac{\partial \rho u}{\partial x} + \frac{\partial \rho v}{\partial y} + \frac{\partial \rho w}{\partial z} = 0 \tag{3.63}$$

式中：ρ 为空气的密度；u、v、w 分别为气流在 x、y、z 三个方向的速度。

2）运动方程

在不考虑黏性阻力的情况下，运动方程可使用欧拉方程：

$$\frac{\partial u}{\partial t} + u\frac{\partial u}{\partial x} + v\frac{\partial u}{\partial y} + w\frac{\partial u}{\partial z} = -\frac{1}{\rho}\frac{\partial P}{\partial x} + f_x \tag{3.64a}$$

$$\frac{\partial v}{\partial t} + u\frac{\partial v}{\partial x} + v\frac{\partial v}{\partial y} + w\frac{\partial v}{\partial z} = -\frac{1}{\rho}\frac{\partial P}{\partial y} + f_y \tag{3.64b}$$

$$\frac{\partial w}{\partial t} + u\frac{\partial w}{\partial x} + v\frac{\partial w}{\partial y} + w\frac{\partial w}{\partial z} = -\frac{1}{\rho}\frac{\partial P}{\partial z} + f_z \tag{3.64c}$$

式中：P 为当地压强；f_x、f_y、f_z 为 x、y、z 三个方向的体力。

如果需要进一步考虑黏性阻力，则需在欧拉方程的右端增加黏性项，即 N-S 方程：

$$\frac{\partial u}{\partial t} + u\frac{\partial u}{\partial x} + v\frac{\partial u}{\partial y} + w\frac{\partial u}{\partial z} = -\frac{1}{\rho}\frac{\partial P}{\partial x} + f_x + \nu \nabla^2 u \tag{3.65a}$$

$$\frac{\partial v}{\partial t} + u\frac{\partial v}{\partial x} + v\frac{\partial v}{\partial y} + w\frac{\partial v}{\partial z} = -\frac{1}{\rho}\frac{\partial P}{\partial y} + f_y + \nu \nabla^2 v \tag{3.65b}$$

$$\frac{\partial w}{\partial t} + u\frac{\partial w}{\partial x} + v\frac{\partial w}{\partial y} + w\frac{\partial w}{\partial z} = -\frac{1}{\rho}\frac{\partial P}{\partial z} + f_z + \nu \nabla^2 w \tag{3.65c}$$

3）能量方程

考虑到对于完全气体等熵流动，从能量方程有

$$P_1 + \frac{1}{2}\rho V_1^2 = P_2 + \frac{1}{2}\rho V_2^2 \tag{3.66}$$

$$a^2 = a_\infty^2 - \frac{\kappa - 1}{2}(V^2 - V_\infty^2) \tag{3.67}$$

式（3.66）为伯努利方程，表述了动压和静压之间的关系。式（3.67）表述了当地声速和远前方声速随气流速度的变化关系，a 为当地声速，下标 ∞ 表示远前方，k 为比热比。

（3）飞行力学

飞行力学是空气动力学和质点运动学结合发展而来的学科,质心运动方程是飞行力学求解的根本。这里也给出了飞机地面滑跑性能的计算公式。

1）飞行力学的质心运动方程如下：

飞行器质心运动的描述,可用动量定理来表示。

$$m \frac{\mathrm{d}\boldsymbol{V}}{\mathrm{d}t} = \boldsymbol{F} \tag{3.68}$$

式中：m 为飞行器质量；$\boldsymbol{V}$ 为飞行器飞行速度矢量；$\boldsymbol{F}$ 为作用于质心处外力的合力矢量。

上述运动规律只是相对惯性坐标系而言的。对于飞行器速度、飞行高度不是很大的情况,可以忽略地球曲率和自转带来的影响,平面地球坐标系可近似作为惯性坐标系。具体研究飞行器质心运动规律时,由于矢量形式的方程使用不太方便,故用在某坐标投影的标量形式来表示。工程习惯上,通常建立投影在一动坐标系的标量方程,并认为大气是静止的。

取原点位于飞行器质心的一动坐标系 $Oxyz$,它对惯性坐标系 $O_g x_g y_g z_g$ 有一转动角速度 $\boldsymbol{\omega}$。质心的绝对速度为 $\boldsymbol{V}$,如图 3-28 所示。

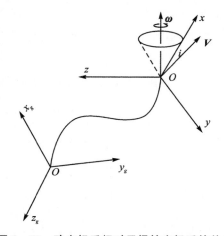

图 3-28　动坐标系相对于惯性坐标系的关系

将速度 $\boldsymbol{V}$ 和角速度 $\boldsymbol{\omega}$ 分别投影在动坐标系上,则有

$$\boldsymbol{V} = V_x \boldsymbol{i} + V_y \boldsymbol{j} + V_z \boldsymbol{k} \tag{3.69}$$

$$\boldsymbol{\omega} = \omega_x \boldsymbol{i} + \omega_y \boldsymbol{j} + \omega_z \boldsymbol{k} \tag{3.70}$$

式中:i、j、k 为动坐标系 $Oxyz$ 的单位矢量。由于 $\boldsymbol{\omega}$ 存在,其方向将随时间变化。现考虑速度 V 的微分,即质心的绝对加速度,应为

$$\frac{\mathrm{d}\boldsymbol{V}}{\mathrm{d}t} = \frac{\mathrm{d}V_x}{\mathrm{d}t}\boldsymbol{i} + \frac{\mathrm{d}V_y}{\mathrm{d}t}\boldsymbol{j} + \frac{\mathrm{d}V_z}{\mathrm{d}t}\boldsymbol{k} + V_x\frac{\mathrm{d}\boldsymbol{i}}{\mathrm{d}t} + V_y\frac{\mathrm{d}\boldsymbol{j}}{\mathrm{d}t} + V_z\frac{\mathrm{d}\boldsymbol{k}}{\mathrm{d}t} \tag{3.71}$$

由图 3-28 可见,式中单位矢量导数 $\mathrm{d}\boldsymbol{i}/\mathrm{d}t$,应是矢量 $\boldsymbol{i}$ 端点的速度。此时矢端曲线是绕 $\boldsymbol{\omega}$ 旋转的一个圆,故可得

$$\frac{\mathrm{d}\boldsymbol{i}}{\mathrm{d}t} = \boldsymbol{\omega} \times \boldsymbol{i}$$

同理有

$$\frac{\mathrm{d}\boldsymbol{j}}{\mathrm{d}t} = \boldsymbol{\omega} \times \boldsymbol{j}, \frac{\mathrm{d}\boldsymbol{k}}{\mathrm{d}t} = \boldsymbol{\omega} \times \boldsymbol{k}$$

把上述关系代入式(3.70),质心的绝对加速度可表示为

$$\frac{\mathrm{d}\boldsymbol{V}}{\mathrm{d}t} = \frac{\delta\boldsymbol{V}}{\delta t} + \boldsymbol{\omega} \times \boldsymbol{V} \tag{3.72}$$

而

$$\frac{\delta\boldsymbol{V}}{\delta t} = \frac{\mathrm{d}V_x}{\mathrm{d}t}\boldsymbol{i} + \frac{\mathrm{d}V_y}{\mathrm{d}t}\boldsymbol{j} + \frac{\mathrm{d}V_z}{\mathrm{d}t}\boldsymbol{k}$$

式中:$\delta\boldsymbol{V}/\delta t$ 为动系角速度 $\boldsymbol{\omega}=0$ 时的加速度,即相当于观察者站在动坐标系中看到的质心加速度;$\boldsymbol{\omega} \times \boldsymbol{V}$ 为由于存在角速度 $\boldsymbol{\omega}$ 使 $\boldsymbol{V}$ 相对于动坐标系方向发生变化而产生的加速度;$\mathrm{d}\boldsymbol{V}/\mathrm{d}t$ 则为质心的绝对加速度,即观察者在地面坐标系上所看到的加速度。

将上式代入式(3.68),得到在动坐标系中表示的质心动力学矢量形式为

$$m\left(\frac{\delta\boldsymbol{V}}{\delta t} + \boldsymbol{\omega} \times \boldsymbol{V}\right) = \boldsymbol{F} \tag{3.73}$$

同样将合力矢量 $\boldsymbol{F}$ 用动坐标系上的投影表示为

$$\boldsymbol{F} = F_x\boldsymbol{i} + F_y\boldsymbol{j} + F_z\boldsymbol{k} \tag{3.74}$$

于是式(3.73)在动坐标系 $Oxyz$ 上投影的质心动力学标量有如下形式:

$$\left. \begin{array}{l} m\left(\dfrac{\mathrm{d}\boldsymbol{V}_x}{\mathrm{d}t} + V_z\omega_y - V_y\omega_z\right) = F_x \\[3mm] m\left(\dfrac{\mathrm{d}\boldsymbol{V}_y}{\mathrm{d}t} + V_x\omega_z - V_z\omega_x\right) = F_y \\[3mm] m\left(\dfrac{\mathrm{d}\boldsymbol{V}_z}{\mathrm{d}t} + V_y\omega_x - V_x\omega_y\right) = F_z \end{array} \right\} \tag{3.75}$$

显然,上述方程组适用于任何动坐标系。在研究飞行器性能、轨迹特性时,常采用航迹坐标系上投影的质心动力学方程。

2)飞机的地面滑跑距离和时间如下:

飞机在地面滑跑中的受力情况如图 3-29 所示。由图可列写出滑跑时的运动方程

$$
\left.\begin{array}{l}
\dfrac{W}{g}\dfrac{\mathrm{d}V}{\mathrm{d}t} = T_{\mathrm{a}} - D - F \\
N = W - L
\end{array}\right\} \tag{3.76}
$$

式中:W 为飞机的重量;g 为重力加速度;T_{a} 为发动机的推力;D 为飞机的阻力,$D = \dfrac{\rho V^2 C_{\mathrm{D}} S}{2}$;$N$ 为地面支反力;F 为地面摩擦力,$F = fN$,f 为摩擦系数;L 为飞机的升力,$L = \dfrac{\rho V^2 C_{\mathrm{L}} S}{2}$。

根据上述关系式,可将方程式(3.75)中的第一式改写为

$$
\frac{1}{g}\frac{\mathrm{d}V}{\mathrm{d}t} = \frac{T_{\mathrm{a}}}{W} - f - \frac{\rho V^2 S}{2W}(C_{\mathrm{D}} - fC_{\mathrm{L}})
$$

积分上式,即可得滑跑时间

$$
t_1 = \frac{1}{g}\int_0^{V_{\mathrm{lo}}} \frac{\mathrm{d}V}{\dfrac{T_{\mathrm{a}}}{W} - f - \dfrac{\rho V^2 S}{2W}(C_{\mathrm{D}} - fC_{\mathrm{L}})} \tag{3.77}
$$

因为 $\mathrm{d}d = V\mathrm{d}t$,则起飞滑跑距离为

$$
d_1 = \frac{1}{2g}\int_0^{V_{\mathrm{lo}}} \frac{\mathrm{d}V^2}{\dfrac{T_{\mathrm{a}}}{W} - f - \dfrac{\rho V^2 S}{2W}(C_{\mathrm{D}} - fC_{\mathrm{L}})} \tag{3.78}
$$

式中:V_{lo} 为飞机的离地速度。

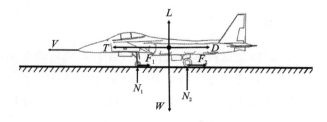

图 3-29 飞机起飞滑跑时的受力情况

上述几方面的力学方程都是航空航天工程最基本的方程,是飞行器设

计所用到的方法的基础。从这些方程不难看出,大学数学中的微分、积分在飞行器设计中有着广泛应用,进一步在飞行器的设计中还会用到矩阵理论、数值分析等方面的数学知识。

3.4 航空的科学基础

本节从航空飞行的三要素出发,介绍浮力产生的科学基础;以伯努利定理为基础,介绍升力的产生;以动量定理为基础,介绍发动机推力的产生;并对飞机的操纵原理进行简单介绍,简述飞行的稳定性问题。最后,对航空科学奠基者乔治·凯利的科学贡献进行介绍。

3.4.1 航空飞行三要素

实际上,无论是莱特兄弟设计的"飞行者"1号,还是现代的先进客机、战斗机、运输机……之所以能飞上蓝天,归纳起来是因为它们具备了飞行的三个最基本的要素:

① 具有能产生升力的机翼,用来平衡飞机的重力;对于飞艇等轻于空气的航空器来说,则需要靠浮力升空。

② 具有能提供拉力或推力的动力系统,用来平衡飞机的阻力;

③ 具有能控制飞机姿态的操纵系统,让飞机有可操纵性,实现其按照预定的轨迹飞行(见图 3-30)。

此外,为了保证飞机可持续飞行,还要保证飞机在飞行时具有一定的稳定性,使得飞机在受到扰动偏离原平衡位置时,依然有恢复到原平衡位置的趋势,如图 3-31 所示。

3.4.2 浮 力

浮力指物体在流体(包括液体和气体)中,各表面受到的流体(液体和气体)压力的差(合力)。浮力的方向与重力方向相反,竖直向上。

公元前 245 年,阿基米德发现了浮力原理:物体在流体(液体或气体)中所受浮力 $F_浮$,等于所排开的液体(气体)的重量 $G_排$。

浮力的定义式为

$$F_浮 = G_排 = \rho g V_排 \tag{3.79}$$

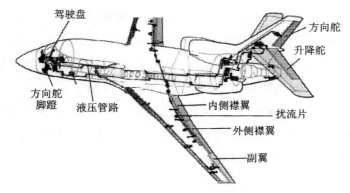

图 3 - 30　民用客机的操纵系统

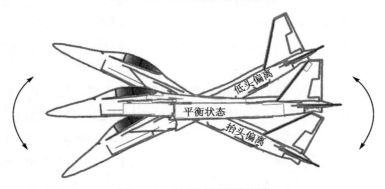

图 3 - 31　飞机的俯仰稳定性

式中：ρ 为流体密度；g 为重力加速度；$V_排$ 为排开流体的体积。

当流体和浸入在流体内部的物体处于完全失重状态的情况下，物体将不受浮力的作用。

3.4.3　伯努利定理与升力的产生

(1) 伯努利定理

流体流动时横截面积的变化会引起速度的变化，而速度的变化，由牛顿第二定律可知，是与流体内部各部分的相互作用力或压强相联系的。再者，随着流动时的角度变化，重力也会引起速度的变化，把流体作为质点系看待，直接应用牛顿定律分析其运动复杂而繁难，用机械能守恒定律来求解理想流体稳定流动的运动和力的关系则易于理解，由此推导出伯努利定理，如下：

> 设想一理想流体沿着一横截面变化的管道流动，而且管道各处的高度不同，如图 3 - 32 所示。把管道在时刻 t 的两截面 A 和 B 之间的一段水作为我们研究的系统，经过时间 Δt，由于向前流动，系统的后方和前方分别到

达截面 A' 和 B',在 Δt 内它的后方和前方的截面面积分别是 S_1 和 S_2,速率分别是 v_1 和 v_2,而通过的距离分别是 Δl_1 和 Δl_2,截面 A 后方的流体以力 F_1 把这段流体由 AB 位置推向 $A'B'$ 位置,该力对这段流体做的功是

$$\Delta W_1 = F_1 \Delta l_1 = p_1 S_1 \Delta l_1 = p_1 \Delta V_1 \tag{3.80}$$

式中: p_1 是作用在截面积 S_1 上的压强,而 $\Delta V_1 = S_1 \Delta l_1$ 是在 Δt 内被推过截面 A 的流体的体积。在同一时间内,在截面 B 前方的流体对 AB 段流体的作用力 F_2 对该段流体做功,其值应为

$$\Delta W_2 = -F_2 \Delta l_2 = -p_2 S_2 \Delta l_2 = -p_2 \Delta V_2 \tag{3.81}$$

式中: p_2 是作用在截面积 S_2 上的压强,而 $\Delta V_2 = S_2 \Delta l_2$ 是在 Δt 内流出截面积 B 的流体的体积。对被当作系统的那一段流体来说,根据连续方程,AB 间的流体体积应等于 $A'B'$ 间流体的体积,因而也应该有 $\Delta V_1 = \Delta V_2$,以 ΔV 记之。

当流体在管中流动时,其动能和势能都随时间改变。但由于是稳定流动,在时间 Δt 内,截面 A 和 B 之间的那段流体的状态没有发生变化,整段流体系统的机械能的变化也就等于 ΔV_1 内的流体移动到 ΔV_2 时机械能的变化,令 ρ 表示流体的密度,由于流体的不可压缩性,ρ 在各处相同,而 ΔV_1 和 ΔV_2 的流体质量都是 $\Delta m = \rho \Delta V$,在 Δt 内系统的机械能变化为

$$\Delta E = \frac{1}{2} \Delta m v_2^2 + \Delta m g h_2 - \left(\frac{1}{2} \Delta m v_1^2 + \Delta m g h_1 \right)$$

$$= \left[\frac{1}{2} \rho v_2^2 + \rho g h_2 - \left(\frac{1}{2} \rho v_1^2 + \rho g h_1 \right) \right] \Delta V \tag{3.82}$$

式中: h_1 和 h_2 分别为 ΔV_1 和 ΔV_2 所在的高度。

由于流体是无黏滞的,流体各部分之间以及流体和管壁之间无摩擦力作用,系统的机械能守恒定律给出

$$\Delta W_1 + \Delta W_2 = \Delta E \tag{3.83}$$

代入上面各相应的表示式,可得

$$p_1 - p_2 = \frac{1}{2} \rho v_2^2 + \rho g h_2 - \frac{1}{2} \rho v_1^2 - \rho g h_1 \tag{3.84}$$

或

$$p_1 + \frac{1}{2} \rho v_1^2 + \rho g h_1 = p_2 + \frac{1}{2} \rho v_2^2 + \rho g h_2 \tag{3.85a}$$

或

$$p + \frac{1}{2}\rho v^2 + \rho gh = 常量 \qquad (3.85b)$$

式(3.84)被称为伯努利方程,它实际上是用于理想流体流动的机械能守恒定律的特殊形式。

伯努利定理是流体力学的基本原理,它告诉我们:流动的液体或气体中,流动慢的地方压强较大,而流动快的地方压强较小。飞机升力的产生原理就是以该定理为基础而得到的。

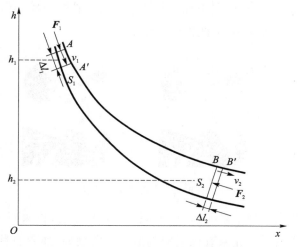

图 3 - 32　推导伯努利方程的原理图

小贴士:伯努利其人

　　瑞士的伯努利家族3代中产生了8位科学家,还有不少于120位在各领域颇有名望的后裔。丹尼尔·伯努利(1700 年 2 月 8 日—1782 年 3 月 17 日)是伯努利家族中最杰出的代表,是物理学家、数学家、医学家。他 13 岁在巴塞尔大学攻读哲学与逻辑学,15 岁时获学士学位,16 岁时获艺术硕士学位;17~20 岁又学习医学,21 岁时获医学博士学位。但在父兄的熏陶下最后仍转到数理科学。24 岁时在数学家哥德巴赫的协助下发表了《数学练习》。25 岁受聘圣彼得堡科学院院士,在此工作期间,数学家欧拉是他的助手。丹尼尔·伯努利最有名的成就是在 1726 年首先提出"伯努利原理":"在水流或气流里,速度小的地方,压强就大;速度大的地方,压强就小。"其表征为伯努利方程,为飞机升力产生原理奠定了理论基础。

（2）升力的产生

升力是飞机用以平衡重力飞上蓝天的最根本要求，升力的特性直接决定了飞机的性能，升力的特性与机翼的剖面形状——翼型直接相关。

介绍升力产生的原理之前，先来做一个小小的试验：如图 3-33 所示，手持一张白纸的一端，由于重力的作用，白纸的另一端会自然垂下；接下来大家将白纸拿到嘴前，在纸的上面沿着水平方向吹气，看看会发生什么样的情况。结果是：白纸不但没有被吹开，垂下的一端反而飘了起来。这是什么原因呢？

基于伯努利定理，白纸上面的空气被吹动，流动较快，其压强比白纸下面不动的空气的压强小，因此将白纸托了起来。

图 3-33　纸的吹气试验

基于伯努利定理了解了流速和压强的关系之后，再来看看机翼上的升力是怎么产生的。首先来看机翼的剖面——翼剖面，通常也称为翼型，是指沿平行于飞机对称平面的切平面切割机翼所得到的剖面，如图 3-34、图 3-35 所示。翼型最前端的一点叫"前缘"，最后端的一点叫"后缘"，前缘和后缘之间的连线叫"翼弦"，翼弦与相对气流方向之间的夹角 α 叫"迎角"（也称"攻角"）。

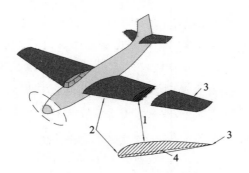

1—翼型；2—前缘；3—后缘；4—翼弦。

图 3-34　翼　型

如果要想在翼型上产生空气动力,必须让它与空气有相对运动,或者说必须有具有一定速度的气流流过翼剖面。大部分机翼的翼型,其上表面凸出,下表面平坦。现在将这样一个翼型放在流速为 **V** 的气流中,如图 3 - 35 所示。假设翼型有一个不大的迎角 α,当气流流到翼型的前缘时,气流分成上下两股,分别流经翼型的上、下翼面。由于翼型的作用,当气流流过上翼面时流动通道变窄,气流速度增大,压强降低,并低于前方气流的大气压;而气流流过下翼面时,由于翼型前端上仰,气流受到阻拦,且流动通道扩大,气流速度减小,压强增大,并高于前方气流的大气压。因此,在上下翼面之间就形成了一个压强差,从而产生了一个向上的合力 **R**。这个合力的垂直向上的分力即为升力 **Y**,向后的分力即为阻力 **D**。

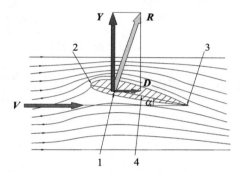

1—空气动力作用点;2—前缘;3—后缘;4—翼弦。

图 3 - 35 翼型和作用在翼型上的空气动力

翼型产生升力的原理还可以从另外一个角度来理解:气流流过翼型后,发生向下的偏转,即翼型给空气以向下的力使气流向下运动,根据牛顿第三定律关于作用力与反作用的关系,空气则给翼型以向上的力,即翼型的升力。

3.4.4 发动机推力的产生

发动机是飞行器的动力源,是飞行器的心脏,它的性能对飞行器的发展有着非常重要的影响。飞行器的发展是伴随着发动机的发展而发展的,飞行器发展的每一个里程碑都与发动机的发展和进步有着密切的联系。

发动机产生推力/拉力是动量定理在航空航天中的实际应用。航空活塞式发动机是一种把燃料的热能转化为带动螺旋桨转动的机械能的发动机。螺旋桨高速旋转时,使空气加速向后流动,空气对螺旋桨产生反作用力,从而推动飞行器前进。空气喷气发动机则利用向后喷射高速气流,直接产生向前的反作用力,来推动飞行器前进。火箭发动机不依赖于空气而工作,完全依靠自身携带的氧化剂和燃料产生高温、高压气体向后喷出而产生推力。图 3 – 36 所示为涡喷发动机的组成。

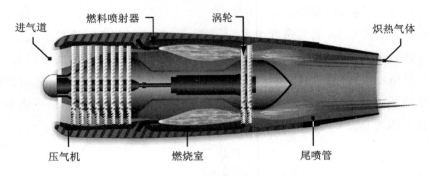

图 3 – 36　涡喷发动机的组成

3.4.5　飞机的操纵原理

飞机在空中往往需要不断改变飞行姿态,以完成飞行任务,这就需要对飞机进行操纵。飞机在空中的运动包括绕横轴的俯仰运动、绕纵轴的滚转运动和绕立轴的偏航运动,以及在速度方向的水平运动。对于飞机的操纵,也是指使飞机产生这些运动。

(1) 俯仰操纵

飞机的俯仰操纵是通过偏转升降舵实现的。以载人飞机为例,如图 3 – 37 所示,当驾驶员向前推驾驶杆(见图中黑色箭头方向)时,升降舵向下偏转;向下偏的升降舵给机尾一个向上的力,而导致机头向下低头。当驾驶员向后拉驾驶杆(见图中驾驶杆处白色箭头方向)时,升降舵向上偏转(即后缘向上运动);向上偏的升降舵给机尾一个向下的力,而导致机头向上抬头。驾驶杆回到中立位置后,升降舵也回到中立位置,飞机的俯仰变化停止。如果长时间保持升降舵偏转,飞机就能够进行筋斗机动。

(2) 滚转操纵

飞机的滚转操纵是通过偏转副翼实现的。以载人飞机为例,如图 3 – 38 所示,当驾驶员向左移动驾驶杆(见图中黑色箭头方向)时,左侧副翼会向上偏转,而右侧副翼则向下偏转。向上偏转的副翼减小所在机翼的升力,而向下偏转的是增加升力,这样驾驶杆向左移动导致左侧机翼下降而右侧机翼

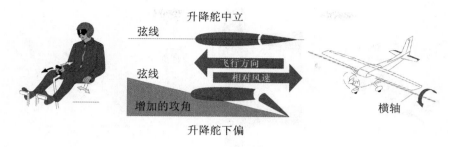

图 3 - 37　飞机的俯仰操纵

上扬。因此使飞机产生向左的坡度,并开始向左侧转弯。将驾驶杆移动到中立位置,副翼也回到中立位置,这时飞机会保持坡度,并继续转弯,直到施加相反的副翼操纵使坡度为零而改为直飞。如果长时间保持副翼偏转,飞机就能够进行横滚。

　　当驾驶员向右移动驾驶杆(见图中驾驶杆处白色箭头方向)时,右侧副翼会向上偏转,而左侧副翼则向下偏转,导致右侧机翼下降而左侧机翼上扬,飞机产生向右的坡度,并开始向右侧转弯。将驾驶杆移动到中立位置,副翼也回到中立位置,这时飞机会保持坡度,并继续转弯,直到施加相反的副翼操纵使坡度为零而改为直飞。

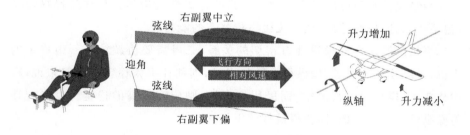

图 3 - 38　飞机的滚转操纵

(3) 航向操纵

　　飞机的航向操纵(又称方向操纵)是通过偏转方向舵实现的。就载人飞机而言,如图 3 - 39 所示,当驾驶员蹬左脚蹬时(见图中黑色箭头方向),方向舵向左偏转;向左偏转的方向舵会在机身尾部产生向右的力,导致机头向左偏航。当驾驶员蹬右脚蹬时(见图中脚蹬处白色箭头方向),方向舵向右偏转;向右偏转的方向舵会在机身尾部产生向左的力,导致机头向右偏航。方向舵脚蹬回中立位置后,方向舵也回到中立位置,飞机停止偏航。

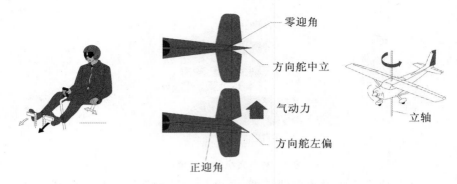

图 3-39 飞机的方向操纵

3.4.6 飞机的飞行稳定性

衡量一架飞机飞行性能的好与坏,稳定性与操纵性是重要的指标。

飞机在飞行过程中,经常会受到各种各样的干扰。这些干扰会使飞机偏离原来的平衡状态。而在干扰消失以后,飞机能否自动恢复到原来的平衡状态,就涉及稳定或不稳定的问题。当飞机受到扰动后会偏离平衡状态。如果扰动消除,不经操纵,飞机能够回复到原平衡状态,那么就被认定是稳定的,具有稳定性;否则则是不稳定的。

与稳定性相对应的是操纵性。飞机的操纵性是指驾驶员通过操纵设备(包括操纵杆、舵面等)来改变飞机飞行状态的能力。

飞机的稳定性和操纵性有密切的关系,二者需要协调统一。很稳定的飞机,操纵往往不灵敏;操纵很灵敏的飞机,则往往不太稳定。一般来说,军用战斗机,操纵应当很灵敏;而民用旅客机,则应有较高的稳定性。稳定性与操纵性要综合考虑,以获得最佳的飞行性能。

飞机的稳定性通常又按照俯仰运动、滚转运动和偏航运动,分为纵向稳定性(见图 3-40)、横侧向稳定性、航向稳定性。

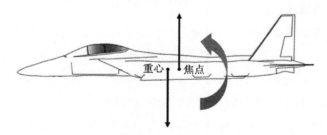

图 3-40 重心位于焦点之前时飞机纵向稳定

3.5　航天的科学基础

本节首先介绍开普勒三大定律与万有引力定律,从圆周运动向心力和离心力的平衡阐述宇宙航行所需要的飞行速度,从机械能守恒的角度对三个宇宙速度的由来进行分析,并从动量定理的角度对用于克服地球引力的火箭的推进原理进行分析,从而让读者从科学的角度对于航天飞行的原理有较为深刻的了解。

3.5.1　开普勒三大定律与万有引力定律

日月升落,星光闪烁,自古以来就吸引着人类探究其运行规律,最初是来自航海、农业等生活和生产的需要,采用古老的方法去探究。随着科学技术的发展,人类探究宇宙的手段越来越先进,也越来越精确。现代科学技术的发展,使得人类不但可以认识到星系的大小、结构,还为探求宇宙起源的大爆炸理论提供了证据。

人造卫星和空间探测器的升空实现了太阳系内的实地考察,人类对于太阳系天体开展深空探测的活动有 200 多次,已经对太阳、各个行星和“哈雷”彗星进行了探测,对个别行星的卫星也进行了探测。其中,探测月球的任务占深空探测的 50% 左右,探测火星的任务约占 17%,探测金星的任务约占 18%,探测太阳的任务约占 5%,对于其他天体的探测为 10% 左右。这些探测活动帮助人类了解太阳系的起源、演变和现状,通过对太阳系内的各主要行星的比较研究进一步认识地球环境的形成和演变,了解太阳系的变化历史,探索生命的起源和演变。

这些宇宙探索成就的取得,离不开开普勒的三大定律和牛顿的万有引力定律,他们为我们指明了道路。

(1) 开普勒三大定律

开普勒三大定律是开普勒发现的关于行星运动的定律。开普勒根据丹麦著名天文学家第谷·布拉赫的行星位置资料,沿用哥白尼的匀速圆周运动定律,通过大量计算得出了三大定律,如下:

> 1) 椭圆定律
> 开普勒第一定律,也称椭圆定律,即每一行星沿一个椭圆轨道环绕太阳

运行,而太阳则处在轨道的一个焦点上(见图 3-41)。卫星绕行星的运行规律也是如此。基于这一定律,不论向哪个方向发射卫星,卫星轨道面一定通过地心。

2)面积定律

开普勒第二定律,也称面积定律,即从太阳到行星所连接的直线在相等的时间内扫过同等的面积,即图 3-42 中 A 的面积与 B 的面积相等。也就是说,卫星的速度在近地点处最大,在远地点处最小。

3)调和定律

开普勒第三定律,也称调和定律,即行星围绕太阳运动的公转周期的平方与它们轨道半长轴长度的立方成正比(见图 3-43),即

$$\frac{T_1^2}{R_1^3} = \frac{T_2^2}{R_2^3} \tag{3.86}$$

因此,无论是椭圆轨道还是圆形轨道,只要半长轴相同,周期也相同。根据这一定律,行星轨道的半长轴越长,周期就越长。轨道半长轴最短的水星公转周期只有 3 个月,而轨道半长轴最长的冥王星公转周期约 250 年。

行星

焦点:恒星

图 3-41　椭圆定律

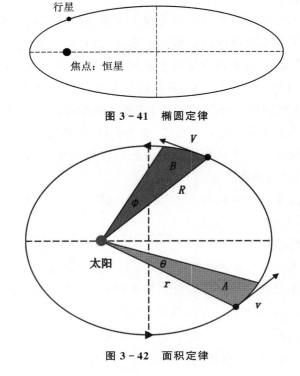

图 3-42　面积定律

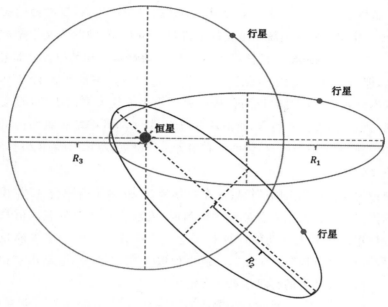

图 3 - 43 调和定律

（2）开普勒定律的提出

古代，对于日月星辰的长期观测逐渐形成了对其运行的种种解释，产生了多样宇宙理论。中国、印度、埃及、希腊等文明古国，在天文学方面的成就尤为丰富。

在我国，据《尚书》记载，观星象并依据它制定历法，早在距今四千年前就很受重视，由官方掌管，观测和记录在历史上从未间断，尤以特异天象（如日月食、日珥、太阳黑子、彗星、流星、新星及超新星爆发、极光等）的观测记录之详细著称于世。战国时期石申认为日月食是天体的相互遮掩，汉代张衡明确月球影子的作用产生日食，王充提出月光是太阳的反照，这些观点至今仍闪烁着真理的光芒。关于宇宙的结构，自春秋战国至唐宋有过多种学说，如"盖天说"——天圆地方（《晋书》）；"浑天说"——天地像鸡蛋，地球如蛋黄（张衡：《浑天注》）；"宣天说"——天无一定形状，高远无限，日月星辰漂浮于空中（《晋书》）。

在古希腊，人们通过观测天象指导航海进行商业活动，探讨用几何图像描述行星运动和预测方位。公元 2 世纪，埃及人托勒密系统地提出了以地球为宇宙中心的学说，认为太阳、月亮及所有行星、恒星都绕地球转动。他通过 80 个圆周的复杂组合，制成了精度很高的相当实用的星表。由于这种学说与上帝创造一切、人类为宇宙的中心的神权思想一致,得到教会的支持与保护,成为中世纪欧洲占统治地位的宇宙观。16 世纪,波兰天文学家哥白尼经 40 年亲自观测、大量分析核算和不懈思考,提出地球和其他行星都围绕太阳运动,即"日心说"或"地动说"。哥白尼在 1543 年临终前发表了《天体运行论》,这本巨著把人从对神权的盲从中解放出来。这本书出版后,教会开始认识到与他们的教义不相容,便把它宣布为"禁书",并残酷迫害"日心说"的拥护者。到 18 世纪中叶,牛顿的万有引力定律确立以后,"日心说"已经成为天经地义的真理。

被称为天文观测大师的第谷·布拉赫经过 20 多年的精密观测,积累了大量珍贵资料。其助手开普勒整理资料时,发现火星轨道的观测值与哥白尼的行星作匀速圆周运动的计算有 8′之差。开普勒忠实于第谷的观测数据,毅然否定了"圆周"和"匀速",经过多种拟合、反复核算,总结出了相对于日心——恒星参考系的行星运动三大定律。

小贴士:开普勒的科学贡献

开普勒(1571 年 12 月 27 日—1630 年 11 月 15 日),德国杰出的天文学家、物理学家、数学家。开普勒在认真研究他的老师——第谷·布拉赫多年对行星进行仔细观察所做的大量记录基础上,发现了行星运动的三大定律,分别是椭圆定律、面积定律和调和定律。这三大定律也是航天器飞行所需要遵循的。这是天文学的一次革命,它彻底推翻了托勒密繁杂的本轮宇宙体系,完善和简化了哥白尼的日心宇宙体系。开普勒的成就为经典力学的建立、牛顿的万有引力定律的发现,都作出了重要的提示。后来牛顿利用他的第二定律和万有引力定律,在数学上严格地证明了开普勒定律。此外开普勒对光学、数学也做出了重要的贡献,他是现代实验光学的奠基人。

(3) 万有引力定律

牛顿万有引力定律:两物体之间存在着相互的吸引力,其大小与两物体质量的乘积成正比,与两物体距离的平方成反比,用公式表示为

$$F = G\frac{m_1 m_2}{r^2} \tag{3.87}$$

式中:F 为引力;m_1、m_2 为两物体的质量;G 为万有引力常数。从实验中得到:$G = 6.672\,6 \times 10^{-11}$,量纲为 $L^3 M^{-1} T^{-2}$。

（4）万有引力定律的提出

开普勒三大定律对于万有引力定律的发现起了决定性作用。而万有引力定律的发现是牛顿力学体系的组成部分。

开普勒总结出了行星绕日的运动规律。但是，什么原因使得它们维持在各自的轨道上运动？对此自古就有种种猜想和推测。古希腊曾有"一切都向宇宙中心下落"来体现"重力"的观点。培根认为：重物体之所以趋向地心是由于物体的结构本体和被地球这个块体所吸引，有如被相近质体的集团所吸引。伽利略曾经考虑过地球和天体的重力有统一性，并说："在圆周运动中，既然运动物体不断地在离开，并在接近它的自然终点，那么接近的倾向和抗拒的倾向在力量上就永远相等了。"这可以看作"向心力"概念的雏形。笛卡尔认为单独考虑一物体时不存在重量，已是"相互作用"的观念。天文学家布理阿德曾预言太阳的动力或引力在性质上应"与粒子的力相似，像光的亮度与距离的关系那样，应当以与距离的平方成反比的关系取而代之"。以上这些对于牛顿都有启迪和先导的影响。

牛顿说："如果我曾看得更远些，那是因为我站在巨人的肩上。"然而，只有思想、观念、推想不能形成科学理论。牛顿深刻理解运动及相互作用，用逻辑严密的体系，以惊人的开拓精神把天体运动、宇宙结构纳入自己的力学体系，得到运动三定律，发现万有引力定律，并经实践检验确立下来。这是牛顿不断深入、上下求索的漫长过程。他极其勤奋且思考缜密和富有创造力。对于运动的透彻认识促使他于 1664—1665 年在数学上做出巨大贡献——发明二项式定理及微积分。这为 1679—1684 年证明向心力平方反比定律做了准备。1667—1669 年《论流体的重力和平衡》手稿中对重力的定义与他在《论回转物体的运动》手稿中对向心力的定义很相似，可以把这一关系用到重力，继而推广到万有引力。1684 年，他写了《论运动》手稿 6 种及讲义 1 种，明确提出向心力概念，并用几何和求极限相结合的方法论证了椭圆轨道情况下的向心力平方反比关系；1685—1687 年牛顿完成《自然哲学的数学原理》，包括定义和运动定理或定律及正文三卷。万有引力定律在第三卷中完成。其中，质量的概念的讨论、运动第二定律的表示式（作用力等于加速度乘以质量）及运动第三定律的提出都与建立万有引力的需要直接相关。万有引力定律是牛顿力学体系的有机部分。

如果把行星运动简化为绕太阳的匀速圆周运动，那么从开普勒定律和牛顿运动定律出发可论证万有引力定律。

假设任一行星绕太阳运动的轨道半径为 R，周期为 T，则根据开普勒第三定律有

$$\frac{T^2}{R^3} = C_0 \tag{3.88}$$

C_0 对于各行星都相同，假设它与太阳的性质有关。于是，该任意行星的向心加速度为

$$a_n = \omega^2 R = \frac{4\pi^2}{C_0 R^2} = \frac{C_1}{R^2} \tag{3.89}$$

ω 为行星的角速率，恒量 $C_1 = \dfrac{4\pi^2}{C_0}$ 仍仅与太阳性质有关。若地球上物体以及月球绕地心的运动在性质上和行星绕日运动相同，则地球上物体和月球的向心加速度可写作

$$a_n = \frac{C_2}{R^2} \tag{3.90}$$

C_2 应仅与地球性质有关。

如果行星绕日运动和月球绕地球运动的向心加速度都是相互作用力引起的，并与该力成正比，则根据式（3.88），作用于行星的力也与 $\dfrac{C_1}{R^2}$ 成正比。同理，作用于月球或地球上其他物体的力与 $\dfrac{C_2}{R^2}$ 成正比，总之这种力可以表示为

$$F \propto \frac{C}{R^2} \tag{3.91}$$

C 与 C_1 或 C_2 有关，即与施力物体太阳或地球的性质有关。根据牛顿第三定律，太阳或地球本身也要受到式（3.90）表示的大小相等、方向相反的力。然而，这时的施力体已经变为诸行星或月球，故 C 还应与行星或月球的性质有关。这样 C 和施力体与受力体的性质都有关系。

设想任意两物体间均作用着上述引力，并用 m_1 和 m_2 分别表征各物体有引力作用时的性质，这也就是引力质量，显然上述恒量 C 应同时与 m_1 和 m_2 有关，由于正比关系最简单，可以认为引力分别与 m_1 和 m_2 成正比，即

$$F \propto \frac{m_1 m_2}{R^2} \tag{3.92}$$

同时，这种表示法有对称性，即 F 对 m_1 和 m_2 的依赖关系是相同的，引

入比例常数 G,得

$$F = G \frac{m_1 m_2}{R^2} \tag{3.93}$$

于是万有引力定律表述为:任何二物体之间均存在相互吸引力,若物体可视作质点,则二质点的相互吸引力 F 沿二质点的连线作用,与二质点的质量 m_1 和 m_2 成正比,与它们之间的距离 R 的平方成反比。比例系数 G 为对任何彼此吸引的物体都适用的普适常量,叫作引力常量,其量纲为 $L^3 M^{-1} T^{-2}$,通过实验测定其数值,是最基本的物理常量。

万有引力定律的论证包含着假设、归纳和推测。在经过实验和观测的反复验证后上升为一条定律。该定律最初在地球-月球系统得到检验。在应用万有引力定律取得成功的例子中,值得提出的是,人们曾经发现天王星的运动轨道有些异常,根据应用万有引力定律为基础的摄动理论计算的结果,发现这是由于另外一颗尚未被发现的行星的作用,并预言了它的质量和位置。1846 年,在预计位置附近果然发现了这颗星,即"海王星"。与此类似,于 1930 年发现了"冥王星"。当前的天体力学这门学科就是以开普勒定律和万有引力定律为基础的,用它可以研究天体运动的规律,确定行星的质量和轨道,计算行星、彗星、卫星的位置,在星际航行方面有重要应用。

3.5.2　宇宙速度

根据牛顿的万有引力定理,地球对于其表面的物体自然有引力作用,因此任何物体要想从地球出发进入太空就必须想办法克服这一引力。而另外一方面,物体要做圆周运动,必须有向心力来平衡离心力。因此,任何物体要想围绕地球运行,就必须满足地球对它的引力与它圆周运动的离心力平衡。

(1) 三个宇宙速度

根据圆周运动的计算公式可以得到,如果物体绕地球表面运行,则最小速度为 7.9 km/s,该速度即为第一宇宙速度(又称为环绕速度,见图 3-44)。但实际上,地球表面存在稠密的大气,物体不可能贴近地球表面做圆周运动,而只能在卡门线以上高度,才能绕地球做圆周运动。环绕地球运行的卫星,随着轨道高度的增加,环绕速度在不断减小,如地球同步静止轨道卫星的轨道高度达 35 786 km,在该轨道上运行的卫星飞行速度为 3.075 km/s,但这并不意味着卫星离开地球的速度会减小,为了克服地球引力依旧需要

171

离开地球的速度大于第一宇宙速度。

除了第一宇宙速度之外,还有必要了解第二宇宙速度和第三宇宙速度(见图3-44)。

第二宇宙速度,即离开地球束缚的逃逸速度,是指在地球上发射的物体摆脱地球引力束缚,飞离地球所需的最小初始速度。根据相关公式计算,该速度约为 11.2 km/s。

第三宇宙速度,即离开太阳束缚的逃逸速度,是指在地球上发射的物体摆脱太阳引力束缚,飞出太阳系所需的最小初始速度。根据相关公式计算,该速度约为 16.7 km/s。

月球还未超出地球的引力范围,从地面发射的月球航天器,其速度不小于 10.85 km/s 即可。

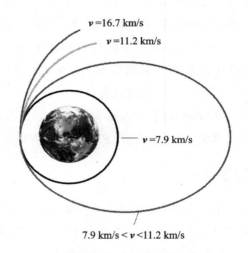

图 3 - 44　三个宇宙速度

归纳起来,航天器要想成功环绕地球飞行或飞向其他星球,最为关键的必要条件就是达到一定的速度,否则就无法进入预定的轨道。

(2)宇宙速度的计算

宇宙速度的导出如下所示,求出的宇宙速度都是理论上的最低速率,均未考虑空气阻力的影响。

> 万有引力场是具有对称性的有心力场,万有引力是保守力,可计算万有引力势能。设一静止质点质量为 M,另一质量为 m 的质点自距 M 为 r_0 处移至 r 处,万有引力做的功为

$$A_{保} = \int_{r_0}^{r} \frac{GMm}{r^2} \mathrm{d}r = GMm \left(\frac{1}{r} - \frac{1}{r_0} \right) \tag{3.94}$$

按势能定义 $E_{\mathrm{p}} - E_{\mathrm{p_0}} = A_{保}$，选两吸引质点相距无穷远处为势能零点，则 m 距 M 为 r 处的引力势能为

$$E_{\mathrm{p}} = GMm \frac{1}{r} \tag{3.95}$$

可见若取两吸引质点相距无穷远处为引力势能零点，则引力势能为负值。

若不计摩擦力等非保守力做功，受万有引力作用的质点系机械能守恒，下面用机械能守恒定律讨论宇宙速度。

一般抛射体（包括炮弹）在均匀重力场中将沿抛物线回到地面，当速度达到一定程度即第一宇宙速度 v_1 时，物体将成为一颗人造地球卫星，如抛射的速度继续增大到第二宇宙速度 v_2 时，物体还会摆脱地球的引力而成为太阳系内的一颗人造星，最后，如抛射速度增大到第三宇宙速度 v_3，物体能摆脱太阳的引力，到其他恒星世界去旅行，人造地球卫星、人造行星和恒星际宇宙飞船是探索宇宙秘密的三个阶梯，关键在于获得对应的宇宙速度，宇宙速度实质上反映了宇宙航行对于发射动力的要求。

1）第一宇宙速度（即环绕速度）v_1

第一宇宙速度即环绕地球表面做均匀圆周运动的速度，用 $R_{地}$ 表示地球半径，m 表示运动物体质量，根据牛顿第二、三定律，$mg = m \dfrac{v_1^2}{R_{地}}$，得

$$v_1 = \sqrt{R_{地} \, g} \approx 7.9 \text{ km/s} \tag{3.96}$$

第二、第三宇宙速度的计算，则可运用机械能守恒定律，忽略空气阻力等次要因素。

2）第二宇宙速度（即脱离速度）v_2

选择原点在地心，坐标轴指向恒星的惯性参考系，将质量为 m 可逃逸出地球引力范围的点和地球视作质点系，自 m 离开地球直到脱离地球引力的过程中，若不考虑其他星球的影响也不考虑空气阻力，则无外力和内非保守力做功，符合机械能守恒条件。地球的动能为 $E_{\mathrm{k地}}$，m 以 v_2 速度抛出时其动能为 $E_{\mathrm{k}} = \dfrac{1}{2} m v_2^2$，引力势能为 $-G \dfrac{m_{地} \, m}{R_{地}}$，$m_{地}$ 表示地球质量，质点远离

地球克服引力做功,动能逐渐减少而势能逐渐增加,摆脱地球引力时达到无穷远,动能消耗殆尽,引力势能达到最大值,即等于零,根据机械能守恒定律

$$E_{k地} + \frac{1}{2}mv_2^2 - G\frac{m_{地}\,m}{R_{地}} = E_{k地} \tag{3.97}$$

解出 v_2,得

$$v_2 = \sqrt{2R_{地}\,g} \approx 11.2 \text{ km/s} \tag{3.97}$$

第二宇宙速度与第一宇宙速度的关系是 $v_2 = \sqrt{2}\,v_1$。

也可以将质点 m 视作隔离体,用质点动能定理求解,因引力的功与路径无关,质点从地面到无穷远,引力做的功为 $-\dfrac{Gm_{地}\,m}{R_{地}}$,动能增量为 $\left(0 - \dfrac{1}{2}mv_2^2\right)$,可得

$$-G\frac{m_{地}\,m}{R_{地}} = 0 - \frac{1}{2}mv_2^2 \tag{3.99}$$

解出 v_2,其结果与式(3.97)相同。

3)第三宇宙速度(即逃逸速度)v_3

设质点以第三宇宙速度抛出时,其动能为

$$E_k = \frac{1}{2}mv_3^2 \tag{3.100}$$

这个动能包含两部分,即脱离地球引力所需的动能 E_{k1} 和脱离太阳系所需的动能 E_{k2},即

$$E_k = E_{k1} + E_{k2} \tag{3.101}$$

根据第二宇宙速度可求出质点脱离地球引力所需的动能 E_{k1},即

$$E_{k1} = \frac{1}{2}mv_2^2 \tag{3.102}$$

下面求 E_{k2}。因为地球绕太阳公转的椭圆轨道偏心率很小,可近似认为是圆;各行星对质点的引力比太阳对它的引力小得多,可不计,基于这两点简化并应用机械能守恒定律求解,可做如下的类比,从式(3.97)可知,质点环绕地球的速度乘以 $\sqrt{2}$ 便是质点脱离地球引力所需的速度,与此相类似,质点随地球环绕太阳公转的速度乘以 $\sqrt{2}$ 也就应该等于质点脱离太阳引力所需的速度,根据观测,地球公转的速度等于 29.8 km/s,所以质点脱离太阳引力所需的速度应该是

$$v_2 = \sqrt{2} \times 29.8 \text{ km/s}$$
$$= 42.1 \text{ km/s} \tag{3.103}$$

如果准备飞出太阳系的质点的发射方向与地球公转的方向相同,便可充分利用地球公转的速度,这样,射出的质点在离开地球时只需要有相对于地球的速度为

$$v' = (42.1 - 29.8) \text{ km/s}$$
$$= 12.3 \text{ km/s} \tag{3.104}$$

达到此速度便可以摆脱太阳系,与此相对应的动能为

$$E_{k2} = \frac{1}{2}mv'^2 \tag{3.105}$$

既能摆脱地球引力又能摆脱太阳引力所需要的总能为

$$E_k = \frac{1}{2}mv_3^2 = E_{k1} + E_{k2} = \frac{1}{2}mv_2^2 + \frac{1}{2}mv'^2 \tag{3.106}$$

即

$$v_3^2 = v_2^2 + v'^2 \tag{3.107}$$

可求出第三宇宙速度

$$v_3 = \sqrt{v_2^2 + v'^2}$$
$$= \sqrt{11.2^2 + 12.3^2} \text{ km/s} = 16.7 \text{ km/s} \tag{3.108}$$

(3) 获取速度的方式

那么,如何才能使航天器达到所需的宇宙速度呢?要用运载火箭。火箭是通过向后喷射高温高压气体而产生反作用力前进的。为了使火箭最终达到一定的飞行速度,就需要不断地向后喷射高温高压气体。

理论和实践证明,火箭飞行速度决定于火箭发动机的喷气速度和火箭的质量比。发动机的喷气速度越高,火箭飞行的速度越高;火箭的质量比越大,火箭飞行能达到的速度越高。这里,火箭的质量比是火箭起飞时的质量(包括推进剂在内的质量)与发动机关机(熄火)时刻的火箭质量(火箭的结构质量,即净重)之比。因此,质量比大,就意味着火箭的结构质量小,所携带的推进剂多。当然,现代火箭还有多级,在使用完一级火箭的燃料后,就把这一级火箭抛掉,并启动下一级火箭,这样整个火箭的质量就小了,火箭的加速性能可以得到提高。在航天器的发射中,运载火箭只是将人造卫星等航天器运输到一定的高度并达到一定的速度,而要去往月球、太阳及其他行星的探测器,还要依靠卫星自带的火箭发动机继续改变其速度的大小和

方向进行变轨。由于卫星所携带的燃料有限,在飞往其他行星的途中,为了节省燃料还要向其他行星"借力"进行加速或减速。

(4)飞往各大行星的最小出发速度

向地球之外的其他行星发射探测器,沿着最小能量航线飞行,所需要的最小速度和航行时间如表 3-1 所列。

表 3-1 飞向其他行星的最小速度及航行时间

目标行星	水 星	金 星	火 星	木 星	土 星	天王星	海王星
需要速度/(km·s^{-1})	11.6	11.5	11.6	14.2	15.2	15.9	16.2
航行时间/年	0.29	0.42	0.71	2.75	6	16	30

前往各大行星的探测器沿最小能量航线飞行,需要特定的出发日期,要隔几个月甚至几年才有 1 次机会。从地球飞向太阳系的其他七大行星,飞往火星的最佳机会最少,大约相隔 2 年 2 个月才有 1 次;飞往金星的最佳机会大约 1 年 7 个月有 1 次;飞往水星的机会最多,4 个月就有 1 次;飞往木星、土星、天王星和海王星的最佳机会每年有 1 次。

这些探测器如果要返回地球,也不是随便什么时候都可以返航的。飞往火星的探测器要想飞回地球,必须在飞到火星那里后,先成为火星的卫星等待一段时间,然后才能离开火星飞回地球;这个等待时间长达 450 天,加上探测器往返地球和火星的时间 519 天,总共需要 969 天。飞往金星的探测器在接近金星后,需要作为金星的卫星停留 475 天,才能返回地球,加上往返地球和金星的时间,总共需要 767 天。去木星的探测器接近木星后,需要作为木星的卫星停留 215 天,才能返回地球,加上往返地球和木星的时间,总共需要 2 215 天。

上述航行时间是比较理想的情况,实际中由于各大行星的相对位置在不断变化,探测器往返地球和各个行星的时间往往比上述时间长。水星探测器的情况非常特殊,飞向水星不需要太长时间,但要成为水星的卫星却不那么简单。2004 年 8 月发射升空的美国"信使"号水星探测器,历时 6 年多才进入水星轨道,成为第一颗进入水星轨道的探测器。水星虽然离地球不算太远,但是要发射探测器成为水星的人造卫星,却并非易事,由于水星离太阳很近,想要克服太阳的拖曳而进入水星的轨道,必须走一条迂回曲折的道路,需要进行多次的减速。自发射以来,"信使"号已多次飞越金星、地球和水星进行减速,在这些"引力辅助"下的机动过程中,大大消耗了"信使"号所携带的燃料,为此"信使"号进入水星轨道后所剩燃料已经非常有限了。

3.5.3 火箭推进原理

火箭发动机是一种利用燃料燃烧后喷出的气体产生反冲推力的发动机。它自带燃料和氧化剂,因而可以在空间任何地方启动。火箭技术在近代有很大的发展,火箭炮以及各式各样的导弹都利用火箭发动机作为动力,空间技术的发展更以火箭技术为基础。各式各样的人造卫星、飞船和空间探测器都是靠火箭发动机发射并控制航向的。

火箭飞行原理分析可参见图 3 – 45。其计算公式如下。为简单起见,设火箭在自由空间飞行,即它不受引力或空气阻力等任何外力的影响。

把某时刻 t 的火箭(包括火箭体和其中尚存的燃料)作为研究的系统,其总质量为 M,以 v 表示此时刻火箭的速度,则此时刻系统的总动量为 Mv(沿空间坐标 x 轴方向)。此后经过 dt 时间,火箭喷出质量为 dm 的气体,其喷出速度相对于火箭体为定值 u。在 $t+dt$ 时刻,火箭体的速度增加为 $v+dv$,在此时刻系统的总动量为

$$dmg(v-u)+(M-dm)(v+dv) \tag{3.109}$$

由于喷出气体质量 dm 等于火箭质量的减少,即 $-dM$,所以上式可写为

$$-dMg(v-u)+(M+dM)(v+dv) \tag{3.110}$$

由动量守恒定律可得

$$-dMg(v-u)+(M+dM)(v+dv)=Mv \tag{3.111}$$

展开此等式,略去二阶无穷小量 $dM \cdot dv$,可得

$$u\,dM+M\,dv=0 \tag{3.112}$$

或者

$$dv=-u\frac{dM}{M} \tag{3.113}$$

设火箭点火时质量为 M_i,初速度为 v_i,燃料烧完后火箭质量为 M_f,达到末速度 v_f,对上式积分则有

$$\int_{v_i}^{v_f}dv=-u\int_{M_i}^{M_f}\frac{dM}{M} \tag{3.114}$$

由此得

$$v_f-v_i=u\ln\frac{M_i}{M_f} \tag{3.115}$$

此式表明,火箭在燃料燃烧后所增加的速率和喷气速率成正比,也与火箭的始末质量比的自然对数成正比。

如果只以火箭本身作为研究的系统,以 F 表示在时间间隔 t 到 $t+dt$ 内喷出气体对火箭体(质量为 $M-dM$)的推力,则根据动量定理,应有

$$F\,dt = (M - dM)\,[(v + dv) - v] = M\,dv \qquad (3.116)$$

将上面已求得的结果 $M\,dv = -u\,dM = u\,dm$ 代入,可得

$$F = u\,\frac{dm}{dt} \qquad (3.117)$$

此式表明,火箭发动机的推力和燃料燃烧速率 dm/dt 以及喷出气体的相对速率 u 成正比。例如,一种火箭的发动机的燃烧速率为 1.38×10^4 kg/s,喷出气体的相对速率为 2.94×10^3 m/s,理论上它所产生的推力为

$$F = 2.94 \times 10^3 \times 1.38 \times 10^4 = 4.06 \times 10^7 (\text{N})$$

这相当于 4 000 t 的海轮所受到的浮力!

假设火箭质量比为 9.0,喷气速度约为 2.5 km/s,所能得到的火箭末速度约为 5.5 km/s,仍小于第一宇宙速度 7.9 k m/s。为此需要发展多级火箭,用完一级火箭后通过分离技术抛掉使用完的这一级火箭以减轻箭体质量,再启动下一级火箭,以使卫星进入轨道时达到所需要的速度。

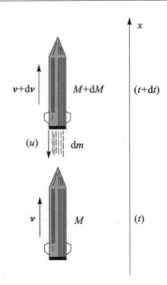

图 3 - 45　火箭飞行原理

如图 3 - 46 和图 3 - 47 所示,火箭将卫星(或飞船)送到几百千米的预定

轨道高度,这通常采用多级火箭发射来完成。前一级燃尽燃料后,空壳自动脱落以减轻重量,从而提高火箭的加速性,同时下一级火箭点火启动,使得火箭主体继续加速,以此类推,最后一级火箭使得卫星(或飞船)达到预定的高度和速度后,星箭分离(或船箭分离)、卫星(或飞船)入轨。

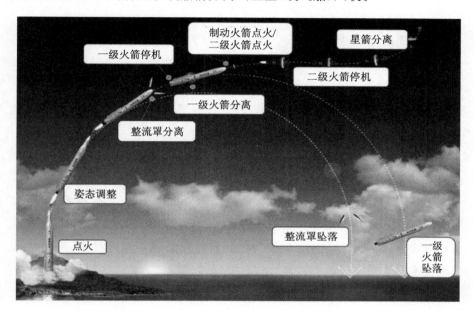

图 3 - 46　火箭的发射过程

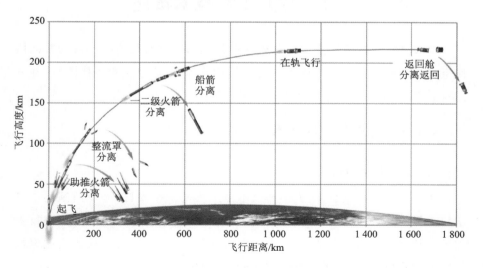

图 3 - 47　运载火箭发射过程——飞行高度和飞行距离的变化

第4章 空天工程技术

在前面的三章里,我们介绍了工程和空天工程的含义,回顾了航空、航天工程的发展脉络,梳理了空天工程的主要科学基础。科学揭示规律,科学指明方向,但科学不会自发地产生技术,需要人们在实践中,通过发明和创造,获得适用技术,并通过持续进步和积累,构建起技术体系,以满足完成复杂与大型工程之需。

无数先驱缔造了一个又一个辉煌的空天工程,而更多改变生活、改变社会的新空天工程正等待我们去创造。怎样才能不负历史、无愧使命呢?需要在学习空天工程的科学知识的基础上,研究和掌握空天工程技术,以及相应的工具与方法。本章将从工程技术的概念出发,对空天工程技术及其体系进行诠释,概要介绍设计、制造、材料、试验及系统工程等技术,并对空天工程技术的未来发展做出前瞻。

4.1 空天工程技术概述

本节首先介绍工程技术的内涵与特点,依据"技术是为某一目的共同协作组成的各种工具和规则体系"的定义,引出空天工程技术及其体系,并分别对航空、航天工程技术体系进行简要分析。

4.1.1 什么是工程技术

1. 工程技术的含义

在第一章里,曾经指出科学与技术是工程的两个支柱,并专门阐述了科学与工程的关系。科学中的应用科学,也称工程科学,是直接导引工程技术的科学基础。应用科学是科学,也可以看作先期技术,因为其成果也能直接作用于物质形态,而技术自身也同样创造知识。

技术作为一种人类的创造性活动,与工程有着密切和直接的关系。技术是工程的先导,没有技术的储备和支撑,就没有工程。但同时,没有工程的需求牵引,技术也不会被系统性地开发和应用。

工程的发展和技术的支撑,两者结合,产生了工程技术的概念,即工程技术是在应用科学指引下,把技术发展的研究成果用于生产过程,以达到预定目的的手段和方法的总称。其基本任务是解决工程问题,基本特点是工程实用性。技术与工程相辅相成,相得益彰,成就了千姿百态的人类文明。

工程技术的基本特点与技术的特点完全相同,包括目的性、社会性、多元性和可传授性等。其不同点在于工程技术具有突出的综合性和经济性。这些特点,反映了工程技术的本质特征,体现出客观和主观、自然规律和社会经济规律、局部和整体的辩证统一。

综合性——随着工程的难度与规模增大,所需要的技术门类日益增多,其复杂度也越来越高,因而工程技术呈现集群的形态,综合性十分鲜明。工程技术通常是许多学科的综合运用,不仅要运用基础科学、应用科学等知识,综合应用相关技术领域的成果,有时还要运用社会科学的理论成果。而在一个工程项目中,更需要多领域、多专业工程技术的综合应用,即按照总体最优的原则进行集成、权衡和折中。

经济性——由于工程技术应用的物化形态既是自然物,又是社会经济物,它不仅要受自然规律的支配,还要受社会规律,特别是经济规律的支配,因此,工程技术又要以追求经济性为目标。不符合社会要求,不能提高劳动生产率和带来经济效益的工程技术,无法存在或发展。随着现代工程的复杂化、大型化和高投入,经济可承受性也已成为众多工程项目自身存亡攸关的重大问题。

航空航天领域的科技工作者主要从事工程技术的研究与应用。工程技术可以认为是应用科学里的工程科学与用于工程的技术的总称。其基本任务是解决工程问题,但需顺应学科融合之趋势,注重科学知识的学习与积累,使工程技术具有更坚实的科学基础,并能动地揭示和提升工程技术的科学本质,使其理论化和体系化。

2. 工程技术的发展

工程技术的发展大致经历了制造石器工具时期、制造青铜/铁工具时期、第一次工业革命(蒸汽时代)、第二次工业革命(电气时代)、第三次工业革命(信息时代)几个阶段(见图 4-1)。

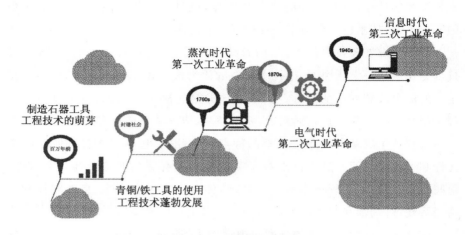

图 4-1　工程技术的发展阶段

（1）制造石器工具时期

从制造石器工具开始，原始人类就有了最早的技术。经过上百万年持续改进石器工具，又经过了几十万年的摸索，人类学会人工取火，这对人类文明的发展产生了巨大的推动作用，第一次使人支配了一种自然力，从而把人同动物分开。约两万年前，人们开始使用弓箭，烧制陶器等，出现萌芽形态的工程技术。

（2）制造青铜/铁工具时期

大约距今六千年到四千年，人类掌握了冶炼铜和制作铜器的技术；公元前 1 400 年，掌握了冶铁技术和制作铁器。青铜/铁工具的使用，推动了生产力的提高，漫长的原始社会解体，阶级社会出现。在这个历史时期，工程技术开始迅速发展，集中表现在水利工程、建筑工程和冶金工程中。

（3）第一次工业革命

人类社会中工程技术的大发展是在三次工业革命中伴生的。第一次是在 18 世纪 60 年代开始的第一次工业革命中，以蒸汽机的发明和广泛使用为主要标志，促进了近代工程技术的产生和发展。蒸汽机的发明主要是由于英国的纺织业和采矿业的需求，但其技术的应用则要广泛得多，蒸汽机似乎成为适用于一切工业部门的"万能动力"，蒸汽轮船（1807 年）和蒸汽机车（1817 年）相继出现，使交通运输业发生了革命。英国工程师威廉姆·汉森设计了"空中蒸汽车"，但未获成功。这个时期的自然科学也获得大发展，新实验、新材料、新定律、新学说如雨后春笋；力学更加成熟，分子物理学、电磁学、化学、生物学等领域取得新成就,为工程技术的蓬勃涌现及其理论化、科学化奠定了基础。

(4)第二次工业革命

19 世纪中叶,电能作为新能源登上历史舞台,人类进入了"电气时代",第二次工业革命由此开启。在第二次工业革命中,科学与技术紧密结合,科技创新与生产应用之间强烈互动,带来了工程技术发展的新浪潮。人类历史上出现了以电为基础的现代物质文明,在电磁领域科学发现的指导和推动下,19 世纪上半叶先后发明了化学电池(1800 年)、直流电动机(1834 年)、电报(1844 年)等,在工业革命中又先后诞生了直流发电机(1870 年)、电话(1876 年)、交流电动机(1888 年)等,"电"工程技术的进步蔚为大观。

第二次工业革命的另一项重大成果是内燃机的发明和使用。19 世纪末,德国科学家奥托和狄塞尔使内燃机成为实用的动力机。内燃机的发明和应用使农业生产技术及汽车业发生重大革命,促进了大工业和城市的发展;也为 1903 年人类第一次载人可控飞行做好了适用动力的准备。人类飞翔的梦想终于在 20 世纪初得以实现,并以此为标志,航空工程技术进入群体发展的历史阶段,开启了持续半个世纪的航空"活塞时代"。

(5)第三次工业革命

20 世纪四五十年代兴起的第三次工业革命,带来了以原子能、计算机和航空航天为主要内容的第三次工程技术大发展。其内容较之前两次更丰富,影响也更为深远。

原子能的开发和利用,导致 20 世纪四五十年代出现原子弹、氢弹,核动力开始用于舰艇,核能发电技术得到大范围应用。第二次世界大战期间,对高速飞行的喷气飞机的控制和导弹的弹道计算,促进了电子计算机的发展。此后,电子计算机广泛应用于自动控制,促使工业生产迅速实现自动化;以电子计算机为基础的现代信息技术获得前所未有的发展,深刻影响着现代生产、经济、科学和人类社会生活的各方面。在这个时期,航空步入喷气时代,航空工程技术体系日臻完善。在诸多航天工程的牵引下,航天工程技术也得到系统的发展,逐渐形成独立门类。航空航天工程技术广泛用于军事、国民经济和科学研究的许多方面,人类开创了第三维活动空间,并正进入广阔无垠的宇宙。

综上所述,现代工程技术是伴随三次工业革命而发展起来的。这三次工程技术的大发展,使社会化的大生产与现代科学技术更加密切地结合在一起,极大地提高了社会生产力和劳动生产率。工程技术发展的历史表明,工程技术的重大突破与集群发展,能够促进社会进步,带来经济繁荣。任何国家,不管国情与制度如何不同,都必须高度重视和大力发展科学技术,这是强盛国力的根基。

第三次工业革命引发的工程技术发展浪潮还在继续,以电子与信息为中心,以能源、材料、航空航天、生物遗传、人工智能等为代表的工程发展方兴未艾,人类认识自然和改造自然的能力正在获得新的提升。科学界也有观点认为,第四次工业革命已经开启,让我们继续关注并拭目以待。

> **小贴士:内燃机**
>
> 第一、第二次工业革命中,分别诞生了蒸汽机(外燃机)和内燃机。通常所说的内燃机主要指活塞式内燃机。这种热力机械,将燃料在内部与空气混合,在汽缸内燃烧,产生高温高压燃气,推动活塞做功,再通过传动机构,使机械功驱动机械。1885年世界第一台内燃机由德国人卡尔·本茨研制成功;美国人查尔斯·曼利和查尔斯·泰勒分别作为航空先驱兰利和莱特兄弟的助手,研制出用于飞机的活塞发动机,后者随"飞行者1号"的成功而成为第一款真正意义上的航空发动机,并由此开启了航空的"活塞时代"。

4.1.2 什么是空天工程技术

空天工程技术,也称航空航天工程技术,是指人类在实现飞行梦想的伟大实践中,通过不间断发明和创造,而形成的研发、生产和使用航空航天产品的手段、方法、工具和技能的集合。

较之一般工程技术,空天工程技术具有综合性强、研发投入大、风险性高等特点,因此更需要利用、借鉴与集成相关领域技术成果,需要以战略眼光超前规划与布局,需承受更大的经济与社会管理方面的压力。

空天工程技术成果集中了众多科学技术领域的成就,经过许多先驱者和杰出人物的建树,经过航空从业者的艰苦努力,已构成完备的技术体系,并继续快速发展。在空天工程技术的直接支持下,各类飞行器先后问世,性能不断提高。在取得大气层内活动的愈来愈多的自由,并形成强大的航空产业后,自20世纪50年代始,以第一颗人造地球卫星发射成功和"阿波罗"登月工程为标志,人类开创了航天新纪元。

空天工程技术的发展是一个漫长的过程。第一次工业革命之前的漫长积累,为空天工程技术的出现做好了科学准备。19 世纪末呼啸而来的第二次工业革命,为空天工程技术的集中涌现做好了工业基础与技术工具的准备。进入 20 世纪以来,空天工程技术迅速发展,成为人类认识和改造自然全部活动中特别活跃、特别有影响的技术领域之一,也成为现代人类文明高度发展的重要标志。

空天工程技术集中了众多相关技术领域的新成就。迄今为止的航空航天活动,虽只是人类离开地球这个摇篮的最初几步,但其伟大意义已远远超出科学技术范畴,对政治、经济、军事和人类社会生活都产生了广泛而深远的影响。

空天工程技术范畴里的大部分技术,对于航空和航天是通用的。主要有:飞行器设计、制造、材料、试验、信息、控制等,但各自又有不同的特点和要求。如航天特色比较鲜明的技术有:火箭推进、航天器发射与回收、轨道/姿态控制、遥测与测控、防热结构、太空生命保障、太空环境模拟与试验等。

现代空天工程的实施与完成,不能依靠单项或若干项技术的支撑,而必须依赖复杂和多维度的技术体系,即空天工程技术体系。我们需要建立空天工程技术体系的概念,了解这个体系的架构和内容,了解组成这个体系的技术分支之间的关系。

以下将简要介绍空天工程技术体系的构成。在从宏观上了解这一体系后,我们选取航空航天共性的设计、制造、材料、试验及系统工程等技术领域,逐一介绍。最后,对于未来发展所需关注的关键技术,特别是颠覆性技术,也予以概略讨论。

4.1.3 关于空天工程技术体系

1. 空天工程技术体系概述

任何一项空天工程都是大系统,靠单项技术是不能成就的,必须赖以系统的技术综合应用,才能达到既定的目的。技术体系的概念就是这样产生的。

技术体系是指按一定目的,将各种相互关联、相互作用的技术,以一定结构形式组合而成的集合。空天工程技术体系就是为满足航空航天发展需要,将有关技术结合起来而成的一个整体。它是针对使用目的,将全部技术分支按相互关系和层次关系构造的技术图谱。

技术体系是一个复杂的、纵横交错的立体网络结构,其最重要的影响因素来自两个维度,一是产品构成维度,二是研发流程维度。一般说来,技术体系既包括按产品研发生产流程而产生的全部技术,也包括按产品物理构成形成的全部技术。由于其覆盖技术门类众多,常采用按产品结构和按流程专业相结合的技术体系构造法。在技术体系中,以本行业专用技术为主,提供支撑的基础领域通用技术为辅(侧重于航空或航天的特殊需求)。

技术体系与"技术结构"概念密切相关。技术结构也称技术分解结构(TBS,Technology Breakdown Structure),是根据系统的组成与复杂程度,将系统表达为子系统与部件的组合,再将子系统与部件分解为若干项技术(技术单元)的组合。如此,则子系统、部件、技术单元就构成一个层次化组合构建的完整系统,这个系统就称为 TBS。其主要特征是:以具体的技术单元为终端。

空天工程技术由基础技术、专业技术、综合技术和相关工业技术构成(见图 4-2)。基础技术指为其他技术服务的共需技术,如计算机、制造、材料、测试、可靠性、维修性、适航性及管理技术等。专业技术是指飞行器"平台"所需技术以及"平台"上的载荷技术:"平台"技术如气动、结构、强度、动力系统、飞控系统等;载荷技术如武器火控、电子对抗、数据通信、电子综合等。综合技术是指通过顶层设计,将飞行器上各种软、硬资源组成优化系统,实现提高飞行器总体运作效能的技术。相关工业技术是指本行业和相关行业支撑和保障航空工业的配套技术,如设备、仪器、机电零件、电子元器件等。

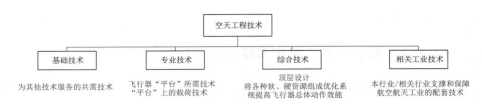

图 4-2　空天工程技术

2. 航空工程技术体系

航空工程技术体系的基本架构:按产品实物构成,分解出第一层次,即飞行器总体、航空动力、机载系统、机载武器、材料制造、通用技术等;再分解出第二、第三层次的技术单元;还可根据需要,继续分解。表 4-1 为一种航空工程技术体系示例(三级)。

表 4-1　一种航空工程技术体系示例

一 级	二 级	三 级
飞行器 总体技术	飞行器总体 综合技术	顶层设计、分析及论证技术；综合控制设计技术； 飞行器及系统仿真技术；经济可承受性设计技术； 总体综合/优化设计技术；飞行器总体布局设计技术； 技术风险与技术成熟度评估技术
	飞行器平台 设计技术	任务系统总体设计技术；总量特性估算和控制技术； 隐身技术；气动布局设计技术；总体布置设计技术； 结构布局设计技术；稳定性和操纵性设计技术
	航空流体 动力技术	飞行器气动设计技术；应用水动力技术； 飞行器水动力设计技术；流体动力计算技术； 应用空气动力技术；流动动力试验技术
	飞行器结构强度技术	智能结构强度设计技术；热结构技术； 金属结构强度技术；飞机结构强度试验技术； 金属结构强度技术；飞机结构强度试验技术
航空动力 技术	发动机总体 综合技术	总体性能与结构优化设计技术；适航技术； 环境特性设计与隐身技术；稳定性设计与评定技术； 发动机仿真技术；技术经济设计技术； 发动机结构完整性设计技术
	发动机部件与 系统设计技术	进排气系统技术；风扇及压气机技术； 控制系统与附件技术；涡轮技术；辅助系统技术； 机械与传动系统技术；燃烧室（加力燃烧室）技术； 预测与健康管理系统技术；封严技术与空气系统技术
	其他动力 技术	活塞发动机技术；冲压发动机技术； 非传统新型航空动力技术；航改燃气轮机技术
机载武器 技术	机载武器 综合设计技术	总体综合设计技术；新概念机载武器技术； 综合仿真试验技术
	机载武器 专用技术	制导技术；动力技术；引战技术；发控技术

一级	二级	三级
机载系统技术	飞行控制技术	飞控总体综合设计技术;自动飞行控制技术; 电传操纵技术;飞控部件技术
	航空电子技术	航空电子总体与综合技术;光电探测与对抗技术; 任务管理与火力控制技术;飞行管理系统技术; 机载信息处理技术;通信/导航/识别/监视技术; 座舱显示控制技术;指挥控制系统;飞行数据管理技术; 射频探测与对抗技术;惯性导航与定位技术
	机载机电技术	多电/全电系统技术;燃油系统技术;液压系统技术; 空降空投系统技术;机载机电总体综合设计技术; 第二动力系统技术;环境控制系统技术; 防/除冰系统技术;电力系统技术; 机轮刹车系统技术;防护救生系统技术
材料与制造技术	航空制造技术	表面工程技术;精密和超精密成形技术;检测技术; 航空电子高密度组装技术;复合材料构件制造技术; 机械加工技术;数字化设计/制造/管理一体化技术; 热加工及精密成形技术;特种加工技术;装配技术; 连接技术
	航空材料技术	先进复合材料技术;特种功能材料技术; 高温结构材料技术;材料检测与评价技术; 高强、高韧合金技术;材料设计与建模技术
试验与试飞技术	试验技术	飞行器综合试验技术;飞行器系统试验技术; 飞行器平台试验技术;动力试验技术
	测试技术	试验测试技术;软件测试技术; 故障诊断测试技术;测试传感器技术
	飞行试验技术	飞机试飞技术;特种任务试飞技术; 发动机试飞技术;试飞保障技术; 机载系统试飞技术;重要试验设备与设施设计技术
通用技术	航空"五性"技术	可靠性技术;测试性技术;维修性技术; 安全性技术;保障性和综合保障技术
	航空信息化技术	信息化安全技术;全生命周期数字化管理; 产品协同开发平台技术;设计软件开发与应用技术
	技术基础	航空标准规范;航空情报; 航空计量技术;知识产权与专利

中国航空工业集团股份公司目前使用的是拥有 7 个一级、22 个二级、157 个三级技术单元的航空工程技术体系。整个体系经过了多轮修改,还将与时俱进地继续修订和完善。

3. 航天工程技术体系

航天工程技术体系是航天活动和航天器产品开发所需技术的集合,是在探索、开发和利用太空以及地球以外天体的工程实践中形成,涵盖航天系统,特别是航天器和航天运输系统设计、制造、试验、发射、运行、返回、控制、管理和使用等环节与内容的结构化技术体系。

航天工程技术体系是在 20 世纪上半叶航空工程的基础上发展起来的,围绕航天器研发与使用,在丰富和独立的航天实践中,形成了不同于航空工程技术,具有鲜明特色的诸多航天技术。随着其他相关科学技术,如通信、导航、遥感、测绘、探测、计算机等在航天工程中的应用,还产生了一些新的交叉、融合技术,扩展了航天技术的内涵与范围。

航天工程技术体系中包含的主要专门技术有:

喷气推进、火箭制导与控制、航天器轨道控制、航天器姿态控制、航天器热控制、航天器电源、遥测、遥控、生命保障、火箭设计与制造、航天器设计与制造、火箭与航天器试验、飞行器环境模拟、航天器发射、航天器返回、航天测控、航天器信息获取和处理、航天系统工程等。

我国航天科技工作者规划和构建这一体系的基本方法是:根据产品体系,形成产品路标规划,围绕支撑产品研发所需技术,开展自顶向下的逐层分析。技术层级依次为:体系技术、系统技术、分系统技术、专业技术、子技术,直到更细的技术,将它们按照隶属关系形成树状结构,称为技术树。技术树是工程技术体系建设的基础。

航天工程技术体系涵盖内容复杂,根据不同对象,有不同表述。表 4 - 2 所列为以航天器为对象的一种工程技术体系(三级)。

表 4-2 航天工程技术体系示例

一 级	二 级	三 级
航天器平台与综合技术	航天器总体技术	①总体设计与优化技术；②部件制造与装配技术；③测试与环境模拟试验技术；④可靠性验证技术
	航天器平台技术	①航天器结构与机构技术；②航天器热控制技术；③航天器制导、导航与控制技术；④航天器电源技术；⑤航天器综合电子技术
航天器有效载荷技术	信息获取技术	①遥感与地球测量技术；②导航信息获取与处理技术；③环境探测技术
	时空基准技术	①时间基准技术；②空间基准技术
	信息传输技术	①空间无源与有源通信技术；②数据分发与加密传输技术
	物质与能量传输技术	①物质传输技术；②能量传输技术
航天器发射与返回技术	航天器发射技术	①加注、瞄准与指挥控制技术；②安全控制与逃逸救生技术
	航天器返回技术	①返回控制与制导技术；②再入防热技术；③减速与着陆系统技术
航天器运载系统技术	设计制造技术	①总体与结构设计技术；②运载系统控制技术
	安全与保障技术	①试验与可靠性技术；②推进剂与安全性技术
航天器运行与测控技术	任务管理技术	①资源调度和任务规划技术；②运行控制方案生成技术
	运行控制技术	①飞行轨迹与轨道测控技术；②姿态与工作状态测控技术
	测控系统技术	①测控网(站)构建技术；②测控任务管理技术
载人航天器技术	载人航天器综合技术	①设计、制造与试验技术；②发射、运行与返回技术
	航天医学工程技术	①环境控制与人机工效技术；②生命保障与应急救援技术
航天器军事应用技术	空间态势感知技术	①侦察、监视与预警技术；②空间战场环境探测技术
	空间攻防技术	①进攻性空间武器技术；②空间防御技术

4.2　飞行器设计

无论航空器或航天器如何复杂,技术体系如何宏大,其最基本的支撑是设计、材料、制造和试验等技术,而设计是全部过程的起始。飞行器设计是空天工程中最富创造性的基础性环节。本节将简述飞行器设计的过程与内容,以及飞行器设计理念与方法的演进等,主要以飞机为例,介绍相关内容,探讨一些专门性问题。但其中一些综合性内容具有普适性,也适用于其他飞行器设计;在论述这些内容时,适用对象使用"飞行器"一词而非"飞机"。

4.2.1　飞行器设计的任务与方法

人类的飞翔梦是从憧憬鸟儿飞翔开始的,因此最早的设计理念就是仿鸟。在经历漫长而曲折的探索后,终于找到了借助人造器械而非直接改变人体自身的途径实现飞行。此后,设计作为工程技术的方法与工具不断完善,构成一个完备的体系。但不管怎样改变,先有一个灵感或创意,而后将其方案化,进行概念验证,再进入工程设计,最后成为一个产品化的飞行器,这是"设计"亘古不变的路径。正因如此,英语中把 novel 作为创意、创新的代名词,旨在强调其新颖、新奇。

1. 设计的基本任务

飞行器设计是制造飞行器的预先计划,是一种具有创新性、集成性和复杂性的智力劳动,它是研制飞行器的蓝本与基础。其基本任务是根据用户需要,综合利用相关标准、规范、经验及科学技术的成果与工具,用工程语言拟定飞行器全套技术文件,用以指导飞行器制造、试验和使用的全过程。同时,它也是研究飞行器设计理论、方法和设计过程的一门综合性技术学科。随着现代科技的发展和创新形态的嬗变,飞行器设计面临理念、技术和产品需求等多重挑战。

飞行器设计的主要任务,可以概括为拟定以下三类文件:

① 关于描述飞行器自身(包括飞行器总体、零部件、机载系统和装配等)

的图样、技术文件与说明书,回答"生产什么样的飞行器"的问题。

② 关于生产飞行器的方法和设备的工艺文件,回答"飞行器如何生产"的问题。

③ 关于飞行器使用维护方面的技术文件,回答用户"如何正确使用飞行器"的问题。

2. 设计的基本方法

飞行器设计的方法是逐步发展和完善的,典型的飞行器设计方法有模仿法、统计法和综合法等。

(1) 模仿法

又称相似法,是建立在相似律基础上的飞行器设计方法。20 世纪初,人类没有飞行器设计理论和经验,也没有完全掌握空气动力学知识,是通过模仿飞行动物的外形和动态来设计飞行器的。

尽管在动物进化发展的过程中,昆虫是最先获得飞行能力的,但模拟法的灵感更多地来自鸟类。鸟类的扑翼飞行和滑翔(含借助气流获得能量的翱翔),启迪人类构造人造飞行器外形、制作升力面、设计弓形曲面翼等,直到研究与模仿鸟翼的结构,设计出现代飞机的前缘缝翼、襟翼、翼梢小翼等。

飞机设计,从模仿飞行动物开始(见图 4-3),经历扑翼机、滑翔机,到固定翼,虽已成就航空伟业,但迄今,人类对于飞行动物的研究,从原理到构造,都还十分浅薄。在现代科学与技术的支撑下,模仿法正在与仿生学相结合,被赋予高新科技内涵,"模仿"已不仅是形似,更是破解奥秘、洞悉原理后的"神似",模仿法也将获得新的活力,继续发挥重要作用。

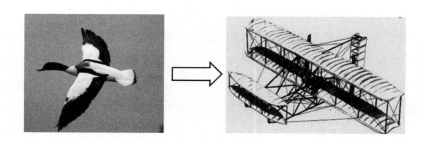

图 4-3　从自然飞行物到人造飞行物

小贴士：仿生学

仿生学指研究并在工程上实现生物功能的一门学科或一族技术群。仿生学既古老又年轻，人类模仿生物功能由来已久，但仿生学一词直到 20 世纪 60 年代才出现，由美国人斯蒂尔提出。人们认识到：某些生物具有的功能远比人工制造的机械强大且优越；研究生物体的结构与功能原理，进而用工程技术去创造出且生物功能相仿的人造产品，是创造力的源泉之一。人造飞行物的诞生是一个生动案例，但现在所有航空器的控制性能在鸟儿的"自由飞"面前仍黯然失色。

（2）统计法

统计法产生于 20 世纪 20 年代。在已经拥有设计初始经验的前提下，设计新飞机时，选定一种与设计目标接近的已有成功机型做参考，用数理统计法找出性能与设计参数的关系，经过分析对比，辅助确定新飞机的总体设计参数。

统计法的意义与价值，在于充分利用前人的经验，借鉴参考机型设计的经验教训，从而少走弯路，降低风险，但不应以此束缚创新思维而走上抄袭、雷同化的歧路。

在一些书籍和著述中，说统计法又称原准法，这种说法值得推敲。原准法的提法本身既无严谨定义，也无权威性概念出处，容易引起混乱。只有测绘仿制、改进改型或系列化发展时，才有所谓"原准机"的概念，接近"基本型"的含义，但即使在这样的情况下，也不宜使用"原准法"设计方法的概念。

（3）综合法

综合法也称系统设计法，产生于 20 世纪 60 年代，现已成为现代飞行器设计的主要方法。综合法就是根据需求，综合利用相关资源和适用方法，去开展和完成设计任务的过程与工具的集合。综合法贯穿在飞行器型式选择和参数选择的任务过程中，前者主要是定性设计，后者则为定量设计。

综合法的基本思维是把飞行器及其相关部分看作一个整体，应用系统工程理论和方法，集成相关技术，利用计算机和相关工业软件，形成多个设计方案，并通过实物、半实物或数字仿真等各种试验手段，进行验证，对整个设计方案的可行性做出工程判断，决定取舍，再通过权衡和迭代，实现寻优，进而完成飞行器的工程图样和技术文件等全部设计任务。

综合法有时需要与模仿法、统计法结合使用。

（4）关于正向设计和反向设计

在说到设计方法时，我们不能不谈正向设计和反向设计。

正向设计，顾名思义是从前至后、按序完成工程项目的设计，意指在提出明确需求后，通过创造性劳动，使用适当的工具，在所有能够调动的资源基础上，完成设计任务。

而反向设计是反其道而行之，即从一个既有的实物产品开始，通过测绘，绘制出产品图纸，反推设计原意，形成设计资料，也称逆向设计。这个既有的实物产品，被称为"原准机"倒是贴切的。

在综合能力不够，尚不能独立开展正向设计时，反向设计不失为一种实用方法，也曾发挥过积极作用。例如，我们说航空工业是从仿制起家的，意思就是说，早期的多数航空器是反向设计的产物。但这种方法，天然地抑制创新，不利于提高自主研发的水平，已经逐步被正向设计所替代，只在特别的情况下作为一种辅助手段而发挥有限作用。

空天工程的战略性与复杂性，以及我国综合国力和综合水平的不断提升，决定了测绘仿制为主的道路已不可行，正向设计是我们必须坚持的主流发展路径。引进、消化、吸收国外先进产品和技术，仍然是需要的，但已不能简单地归为反向设计或反向工程，而需要具体情况具体分析，并应努力推动再创新，以构建完整的正向设计过程。

3. 几个重要的设计理念与手段

飞行器设计是当代复杂的科技活动之一，其理念和手段十分丰富，且在不断演进。以下介绍几个重要的设计理念与手段，其中特别将"工艺设计"列入，旨在强调工艺设计的重要性和普遍意义：没有工艺设计，就没有实物产品。而涉及具体专业的一些设计理念与方法，如疲劳设计、隐身设计等，将在后面的相应章节里分别介绍。

（1）多学科优化设计

现代飞行器设计需要综合多种科学技术，涉及气动、结构、控制、推进等诸多领域，这些学科之间相互作用，相互影响，高度耦合；设计中要满足多方面的不同需求，协调多种性能要求之间的关系，甚至是冲突。传统的设计模式与流程,把不同学科和领域相割裂,未能充分利用协同效应,不仅效率低下,还极有可能失去整体的最优解。为解决这一问题,出现了多学科优化设计思想与方法。

多学科优化设计是针对复杂系统的需求,在提供多变量和相互耦合信息的基础上,实现同时满足各学科领域要求的约束性设计方法,其具有对各种方案进行有效权衡与折中的能力,以实现整体最优的结果。多学科优化设计思想与方法,已经在国内外飞行器型号研制中得到广泛应用。

多学科优化设计需要利用多专业知识和计算机工具,采用各分系统成熟的高精度数值分析模型,并行开展总体方案和分系统设计,通过充分利用分系统与总体方案之间、分系统与分系统之间的有利耦合作用,并经过权衡迭代,获得大系统的最优解。主要的工具是计算机辅助设计、计算流体动力和计算机辅助工程分析(CAD/CFD/CAE)及其他虚拟设计软件。

以战斗机外形的隐身设计为例,电磁散射特性和气动特性等对外形的要求可能是矛盾的,这就需要利用流场和电磁场各自的描述特性和计算方法,进行协调,设计出一种满足隐身要求、气动力损失又可以接受的最佳外形,或者反过来说,满足气动力基本要求,具有有限隐身能力的最佳外形,这取决于对性能需求的准确定义以及优化方法的要素权衡。

随着计算机技术、建模与仿真技术及工程分析软件的进步,综合化多学科优化设计获得新发展,新的优化算法不断涌现,使得多学科优化在飞行器设计中的作用更为重要,其应用前景也更为广阔。

(2)数字化设计

传统的飞行器设计方法是以图板绘制为主要方式的人工设计。那时,随着设计阶段的进展,需要不同级别的模型,最高级别的模型是全尺寸金属样机。设计人员完成全机的外形设计后,给出的只是各部件的一系列切面数据,部分区域给出一些二维曲线方程,而不是全机外形的精确描述。在制造环节,还必须通过手工"放样"来协调,即所谓"模线样板工作法"。

20 世纪 60 年代开始,随着计算机技术的进步,计算机辅助设计/制造(CAD/CAM)快速发展,并用于航空工业。早期的 CAD 系统是二维的,用来绘制工程图,俗称电子图板,取代了传统图板。后来发展成三维造型的产品建模软件,用来建立数字样机,以取代原有的实物样机。

20 世纪 80 年代,一些研究机构陆续开发出用于概念设计和初步设计的软件,其中,法国达索公司的 CATIA 系统最负盛名。目前,基于数字化的飞机性能分析、三维实体造型、虚拟设计、虚拟仿真(如 NASTRAN 结构有限元分析、Fluent 气动力分析等)等技术已经成熟,功能完备,应用日益广泛。

90 年代又发展出产品数据管理(PDM)技术,实施飞机构型定义和控制/制造资源管理(DCAC/MRM),实现了对设计构型、工艺计划、生产制造和服务支持的全过程覆盖。目前,几乎所有的航空航天企业都采用了数字化设计,不仅显著提高了设计质量与效率,消除了设计过程对实物模型的依赖,还促进了设计工作的并行化,进而推动了设计制造模式的根本变革。

(3) 并行设计

传统的飞行器设计是按照方案设计、初步设计、详细设计等串行流程进行的,分属于不同单位或部门的设计人员;单位或部门内,也是按分工、依时间序,串行开展工作。这种模式易造成资源浪费和时间拖延,且无法建立尽早纠错的机制。

数字化设计的推行,把改变这种串行模式变为现实。从 20 世纪 80 年代开始,并行工程(CE)的概念出现,其定义为"集成地、并行地设计产品及其相关各种过程的系统方法"。并行设计由此应运而生,即指充分利用现代计算机技术、通信技术和管理技术,打破分割、封闭的组织模式,打破串行设计流程,以集成团队(IPT)的工作方式,实现设计过程的并行和优化,特别是传统的设计工作与工艺设计的并行,从而缩短产品开发周期,提高研发效率和质量。目前,并行设计已成为普遍采用的一种组织样式和工作模式。

(4) 工艺设计

工艺设计是全部设计工作中的重要组成部分。所谓工艺,就是产品制造性的表述。工艺设计就是在一定的生产条件(设施、设备、可供使用的技术/管理能力与条件等)下,把设计的产品(包括零件、部件与整体)由纸面或计算机界面物化成为实物产品的全部过程(包括加工、处理、检验、装配和搬运等)的描述。

鉴于飞行器的复杂性,在工艺设计中,需要把整个飞行器划分成若干舱段或部件,每个舱段或部件又划分为许多组合件以至零部件。这个过程,称为工艺分解。工艺分解的重要性在于,既确认产品的可制造性,确保实现预期的产品性能,又使制造效率高、成本可控。

对于舱段、部件、组合件和零部件等不同加工对象,则需要确定合理的工艺路线,即完成加工任务所需经历的阶段,包括选用的设施设备、工装工具、加工程序等。在飞行器制造过程中,需要大量专门的刀具、模具、卡具(型架)和专用量具等生产装置,统称为"工艺装备"。工艺装备应有比产品更高的准确度和足够的刚度,对于保证产品性状的一致性、稳定性不可或缺。工艺装备的准备也是工艺设计的基本内容。

随着数字化技术的进步,计算机辅助工艺设计已经十分普及,并正继续扩展其深度与广度,向产品初始设计工作的前端延伸,以实现设计与工艺一体化。工艺设计的评审、改进与产品初始设计的优化、迭代,同步进行,相互映射,构成了现代意义的大规模并行工程。

4.2.2　飞行器设计的过程与内容

航空器和航天器设计虽有所不同,但设计的基础性内容是相同的,都包括:总体参数选择、气动设计(卫星等不在大气层中飞行的航天器除外)、结构强度设计、机舱及装载布置、动力及燃油系统设计、起降装置设计、机电系统设计、航电系统设计、重量特性控制、飞行器性能分析、稳定性和操纵性设计、保障性设计等。

各类飞行器原理、使命不同,设计目标和设计重点会有所差异。对于军机,重点是满足军事使命要求的性能,例如,对一些作战飞机要考虑隐身性、机动性和武器系统等。对于民机,重点考虑安全性、经济性、环保性、舒适性等方面的需要。对于航天器而言,则要考虑火箭动力、防热结构、遥控与通信等问题。

下面主要以飞机为例,概要介绍基础性设计内容。

1. 飞行器设计过程

通常情况下,飞行器设计过程要经过以下阶段:需求分析和可行性论证,方案设计,初步设计,详细设计(见图 4-4)。

(1)需求分析和可行性论证

此过程一般由用户和工业部门共同完成。主要任务是根据飞行器的具体用途,对性能指标和技术要求进行分析。

军用飞行器的指标和要求一般由军方提出,主要有作战对象、武器配置、典型作战剖面、机动能力、最大过载和飞行重量等。

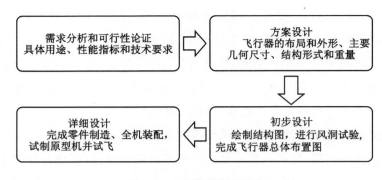

图 4－4　飞行器设计过程

民用飞行器的指标和技术要求，根据国民经济发展状况、交通运输结构、航线类别和需求、工业基础和技术水平等方面因素，综合考虑后提出，主要包括：用途，装载量或载客量，航程，速度，机场情况，可能配装的发动机和机载设备，经济性指标，可靠性、维修性和使用维护条件等。

（2）方案设计

方案设计又称概念设计，主要任务是制定飞行器的总体方案，包括：初步确定飞行器的布局和外形、主要设计参数、部件的主要几何尺寸、结构形式和重量、动力装置、机载设备和武器；初步拟定各飞行阶段的操纵方案；选择模型风洞试验等。此阶段要绘制出飞行器三视图和总体布置草图。

（3）初步设计

在早期的设计工作中初步设计也称"打样设计"。其主要工作包括：确定飞行器各部件的结构受力形式和相互连接关系，进行部位安排和重心定位，绘制各部件的结构图，进一步确定几何尺寸、重量和动力装置参数，完成气动计算、强度计算、气动弹性计算、飞行性能和操纵性/稳定性计算、系统功能计算等，进行部件、全机的风洞试验，进行系统功能试验和新结构、新材料试验，绘制飞行器三视图、结构图、总体布置图，提出各部件和各系统的设计任务书、发动机安装设计任务书和重量分配指标等。

（4）详细设计

详细设计又称工作设计，主要工作包括：根据方案设计和初步设计的结果，完成零件制造和部件、系统、全机装配的工作图样以及生产、验收的技术文件，其中包含零部件的强度、刚度、颤振和重量计算，飞机气动性能及各系统性能的精确计算等；进行飞机结构的静、动强度和疲劳试验以及特种设备和各个系统的台架试验;试制原型机并制定试飞大纲。

上述各阶段工作相互衔接,因果有序。随着数字化设计技术的成熟和并行工程的推广,现代飞行器设计已普遍采用数字样机替代传统的实物样机,并成为详细设计以至贯穿设计制造和使用维护全过程的依据。围绕全机级全属性(几何属性、物理属性等)数字样机,以集成产品团队(IPT)的形式进行协同研发,以提高设计效率和设计质量。

2. 气动设计

飞机气动设计的主要任务是研究飞机气动布局,选择翼型和机翼、尾翼及操纵面的形状与参数。飞机气动设计是一个权衡、寻优的过程,有时要通过折中、综合的方法来满足相互矛盾的设计要求。

(1) 飞机气动布局

飞机的气动布局是指不同气动力承力面(翼面)的安排形式。全机气动特性取决于各承力面之间的相互位置以及相对尺寸与形状。机翼是主承力面,它是产生升力的主要部件,前翼、平尾、垂尾等是辅助承力面,主要用于保证飞机的稳定性和操纵性。

根据辅助翼面的多少及其与机翼的相对位置,形成了四种主要气动布局形式(见图 4-5):

正常布局——也称"常规布局",水平尾翼和垂直尾翼都在机翼后。这种布局兼顾高低速性能,应用最多。

鸭式布局——水平翼在机翼之前,称为"前翼",也称"鸭翼",既产生升力贡献,又有操纵效能,是一种适合于超声速空战的气动布局。

无尾布局——也称"飞翼"布局;飞机只有一对机翼,不设置水平尾翼。其气动效率高、升阻比大、隐身性能好,但机动性差、操纵效能低。

三翼面布局——在常规布局的飞机主翼前机身两侧增加一对鸭翼,即机翼前有水平前翼,机翼后有水平尾翼的布局。三翼面布局的前翼所起的作用与鸭式布局的前翼相同,对改进机动性有较好的效果。

正常布局的典型代表有 F-22 和 F-35。F-16、F/A-18、米格-29、苏-27 为正常边条翼布局。所谓"边条",是在机翼前沿根部靠近机身两侧处增加一片大后掠角圆弧形的机翼面积,以改善大迎角时的升力。

鸭式布局的机型有 EF-2000、法国"阵风"、JAS-39"鹰狮"、歼 10 等。

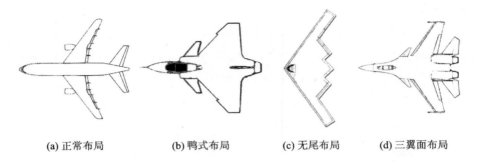

(a) 正常布局　　　　(b) 鸭式布局　　　　(c) 无尾布局　　　　(d) 三翼面布局

图 4-5　飞机的四种主要气动布局

无尾布局的机型有法国"幻影"Ⅲ、美国 F-102/106、英国"火神"轰炸机、德国 Go229 和火箭动力战斗机 Me-163 等;尤以美国 B-2 轰炸机为代表作。

三翼面布局的飞机有苏-33/34/47、美 X-15S/MTD/ACTIVE 试验机、日本 T-2CCV 试验机和德国 F-104CCV 试验机等。

小贴士:歼 20 的气动布局

代表我国当代军事航空科技最高水平的歼 20"威龙"战斗机以其出色性能震惊世界,带给国人以自豪。歼 20 的气动布局属鸭式布局,采用升力体边条与远距耦合鸭翼相组合的样式:这种独创的气动布局,可以保证飞机具有良好的机动性。歼 20 的整体外形流畅修长,可降低阻力,获得良好的超音速巡航能力;采用全动垂尾,有利于提高横向机动性;采用内埋弹仓,具有一定的隐身能力。

(2) 翼型选择

翼型是指机翼的剖面形状,由中弧线(或弯度线)和基本厚度分布叠加而成,并用一系列几何参数来表征。翼型在很大程度上决定了机翼乃至飞机的升力、阻力及俯仰力矩特性。选择翼型是飞机气动设计的重要任务之一。

经过百余年的发展,翼型已衍生出一个庞大家族。早期飞机采用颇像鸟翼剖面的大弯度薄形翼。后经大量试验研究,出现了许多优秀翼型,其中,超临界翼型最为知名:其形状特征是前缘较普通翼型钝圆,上表面平坦,下表面接近后缘处有反凹,后缘薄,且向下弯曲;采用超临界机翼可提高临界马赫数,同时不必付出增加机翼重量的代价。超临界机翼被当代大型客机、运输机广为采用。

（3）机翼外形设计

机翼是产生升力的主要部件，不同用途的飞机采用不同平面形状（外形）的机翼，如平直翼、后掠翼、前掠翼、变后掠翼、矩形翼、梯形翼、三角翼、菱形翼及边条翼等。机翼外形主要用翼展、翼弦、展弦比、前缘后掠角及根梢比等参数来表征。机翼的主要形式和参数如图 4-6 所示。

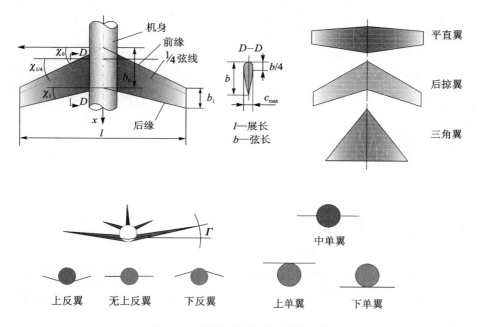

图 4-6　机翼主要形式和参数示意

翼展是指机翼左右翼尖之间的长度，翼弦是指翼型前后缘之间的长度，展弦比即翼展和平均翼弦之比。展弦比对飞机性能有重要影响，注重巡航性能的飞机选用大展弦比机翼，强调高机动性和超声速飞行的飞机选用小展弦比机翼。民航客机的展弦比一般在 10 左右，战斗机的展弦比一般为 2～4。

前缘后掠角是指机翼前缘与机体横轴之间的夹角。采用前缘后掠角，可以提高飞机速度并提高飞机的横侧静稳定性，但往往使升力特性变差，易导致翼尖失速。

根梢比为机翼根弦长与梢弦长之比。大部分后掠翼的根梢比在 2～6 范围。从结构设计考虑，用大根梢比较有利，但根梢比太大会加剧翼尖失速。

（4）尾翼设计

尾翼是安装在飞机尾部起稳定和操纵作用的气动承力面,一般分为垂直尾翼和水平尾翼,几种常见的尾翼布局形式,如图4-7所示。

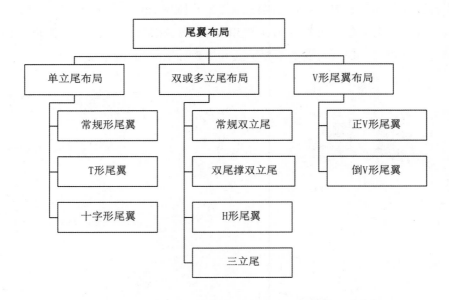

图4-7 几种常见的尾翼布局形式

垂直尾翼简称垂尾或立尾,由固定的垂直安定面和可动的方向舵组成,起方向稳定和方向操纵作用。有单垂尾、双垂尾、三垂尾、四垂尾等布局形式。

水平尾翼简称平尾,对称、水平布置在飞机尾部,由水平安定面和升降舵组成,起纵向稳定和俯仰操纵作用。平尾相对于机翼的上下位置,有高平尾、中平尾和低平尾等布局形式;有的飞机将平尾安装在垂尾的顶端,与垂尾并称"T形尾翼"。超声速飞机为提高操纵效率,将平尾做成一个可偏转的整体(不设升降舵),称为"全动平尾"(见图4-8)。为弥补因机翼展弦比小而引起的滚转操纵力矩不足的问题,可利用平尾差动产生一部分滚转操纵力矩,这种平尾称为"差动平尾"。有的大型飞机为提高飞行的稳定性,除升降舵的动作外,水平安定面在飞行中也可改变角度,这种平尾称为"可调平尾"(见图4-9)。

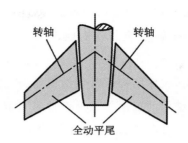

图 4 - 8　全动平尾

图 4 - 9　使用可调平尾的客机

3. 结构设计

飞行器结构是指由多个零件构成的、能够承受载荷和应力及变形,并满足规定的强度、刚度和寿命要求的结构体。结构设计的任务主要是:确定全机结构总体布局,包括选择结构分离面、确定各部件的主承力结构形式和传力路线、布置主要受力构件等;选择结构元件参数,即在结构布局基础上,选择并优化各结构元件的尺寸及材料等;进行结构细节设计,即在结构元件优化的基础上,对结构的细节,如开孔、连接、圆角等进行设计。

（1）结构设计的基本要求

结构设计的基本要求包括气动、重量、使用维护和工艺四个方面。结构应保证气动外形的准确度和表面质量,机体结构的变形应在许可范围内;结构在满足强度、刚度、气动弹性和寿命的前提下,应尽可能轻;结构设计应便于全机、分系统和结构的检查、维修与更换;设计出的结构应有良好的工艺性,便于加工制造。

对于一架飞机而言,机体结构通常包括机身、机翼、尾翼、发动机短舱和起落架等,通常用这些结构的重量与飞机正常起飞重量之比,即结构重量系数来衡量结构设计水平。降低结构重量系数是飞机设计师的不懈追求。以战斗机为例,早期战斗机结构重量系数约为 35%,经过四代的进步,到五代机时,已减至 30% 以内,美国 F-22 战斗机的结构重量系数为 28%。

随着飞机载油系数和设备重量系数的增加,对结构设计提出了更高要求。在保证飞机性能前提下的结构减重是飞机减重的关键。

(2)机身结构

机身结构包括机身、短舱、尾撑等,其结构形式可分为蒙皮骨架式(见图 4-10)、整体壁板式(见图 4-11)和夹层式(见图 4-12)三种。机身结构一般由蒙皮和内部骨架组成。机身蒙皮与机翼蒙皮作用相似,机身内部骨架由纵向骨架和横向骨架组成。

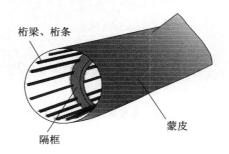

桁梁、桁条

蒙皮

隔框

图 4-10　蒙皮骨架式机身

纵向骨架由加筋条与梁组成。加筋条提供对蒙皮的支撑,加筋条与蒙皮组成加筋板,承受机身弯曲引起的轴向力。机身梁是机身主要的纵向受力构件,也用于机身开口处以加强承力。横向骨架主要由普通框和加强框组成。普通框用于维持机身的剖面形状,承受蒙皮的局部载荷,对加筋条提供支持。加强框用于传递机翼、尾翼的集中载荷,通过连接件以剪流形式将力分散传给机身蒙皮。

为满足使用和维护要求,机身结构需要设置一定数量的开口,如前起落架舱开口、内埋武器舱开口、用于发动机维护的开口以及电子舱、设备舱的

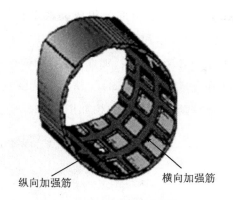

纵向加强筋　　　　横向加强筋

图 4 - 11　整体壁板式机身

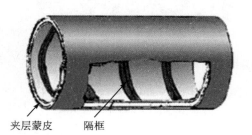

夹层蒙皮　　隔框

图 4 - 12　夹层式机身

开口等。现代战斗机的机身开口率可达 50%。为保证足够的结构刚度,需精心设计结构传力路线,在用口盖、舱门等保持几何外形连续时,需补偿应力传递路线被切断而带来的结构刚度下降。

　　大型飞机机身对气密性要求很高,同时,机身结构还要承受增、减压疲劳载荷的作用。为满足气密性要求和承受疲劳载荷,应尽量减少开口,并在门窗等必需的开口处进行局部加强设计,避免应力集中。大型飞机机身设计最困难的部位是舱门与边框。事故统计表明,密封舱疲劳破坏是大型飞机机身结构的主要破坏形式。为实现舱门机构可靠性,提高其抗疲劳特性,一般采用多路传力方式,例如,通过地板将机身设计成上下两个互为备份的传力路线。

　　(3)机翼与尾翼结构

　　机翼结构重量一般占机翼重量的 30%～50%,占全机重量的 8%～15%。机翼结构一般先按强度要求进行布局,再检查是否满足气动弹性要求,并根据分析结果改进布局。

机翼结构由蒙皮和结构骨架两部分组成。蒙皮有普通板、加筋板或夹层板等形式,用来保持机翼外形和承载,并将作用在它上面的气动力传给结构骨架。结构骨架由纵向骨架(梁、墙、加筋条等)和横向骨架(加强翼肋、普通翼肋等)构成,其作用是将蒙皮传来的气动力变为翼面的总体载荷,并与蒙皮组成翼盒传递总体载荷。机翼的结构如图4-13所示。

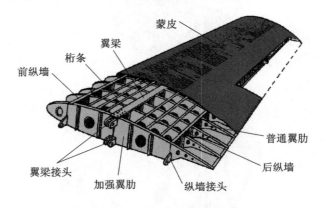

图 4 - 13 机翼结构示意

一般情况下,机翼根部承受的弯矩最大,设计时应主要考虑其强度要求;机翼中部结构设计主要考虑颤振要求;外翼部分刚度较小,后缘又安装有副翼,应主要考虑满足翼面的静气动弹性要求。

尾翼与机翼的结构形式基本相同,由于尾翼距飞机重心远,内部容积小、装载少,主要根据强度和刚度要求确定其结构布局,并应注意解决颤振问题。高速飞机的平尾多采用薄翼结构、全动平尾,全动平尾有两种形式,即动轴式和定轴式,全动平尾结构布局的关键是确定轴的位置。

(4) 结构设计思想的沿革

自从飞行器问世,结构设计就相伴而生。飞行器结构设计的根本任务是依据相应的设计思想,采用相应技术手段,设计出既安全可靠,又尽可能轻的结构。为此,结构设计思想历经多次变革,大致经历了五个阶段:静强度设计、疲劳-安全寿命设计、安全寿命-破损安全设计、安全寿命-损伤容限设计、耐久性-损伤容限设计等。后面阶段是在前面阶段基础上的进一步发展,而非替代与排斥前面的思想。目前,以可靠性分析为基础的结构完整性设计思想正在发展当中,将成为一种实用的设计方法。

这里,重点对疲劳设计和损伤容限设计作简要介绍。

1）疲劳-安全寿命设计

20 世纪 50 年代前，飞机结构都是按静强度设计的。所谓静强度设计，就是采用设计载荷法（设计载荷等于使用载荷乘以安全系数）来设计结构。设计思想是：结构在给定设计载荷下不发生破坏；经使用载荷作用，卸载后无可见的永久变形。在静强度设计中，所用材料的韧性较好，结构强度储备量较大，在重复载荷作用下疲劳破坏的可能性较小。

随着飞机性能和使用要求的提升，飞机的结构重量控制问题日益突出，在结构设计中越来越多地选用高轻合金材料，结构设计应力水平也相应提高。1952 年连续 3 架英国"彗星"号旅客机的重大事故震惊了航空界，引发了对当时所采用的按静强度和刚度要求进行结构设计的方法的变革。为了保证飞机在长期载荷历程，包括重复循环载荷下的使用安全，必须考虑结构的逐渐破坏，即疲劳破坏问题。于是，疲劳设计概念与方法被引入。

所谓疲劳，是指因循环应力或交变应力而使材料抵抗裂纹扩展和断裂能力减弱的现象。由于疲劳造成的破坏是一个累计损伤的过程，即从裂纹形成、裂纹扩展到快速断裂破坏的过程，属于低应力类脆性断裂，不易被察觉，因此具有极大的危险性。

最早在疲劳设计中采用的是安全寿命设计思想，为使飞机结构满足疲劳强度要求，疲劳强度设计准则为：

$$使用寿命 \leqslant 安全寿命 = 目标寿命/分散系数$$

式中，分散系数是考虑载荷谱、材料性能、结构制造和试验的分散性所取的系数，一般取 4～6，安全寿命设计的可靠性主要通过疲劳分散系数来保证。

近年来，疲劳分析技术发展较快，方法也较多，其基本原理主要基于材料或结构的 $S-N$ 曲线（S 代表循环应力的幅值或最大值，N 代表到断裂发生时的循环周期）。在工程应用中，材料在承受足够大的循环加载次数后仍不发生疲劳破坏的最大应力幅值，称为疲劳持久极限。在结构设计中应选择疲劳持久极限高的材料。

疲劳设计方法在本质上是在材料与结构疲劳试验基础上的一种数理统计方法，疲劳寿命可以根据材料的 $S-N$ 曲线、应力水平、结构使用环境、材料质量和制造水平等做出估算，但最终要由疲劳试验确定。

目前，在疲劳设计领域已经积累了丰富经验，已制定相应的强度与刚度、重复载荷和疲劳、破损-安全等设计规范，需要在设计工作中予以遵守，并继续发展完善。

2）安全寿命-损伤容限设计

20世纪60年代后,发生多次远未达到安全寿命但却造成结构断裂、致机毁人亡的严重事故,如美军F-111超声速变后掠翼战斗轰炸机发生机翼断裂。分析表明,安全寿命设计因其假设构件和材料均无原始缺陷,而带来固有的不适用性。随着断裂力学的发展与应用,70年代后飞机设计中引入损伤容限设计概念与方法。

损伤容限是指在规定未经维修的使用阶段内,结构对于因存在瑕疵、裂纹或其他损伤导致损坏的抵抗能力。按照损伤容限的概念来设计结构,就称为损伤容限设计。

损伤容限设计的关键是提高裂纹扩展寿命和结构剩余强度,同结构形式、缺陷检查手段和材料的断裂韧性相关,需综合考虑。

结构设计虽然不断发生演革,但直到目前,仍未完全达到确保性能要求和飞行安全,以及降低结构重量系数的理想目标,而随着未来飞行器性能的持续提升,以及延长服役年限以获得最佳经济效益的趋势,飞行器结构设计将面临更艰巨的挑战,也必将获得新的发展与进步。

小贴士:"彗星"的陨落

"彗星"(Comet)客机是英国的德·哈维兰公司(de Havilland)研制的历史上第一种喷气式民航客机。1949年7月27日,原型机首飞;1952年投入运营服务,标志着民用喷气式客机时代的到来。但在1953年至1954年间,"彗星"客机接连发生3次解体坠毁事故。调查表明,长时间飞行和频繁起降使机体反复承受增压和减压而引发金属疲劳是引发事故的原因。由此引出飞机结构设计思想的一次重大进步,即诞生了疲劳-安全寿命设计。德·哈维兰公司虽对"彗星"客机进行了机型改进,但终于不敌1958年投入商业运营的波音707客机而退出历史舞台。"彗星"客机共生产114架,有13架因发生事故而损坏,其中大多数由金属疲劳及设计缺陷造成。

4. "五性"和环境适应性设计

为保证飞行安全,提高飞行器使用效能,需要从设计阶段就充分考虑飞行器的可靠性、维修性、测试性、保障性和安全性(合称"五性",RMTSS)要求。近年来,军用飞行器对环境适应性的要求越来越高,已成为传统"五性"之外的"第六性"。一个重要的工程理念是:好产品是设计和制造出来的,而不是检验和管理出来的,"六性"是设计工作的题中之义。

(1) 可靠性

可靠性反映的是产品经久耐用和持续工作的能力,即产品在规定条件下和规定时间内完成规定功能的能力。可靠性常以任务可靠度(Rm)和平均故障间隔时间(MTBF)等参数来度量:前者表示成功完成某项任务的能力,后者反映可修复系统和设备的基本可靠性水平。如某战斗机在规定任务周期内的 Rm 为 0.9,某机载系统的 MTBF 为 6 000 h。

(2) 维修性

维修性反映的是产品发生故障后迅速恢复其功能的能力,即产品在规定的条件下和规定的时间内,按规定的程序和方法进行维修时,保持或恢复到规定状态的能力。常以平均修复时间(MTTR)和每飞行小时的维修工时(MMH/FH)来度量。前者表示排除一次故障的平均所需时间,后者反映投入维修的人力消耗。如某战斗机的 MTTR 为 1.8 h,其 MMH/FH 为 5 个工时。

(3) 测试性

测试性是指产品能够被及时、准确地确定其状态(可工作、不可工作或性能降低),并隔离其内部故障的一种设计特性,常用故障检测率(FDR)、故障隔离率(FIR)和虚警率(FAR)来度量。

(4) 保障性

保障性主要用于军用飞行器,指其满足平时战备完好性和战时利用率要求的能力;保障性是基于可靠性、维修性、测试性等设计特性基础上的一种综合特性。"计划的保障资源"是指为保证飞行器的使用和保障而规划的各种资源和条件,主要包括人员、备件、技术资料、训练、保障设备与设施、计算机资源,以及包装、储存、运输等条件;"平时战备完好性"指的是平时训练与战备值班时飞行器具有的使用可用度;"战时利用率"指的是飞行器战时出动能力和出动架次率。

(5) 安全性

安全性是飞行器必须满足的首要特性。它是通过设计赋予产品的一种特性,即产品所具有的不导致人员伤亡、产品毁坏、重大财产损失或不危及人员健康和环境的能力。常用的安全性参数有:事故率或事故概率、损失率或损失概率、安全可靠度等。军用飞机常用"事故次数/10^5 飞行小时"表示事故概率,如 F－16 战斗机的事故概率为 1.3 次/10^5 飞行小时;民用飞机常用"事故次数/10^6 离站次数"表示事故概率,如波音 757 飞机的事故概率为 1.0 次/10^6 离站次数。

(6) 环境适应性

由于军用飞行器的使用环境严酷而复杂,环境适应性问题日益突出,于是,"环境适应性"成了一项新的设计指标。该项设计的内容包括:环境属性研究、环境数据积累和环境模型的建立;确定环境适应性的技术途径和设计准则;建立真实环境和模拟真实环境下适应性验证的手段和标准等。在应对电磁环境适应性问题时,应从电磁兼容性设计扩展为适应复杂电磁环境的有效性设计。

4.2.3 飞行器设计的专门性问题

除了上述飞行器设计的普遍原则、程序和方法等内容外,对于部分军用飞行器和民用飞行器,还有一些专门性问题。这里,分别对这些问题有选择地进行初步介绍。

1. 军用飞行器设计

军用飞行器是用于严酷战场环境的军事对抗装备,其性能的好坏在很大程度上决定了其生死成败,因此,在设计上除了遵循上述普适内容与要求之外,还有一些专门的设计内容与要求,以战斗机为例,主要有以下几点。

(1) 隐身性设计

隐身性又称低可探测性。对飞机来说,它表示具有较低的被雷达、红外、可见光和声学等传感器探测到的能力。飞机隐身主要有雷达隐身、红外隐身、可见光隐身和声隐身等类型,相应地通过降低自身雷达、红外、可见光和声学等信号特征来实现。由于雷达是探测飞机的最常用方法,减弱飞机的雷达反射信号强度,成为飞机隐身性设计的主要内容。

雷达截面积(RCS)是目标的一种折算面积,用来度量目标在雷达波照射下所产生的回波强度大小,常用平方米或分贝平方米为单位。RCS 值越大,表示反射信号越强,越易被发现。"0 分贝平方米"等于 10 的 0 次方,即 1 m^2;"20 分贝平方米"等于 10 的 2 次方,即 100 m^2。RCS 是方位角、散射体的形状、雷达波的频率、发射和接收天线极化特性的函数。一架飞机的

RCS 值并不是一个单值,不同的照射方向,其值不同(见图 4 - 14)。一般以正前方±30°范围内的均值来表征一架飞机的 RCS 值,即飞机被前向雷达探测发现的程度。

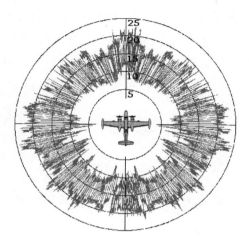

图 4 - 14　不同方向上飞机的 RCS 值

根据雷达方程,雷达探测距离与目标机 RCS 的 4 次方根成正比。假设飞机 RCS 为 0 dB(相当于 1 m²),其被探测距离为 100 km,若 RCS 减少 10 dB(达到 0.1 m²),其被探测距离减至 56 km。一般四代机正前方±30°范围的 RCS 为 1~2 m²,五代机则降到 0.1~0.3 m²。

隐身性要求使飞机设计原则发生了重大变化,在保证基本气动特性的前提下,尽量减小 RCS 成为飞机设计的重要任务。飞机外形隐身设计的主要途径有:消除能够形成角反射器效应的外形布局,变后向散射为非后向散射等。F-117 是世界上第一款隐身战斗机,采用独特的多面体外形(钻石型)以追求隐身,但气动特性损失大,机动性差,速度也较低($Ma = 0.85$),作为战斗机并非成功机型。

(2) 机动性设计

飞机在飞行中改变速度、高度和方向的飞行动作,称为"机动飞行"或"机动";单位时间内改变飞行状态的能力称机动性,这是评价军用飞机性能的一项重要指标。从飞行运动轨迹看,分为铅垂面内、水平面内和三维空间的机动飞行。铅垂面内典型机动飞行动作有平飞加(减)速、俯冲、跃升、筋斗等(见图 4 - 15)。水平面内典型机动飞行动作是盘旋,即连续转弯不小于 360°的飞行,分定常(飞行参数不随时间而变)与非定常(速度、滚转角等随时间而变,又称加力盘旋)两种。三维空间机动飞行指同时改变飞行速度、高度和方向的飞行,常见的三维空间机动飞行有斜筋斗、战斗转弯、横滚、战斗半滚等。

随着空中格斗的多样性和复杂性日增,对高性能战斗机的机动性要求也日益提高。机动性设计准则为:采用闭环控制系统和先进气动布局,使飞机具有足够的大迎角稳定性;采用先进辅助控制系统,如推力矢量技术(见图 4-16),使飞机具有更大的俯仰、偏航和滚转操纵能力,并在机动过程中保持高操纵效率等。

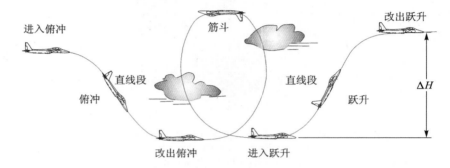

图 4-15　俯冲、筋斗和跃升机动

图 4-16　推力矢量发动机喷口

(3)武器装载设计

机载武器的品种很多,将这些武器合理地装载到飞机上,是军用飞机设计的重要工作之一。根据布置形式的不同,武器装载分为内装式(也称内埋式)和外挂式两种方式。内埋式对于气动的影响较小,但要考虑对结构的影响,需要在结构设计时统筹考虑。外挂式对飞机的气动外形有较大影响,在气动设计时需重点考虑,挂架的设计也是结构和气动设计的难点。为提高飞机的隐身性能和气动性能,内埋式武器装载已成隐身战斗机的主流方式。

当然,对于挂载武器的军机而言,还有与机上系统适配的问题,如机械与电气接口,以及与火控系统的交联等,这些问题十分重要,涉及众多专业,尤其涉及航电、控制等系统,这里暂不展开讲述。

小贴士:短命的 F-117

F-117"夜鹰"是美国洛克希德公司研制的世界上第一种隐身战斗机。1981 年 6 月 15 日试飞成功,1982 年 8 月开始向美国空军交付,共 59 架(坠毁 4 架)。其中一架在科索沃战争中,于 1999 年 3 月 27 日夜被南联盟以无源探测雷达发现、萨姆-3 防空导弹击落。F-117 采用独特的多面体外形(也称"钻石")以及吸波材料和表面涂料等多项措施,达到很高的隐身效果。由于当时尚无实用化曲面 RCS 算法和其他技术条件限制,全部采用平面与直线构建外形,并未对气动与隐身进行综合优化设计,致使该机气动性能损失较大,速度也较低,加之价格高、维修不易,于 2006 年至 2008 年分批退出了服役。

2. 民用飞行器设计

民用飞行器设计除遵循普适内容与要求外,突出的专门性问题是强调安全性、环保性、经济性和舒适性。以下以民用飞机为例进行阐述。

(1) 安全性设计

安全性是民航飞机的生命线,对民航飞机进行安全性设计是首当其冲的设计任务。

民航飞机的安全等级分为 4 级,如表 4-3 所列。

表 4-3　民航飞机的安全等级

安全等级	事故性质	允许概率	后　果
Ⅳ类	轻微故障	$(10^{-2} \sim 10^{-3})/h$	使用限制,需改变飞行计划和启用应急程序,对乘客造成不便,但无伤害
Ⅲ类	重大故障	$(10^{-5} \sim 10^{-7})/h$	安全裕度明显降低对机组人员造成困难乘客轻度受伤害
Ⅱ类	危险性故障	$(10^{-7} \sim 10^{-9})/h$	安全裕度较大降低 机组人员不可能完全或准确完成任务 严重伤害,少数乘员死亡
Ⅰ类	灾难性故障	$<10^{-9}/h$	多人死亡,通常飞机完全损坏

安全性设计包括四个方面内容:结构完整性、系统完整性、使用完整性和抗坠毁性。其中,前三项内容是为了避免事故,以实现高安全等级,第四项提供事故发生后生存的可能。

结构完整性是对飞机载荷与强度、气动弹性与刚度、结构动力以及疲劳强度的要求。系统完整性主要是对机载系统和设备的可靠性、失效模式和效应分析、发动机限制和卫生管理等方面的要求。使用完整性是对飞行速度和性能、控制、飞行品质、飞行员工作负荷的要求。

抗坠毁性的基本要求是在飞机发生坠撞时,保障机上人员安全的设计,即结构即使破坏,亦应尽量保障人员安全,主要是对客舱设计、应急撤离、坠毁情况的要求。抗坠毁性设计目标是提供一个保护性屏障,通过采取综合措施,提高旅客的生存可能;并保证当飞机发生坠撞时,能正常使用随机应急设备,使乘员在 90 s 或更短时间内撤离飞机。

前三项需要经过结构试验、系统试验和飞行试验进行验证,抗坠毁性需要进行模拟验证,完成这些试验、验证后方可取得适航证书。

(2) 环保性设计

"绿色航空"理念已被世界航空界广泛接受,飞机的环保性设计愈加受到重视。噪声控制和降低污染排放是环保性设计的两项重要内容。发动机是最主要的噪声源和气体污染物(二氧化碳、氮氧化物)源,应采用低噪声、低污染排放发动机,设计合适的进气道。机体噪声主要来自操纵面(如襟翼等)、暴露在气流中的凸出物(如起落架、减速装置)等,应精心设计,以降低噪声。

(3) 经济性设计

民航客机的总成本包括直接使用成本(DOC)和间接使用成本(IOC),两者都与飞机设计密切相关。提高经济性的主要途径是降低飞机油耗,降低飞机价格和维护费用。通过采用低阻力气动布局、大涵道比发动机,以及减轻飞机结构和设备重量,来实现低耗油率;应尽量采用成熟技术和货架产品,提高零部件和子系统的通用性,以降低成本,改善维修性。

(4) 舒适性设计

舒适性是乘客所需要的一种基本乘机品质。舒适性设计涉及:内部尺寸及舱内布置,降噪、隔声设计,环境控制系统设计,卫生、生活、娱乐设施设计等。应根据目标客户的定位,综合考虑舒适性和经济性,适度满足乘客需要，提高飞机的市场竞争力。

4.3　飞行器制造

一切飞行器都是"制造"出来的，制造是飞行器设计思想的物化，是形成实物产品、产生使用价值的关键。飞行器由低空、低速向高空、高速发展，飞行器制造也由低级向高级，由简单向复杂，由一般机械制造向高、精、尖制造发展，向现代制造和极端制造的方向发展。空天科技工作者都必须高度重视制造技术的发展，没有先进制造技术，就没有任何具有实用价值的飞行器，也就没有现代航空航天产业。

4.3.1　飞行器制造的特点

飞行器制造是根据设计要求将原材料加工、组装成飞行器的工业活动。飞行器制造可以指代一个产业，即专门从事飞行器成套技术装备加工、生产的产业；也可以指代一类技术，即飞行器加工、装配、生产等技术的总称。现代航空航天制造是装备制造业中最复杂的一个领域，代表着一个国家相应时期制造业的先进水平。它在国民经济大系统中能产生巨大的产业拉动效应和技术扩散效应，有时这两种效应所产生的价值，甚至超过航空航天产业自身的价值。

与一般机械制造相比，航空航天制造是高技术密集的特殊领域。航空航天制造的特点是：技术门类多，装配流程长，构件需求高，多品种小批量等。

(1) 技术门类多

由于飞行器零组件数量极大（以大型飞机为例，为数百万之巨），种类多，形状复杂，且精度、质量、可靠性、协调关系要求高，因而需要各种形式的制造技术（见表 4-4），几乎囊括当今的所有制造技术；且因其对先进制造技术的强烈需求，往往又是各种新制造技术的策源地和"试验田"。

(2) 装配流程长

航空航天制造中装配连接和安装的工作量极大。例如，制造一架高性能战斗机，其中铆接装配的工作量占总工时的 35%，焊接装配约占 7%，仪表和机载设备安装约占 12％,总计装配和安装约占总工时的 54％,而一般工业产品装配和安装工作量仅占总工时的 20％左右。由于飞机上很多零件的刚度小、尺寸大,装配对接时必须依靠装配型架,或基于数字化测量定位的自动化对接系统,以保证零件相对位置正确、部件装配和整机装配质量一致。

表 4－4 飞行器制造技术门类

数字化设计 与制造	数字化设计工艺与检测	特种加工	高能束加工
	产品数据管理		电加工
	飞机结构件与工艺装备数字化		磨流粒加工
	飞机构型定义控制与制造		高压水射流加工
	资源管理技术	电气互联制造	薄膜技术
	柔性集成制造与并行工程		厚膜技术
	数字化预装配技术		表面贴装
	飞机制造数字测量		二维与三维集成
飞机装配	工艺分离面划分技术	表面工程	高密度组装
	尺寸传递技术		表面改性技术
	装配定位技术		涂层技术
	装配连接技术		镀膜技术
	装配测量技术	检测技术	形位检测技术
	工装与夹具技术		表面质量检测技术
	准直校准技术		无损检测技术
	修配技术	超精密加工	超精密加工技术
机械加工	高速数控加工		三微制造技术
	传统机械加工		光刻精密制造技术
	增材制造技术	样机制造	一级样机制造技术
复合材料构件制造	热压成形		二级样机制造技术
	过程控制技术		三级样机制造技术
	蜂窝结构成形技术	热加工及精密 成形	精密钣金成形技术
	树脂转移成形		铸造技术
	树脂膜渗透与浸渍成形		锻造技术
	纤维束铺放、编织与缝合		模压成形技术
	纤维增强技术		金属处理技术
功能结构件	雷达隐身结构制造	连接	铆接技术
	透波结构制造		螺栓连接技术
非金属材料成形	塑压成形		胶结技术
	热模灌注成形		焊接技术
	模塑成形	工艺装备	刀、量、夹、模具等

（3）构件要求高

由于飞行器的使用环境与条件严苛,对结构构件的可靠性、耐恶劣环境,尤其是抗冲击、防热性有极高的要求。因主要构件的外表曲面尺寸大,精度要求高,需采用特殊技术手段,如全数字化设计制造、材料制造一体化、先进复合材料等技术。

（4）多品种小批量

不同于汽车、化工品等大批量或流水线生产的工业部门,航空航天制造是以相对较小批量的高性能、复杂飞行器为终端产品的,其中,航天器基本是单件研制。因此对于发展适应多品种、小批量生产的数字化、自动化、柔性技术,以及新的组织与管理模式具有强烈的内在需求。航天产品制造更多地具有科研化特点,呈现科研生产一体化、以科研带生产的特点。航空制造则因有一定的批量,针对规模化、流程性、变批量的要求,更强调工艺的稳定性和一致性,需要模具、型架等大量工艺装备,工装制造工作量一般占产品制造总工作量的 25％,并需执行稳定和严格的工艺规程。

4.3.2　飞行器制造技术

航空航天制造技术,按照制造对象不同,主要分为机体（航天称"舱体"）制造、发动机（航天称"推进装置"）制造、机载设备（航天称"有效载荷"）制造等大类,以及支持产品制造的工艺装备制造。以下将以飞机为对象作简要介绍。

两类主要航天产品——航天器和火箭的制造,与航空器制造大体相同。火箭制造与飞机的流程相似,按照毛坯制造、零件加工、部件组装、全箭组装和测试等环节依序进行。航天器制造也基本相似,但在舱体薄壁结构、复合材料使用、表面涂层、总装检测、特性测试和气密性检查方面有特别要求。

1．机体制造流程

与一般机械产品相似,多数飞行器制造过程主要是结构的实现,也需要经过毛坯制作、零件加工、装配、试验测试等阶段。以飞机机体为例,其制造过程如下。

（1）毛坯制作

毛坯制作是制造的首道工序,指采用铸造、锻造、板材落料、焊接等方法,将原料制作成零件毛坯的过程。飞机零件的毛坯制作比其他行业要求更高,需要采用先进制坯技术和大型专用加工设备,例如,等温锻造、粉末冶金等静压成形、精密锻造、精密铸造、钣金成形、近净成形和超塑性成形/扩散连接等制坯技术。

(2)零件加工

零件加工是将坯料加工成零件的过程,有机械加工、压制成形和非金属加工等方式。机械加工包括常规加工(车、铣、刨、磨、镗、钻、铆等)和特种加工(如电解、电脉冲、电火花等电加工,化学铣削,激光束、电子束、离子束和高压水束等高能束加工等);压制成形又称钣金加工,是将板材、型材和管材,经拉、压、弯、扭等方法加工成蒙皮、翼肋和隔框等零件的过程;非金属加工包括橡胶零件塑造、有机玻璃切割、复合材料构件成形等。金属零件加工后还需要进行热处理和表面处理。

(3)装　配

装配是将加工好的零件组装成构件、部件直至整机的过程,分为构件装配、部件装配和总装配等工序。构件装配是将一组零件装配成比较简单的构件,如翼梁、翼肋、隔框等;部件装配是将一组零件和构件装配成比较复杂的部件,如机翼、垂尾、平尾、机头、机身前段、机身中段、机身后段等;总装配是将所有部件(包括电子与电气部件)组装成整架飞机的过程,总装配有时也分为初装和总装两步。

(4)试验测试

加工好的零件,完成装配的构件、部件、整机,均需要进行相关的试验测试,以评定产品质量和功能特性是否符合设计要求。整架飞机装配完毕后,需进行各种地面和空中试验,试验合格的飞机方可出厂交付。新研制的飞机还要经过严格的静力破坏试验,以及试飞前全机各系统的地面试验和检查。

2. 机体制造关键技术

随着对飞行器性能要求的不断提高,飞行器的结构和功能越来越复杂,相应地,飞行器机体制造技术也变得越来越复杂。主要的关键技术有:

(1)大型金属整体结构件制造

金属整体结构件制造技术是现代航空航天制造中的关键技术之一。现代飞行器的主承力构件如机翼、机身壁板和大梁、油箱、加强框等,广泛采用整体金属结构(见图4-17)。与传统铝合金铆接结构相比,其结构效率提高

图 4 - 17　3D 打印成型的飞机整体金属零件

3 倍,抗疲劳能力提高 4～6 倍。金属整体结构件制造技术包括制坯、超塑性成形/扩散连接、精密铸造、高速高效数控加工、化学铣削和焊接等技术,以及正在兴起的金属增材制造。

(2) 钣金件制造技术

在飞行器零件中钣金件(见图 4 - 18)数量极多,据统计,战斗机超过 1 万件,轰炸机超过 4 万件,大型运输机则在 6 万件以上,占整机零件数的 40%,加工工时占全机总工时的 10%。精密钣金件制造是机体制造的关键技术之一,它包括镜面蒙皮成形、壁板喷丸成形、钛合金钣金精密成形、橡皮囊液压成形、落压成形及数控柔性制造技术等。其中,喷丸成形过程已实现

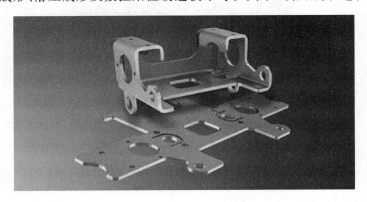

图 4 - 18　精密钣金件

计算机控制,并成为现代航空航天制造中的一项标志性技术。

(3) 连接与装配技术

航空航天制造中连接和装配的工作量极大,分为机械连接、胶结、铆接、机器人钻铆和自动钻铆装配等。随着胶结、焊接、整体结构及复合材料结构的发展,机械连接呈减少趋势。目前,装配生产中大量采用先进数字化工艺规划、虚拟装配、在线测量、定位及监控技术,以及移动装配流水线等技术。图 4-19 是 F-22 战斗机的总装生产线。

图 4-19　美国洛克希德·马丁公司 F-22 总装线

(4) 复合材料结构制造技术

复合材料构件已经广泛用于军民用飞行器和发动机上,图 4-20 所示为一款航空发动机的风扇,使用了复合材料叶片。以飞机为例,碳纤维增强的树脂基复合材料构件,已经从非承力构件扩展到主承力构件。在结构重量中,军、民机的复合材料用量已分别超过 30％和 50％,并正在继续提高。

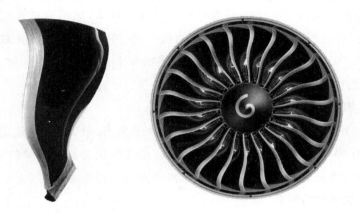

图 4 – 20　GE90 发动机采用复合材料制造风扇叶片

3. 发动机制造技术

航空航天发动机在高温、高压的工作环境下工作,对结构的强度、耐高温、抗腐蚀、抗疲劳和可靠性等性能要求苛刻。发动机制造过程与飞机机体制造相近,由于发动机的工作环境特殊,要求能长时间在高温、高速旋转条件下工作,且长年重复使用,对精度和质量的要求更高,其中,盘件制造尤为关键,涉及大量热加工与特种加工技术。高性能发动机采用大量新材料和新结构,必须采用先进制造技术和独特的解决方案。

(1) 精密制坯

精密制坯,又称近净成形技术,广泛用于发动机零件毛坯制备,与普通制坯技术相比,不但材料利用率高、加工量小、加工时间短,而且力学性能得到显著提高。精密制坯技术主要有:叶片定向凝固和单晶精密铸造、精密锻造、粉末冶金等静压制坯、精密辊轧技术等。

(2) 特种加工

特种加工,主要指以高能束为代表的特种加工技术,包括:①激光加工,用于在耐热合金、复合材料、陶瓷结构上加工精密小孔、切割和焊接等;②电子束和离子束加工,通过电子束透镜产生的电子束或利用高能离子束流进行制孔、切割、焊接和喷涂;③电加工,包含电解切割、电解磨削等电化学加工,以及电火花切割等电热加工技术;④磨粒流加工,利用高分子硅树脂聚合物磨粒在高压下对工件进行研磨抛光,用于整体叶轮叶型、轮盘榫槽、齿轮型面、模具型腔、交叉孔道的内表面抛光、去毛刺等。

（3）先进焊接

焊接技术是航空发动机制造中的主要连接技术,运用先进焊接技术制成的先进焊接结构,可以显著提高发动机性能、寿命和可靠性,并减轻发动机的重量。目前用于发动机制造的先进焊接技术包括:电子束焊接、真空钎焊、扩散连接、惯性摩擦焊接、线性摩擦焊接等。

（4）表面工程技术

表面工程技术是指利用等离子喷涂、离子注入、喷丸强化、激光表面合金化、挤压强化、物理气相沉积、渗金属,以及常规热表面处理等技术,来改善零件表面抗高温、抗腐蚀、抗磨损、抗疲劳断裂等性能的工艺方法。

（5）复合材料制造

复合材料制造技术不仅在飞机的结构制造中广泛使用,在发动机的制造中也得到了大量应用。碳纤维增强树脂基复合材料、金属基复合材料、陶瓷基复合材料（CMC）越来越多地用于航空发动机。世界多家发动机公司的多款发动机风扇叶片、外涵机匣等部件,都应用了复合材料制造。

4．机载设备制造技术

飞行器制造中还涉及大量电子与电气制造、装配与试验工作。一般过程为:选配元器件,组装电路板,组装设备单元,进行封装或加固处理,组装成设备或分系统,然后进行系统性能调试或测试。随着飞行器性能的提升和电子信息技术的飞速发展,促使航电、机电、飞控等机载设备日新月异。为满足快速发展的机载设备制备要求,越来越多的先进技术被用于机载设备的制造中。

（1）专用器件制造

在飞行器机载设备或载荷中,大量使用超大规模/大规模集成电路和光电器件等通用器件,但仍需要一些专用器件,如专用集成电路、微机（光）电、红外探测器、精密光学件、特殊传感器和惯性导航元件等,为了完成这些专用器件的制备,需要包括化学气相沉积、光刻/超微细光刻、离子刻蚀、超精密切削/磨削/抛光等在内的微电子技术和微细加工技术。从产业发展的大局看,应尽可能使用通用器件和货架产品,而将专用器件的总量降至最低,且应抓住正向设计、关键工序和封装、测试等主要环节,把流片等可以外包的内容委托加工,以提高效率、保证质量和降低成本。

(2) 高密度组装

高密度组装是实现机载设备集成化、小型化的基础性制造技术,主要指采用低温共烧陶瓷(LTCC)基板技术、多芯片组件技术、系统级封装技术(如穿透硅通孔工艺、凸点工艺、倒装键合工艺等)及高功率器件散热技术(如热凸点、热散平面、纳米通道等)等,实现器件级集成与封装,以形成各类多芯片组件和微系统(如雷达收发组件等)。

此外,航电与机电系统中复杂的线缆、管路、接插件、连接器等的制作和组装,也不断向高精度、高密度方向发展,需要采用一系列确保更高效率和工艺一致性的数字化、自动化技术。

4.3.3 航空航天制造模式

自 20 世纪中叶以来,工业领域出现了多种新的制造工程模式(见图 4-21),从根本上改变了传统制造工程的面貌,并催生了现代制造工程体系。众多现代制造工程与管理模式几乎都与航空航天制造有关,或发端于空天工程,或率先在空天工程中应用,并得到发展。

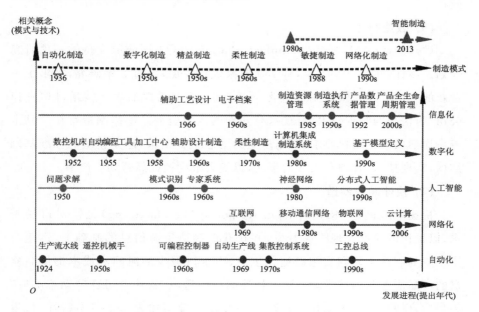

图 4-21 制造技术相关概念与实践的发展沿革

在航空航天领域,得到广泛与深入应用的制造模式主要有:

（1）集成制造

飞行器的数字化研制生产已经进入"基于模型的定义"（MBD，Model Based Definition）阶段。其主要成就有：建立集成化的三维数字模型，表达完整的产品定义信息，作为制造过程中的唯一依据，实现全机数字化定义、数字化预装配、数字化工装设计、三维工艺设计及三维数据可视化应用，在此基础上构建的计算机集成制造系统或现代集成制造系统（CIMS），把生产管理全过程、全要素组合在一起，已达成高度信息化与集成化。

（2）精益制造

精益制造（LM，Lean Manufacturing）是源自日本丰田公司的一种管理哲学和生产模式。20世纪末，波音、洛·马、空客等公司将其引进到飞机的总装或部装生产线中，将传统的批量装配生产方式变革为单件流生产方式，采用移动式生产线，大大缩短了飞机总装时间，降低了制造成本，提高了装配质量。其主要特征是：面向用户，以人为中心，以精简生产过程为手段，以产品零缺陷、低成本为最终目标，实现零库存，最大限度地减少在制品和不产生附加值的环节，使制造资源得到合理配置和有效利用，以获取最大经济效益。

（3）敏捷制造

敏捷制造（AM，Agile Manufacturing）源自美国国防部支持的一项研究计划。该计划始于1991年，有100多家公司参加，历时3年研究，提出了一种新的生产方式。敏捷制造包含三大要素：高度柔性的生产技术、以"虚拟公司"为代表的管理技术、有技术有知识的人力资源。敏捷制造旨在产品全寿命周期内满足用户要求，采用多变的动态组织结构，建立新型的标准基础结构，实现技术、管理和人才的集成，以最大限度地提高劳动生产率。

（4）快速响应制造

快速响应制造（RRM，Rapid Response Manufacturing）是针对市场需求，以最快的速度实现产品开发，并在获取制造资源信息的基础上，迅速产生相应的制造工艺和实施敏捷化生产，力求以最少的时间和成本提供高质量的产品所涉及的技术和方法。快速响应制造以"快速""可变""动态响应"为目标，以数字化、集成化、模块化、柔性化和敏捷化为基本技术特征，大量应用快速开发技术，增强系统适应需求变化的能力，以及适应内、外环境变化的能力。

(5) 虚拟制造

虚拟制造(VM,Virtual Manufacturing)是以虚拟现实(VR)和仿真技术为基础,对产品的设计、生产过程统一建模,在计算机上实现产品从设计、加工,到装配、检验、使用等整个生命周期的模拟和仿真过程。虚拟制造通过三维可视交互环境的生成与提供,对从产品概念产生、设计到制造全过程进行模拟现实,以期在真实制造之前,预估产品的功能和可制造性,获取产品的实现方法,从而大大缩短产品上市时间,降低产品设计和制造的成本。在虚拟现实技术快速发展到增强虚拟现实(AR)高度后,这项技术更显示出巨大作用和诱人前景。

4.4　航空航天材料

材料是飞行器的物质基础,在某种意义上,任何飞行器都是材料的特定固化形式。历史的经验证明,材料对于空天事业发展具有决定性影响。航空航天材料因其要求特殊,也是材料科学与技术体系中最富开拓性、发展最快的分支领域。飞行器研制不断提出新材料需求,各种新材料的出现又给飞行器更大更快的发展提供了新的可能与更大空间。航空航天材料的发展取决于材料科学理论的新发现、材料制备与加工技术、材料性能检测技术的发展,取决于国家基础工业的支撑;凡拥有完整规模、独立的空天产业的国家,都极为重视材料科技与工业的发展。

4.4.1　航空航天材料分类

航空航天材料是指用于制造航空航天产品(含飞行器、动力与机载设备)的物质,主要指那些能固化成产品自身形态的物质。航空航天材料是一个不断发展、品种和牌号众多的体系,世界上出现过的航空航天材料牌号有几千种之多。由于飞行器的特殊要求,使得航空航天材料与一般工程材料相比具有显著的特殊性。

航空航天材料有多种分类方法,主要有三种:按照使用功能、使用对象和材料成分区分。

按照使用功能,航空航天材料可分为结构材料和功能材料两大类。结构材料是指用于各种受力构件和支撑构件的材料。功能材料是指通过光、电、磁、热、化学、生化等作用后具有特定功能的、一般用于非结构件的材料。随着技术进步和飞行器发展需要,也出现将功能材料与结构材料组合为特定的功能结构,如电磁窗等,还有正在快速发展的超材料。按使用功能分,还应有辅助用料,但这部分材料常有广泛用途,且不构成航空航天产品本身,一般不将其视为航空航天材料;但辅助用料亦应予以重视,特别是当对其有特殊要求时。

按照使用对象,航空航天材料可分为机体材料、发动机材料、电子设备材料、机载武器材料等。航天器所用材料与飞机、火箭和导弹基本相同,大部分为铝合金和镁合金,高强度部件采用钛合金和高强度钢;再入舱段头部采用烧蚀材料,外蒙皮为镍基合金或铍板,内部结构为耐热钛合金,内外间填充石英纤维等隔热材料;石墨纤维复合材料也得到越来越多的应用。

按照材料成分,航空航天材料可分为金属、非金属、复合材料等。主要材料如表4-5所列。

表4-5 按材料成分分类的主要航空航天材料一览

航空航天材料	金属		碳钢、合金钢
			铝合金、镁合金、钛合金
			高温合金
			粉末冶金合金
	非金属	有机非金属	有机玻璃
			橡胶
			工程塑料
		无机非金属	玻璃
			陶瓷
	复合材料		有机复合材料(环氧、双马、聚酰亚胺等)
			无机复合材料(陶瓷基、碳/碳等)
			金属(铝、镁、钛等)基复合材料
			混杂型复合材料

4.4.2 对航空航天材料的基本要求

(1) 高的比强度和比刚度

航空界有句口号是"为减轻每一克重量而奋斗",意为节省结构重量,以确保有效载荷;航天器也是这样。但在要求"材质轻"(比重小)的同时,由于受力复杂,又要求航空航天材料,特别是结构用料应具有高的比强度和比刚度。比强度和比刚度分别是材料强度和材料弹性模量与材料比重的比值,是衡量材料力学性能的主要参数。

(2) 耐高温、耐腐蚀、耐老化

飞行器所经受的高温主要来自空气动力加热和发动机燃气,机体和许多部件处于严酷的工作环境。如发动机部件要在高温环境下工作,温度之高甚至超过材料的熔点。飞行器在使用中,还面临严重的化学腐蚀、应力腐蚀问题。紫外线、风雨侵蚀等将加快非金属材料的老化。为适应严酷的工作环境,耐高温、耐腐蚀、耐老化成为大部分航空航天材料应具备的基本特性。

(3) 寿命长、安全性好

安全是航空航天活动的头等大事,"寿命长、安全性好"的材料是安全的初始物质保障。飞行器不仅受静载荷的作用,许多部件受交变载荷的反复作用,因此疲劳性能是航空航天材料的重要力学指标。对于金属材料而言,不但要具有较高的比强度、比刚度,还要有较高的断裂韧性;对于有机材料而言,应具备在寿命期内的抗自然老化能力;对于复合材料而言,要研究其破损模式,确保其寿命和安全性。

所有各类材料,还需切实保证其性能的稳定性与一致性。

4.4.3　航空航天材料的沿革

航空航天材料的发展,大致经历了 5 个阶段(在第三阶段之前,主要是航空材料的发展)。

第一阶段,1903—1919 年,结构材料多为木材,蒙皮则采用帆布。

第二阶段,1920—1949 年,逐渐以铝合金及钢为主结构用料。

第三阶段,1950—1969 年,钛合金用作航空航天材料。

第四阶段,1970 年—21 世纪初,铝合金、钛合金、复合材料获得广泛应用。

第五阶段,从 21 世纪初至今,复合材料的地位日趋提升,用量显著增多,使用部位扩展到承力结构。

在材料演变的同时,选材指导思想、选材方法和选材程序也在发生着变化,选材指导思想从以力学性能为依据,逐步发展到以综合性能为依据;选材方法从依赖经验和试验的试凑法,过渡到借助计算机模拟的快速科学选材法;选材程序从无序化选材改进为依靠技术成熟度的有序化选材。

航空发动机材料的发展变革具有典型意义。这里的材料主要指制造航空发动机的汽缸、活塞、压气机、燃烧室、涡轮、轴和尾喷管等主要部件所用的各种结构材料。伴随着从活塞式发动机到涡喷发动机的发展进程,所用材料从早期的铝合金、镁合金、高强度钢和不锈钢等,转为钛合金、高温合金和复合材料等。制造涡轮叶片和涡轮盘的材料是影响发动机性能的关键材料,定向单晶、定向共晶、强化镍基合金、粉末冶金等得到普遍应用,涡轮进口温度已提高到 1 977 K,还将进一步达到 2 000~2 250 K。

4.4.4 飞行器主要结构材料

结构是飞行器受力构件和支撑构件的总称,用作结构的材料即为结构材料。结构形式的演进与结构材料的发展相互促进、相辅相成。

1. 结构材料的选择

结构材料的基本功能是承受结构载荷和保持结构的形状不变。由于飞行器不同部位承受的载荷不同,对结构材料的力学性能要求也不一样。随着先进结构形式的出现,结构材料已从单纯承力功能向多功能方向发展,许多先进结构需要采用多功能结构材料才能实现。现代航空器的结构材料还要求全寿命期的维修成本低、材料来源广、便于加工制造、风险可控,以及"绿色"环保,包括退役后便于无害化处理等。

现代飞机结构选材时需要考虑的具体因素如下。

(1) 高的结构效率

高的结构效率,可以达到减轻飞机重量、提高飞机经济性的效果。飞机材料的沿革清晰反映了这一主线。当前,采用复合材料是提高结构效率的一种有效途径。如波音 757 的油耗占飞机使用成本的 50%,因结构中采用了 3% 的复合材料,而达到了降低油耗 1.5% 的效益。

(2) 长寿命、高可靠性

飞机对于使用寿命和可靠性具有非常严格的要求,且这种要求日益提高。如米格–15 寿命为 1 700 飞行小时、20 年日历寿命,米格–29 寿命提高到 3 000 飞行小时、30 年日历寿命。民用飞机的使用寿命更长,如空客 330 客机寿命为 60 000 飞行小时、40 000 个起落。因此,选材时必须考虑长寿命、高可靠性的要求。

（3）低成本、易加工

在考虑以上因素的前提下，所选材料应充分考虑成本及工艺性（也称可制造性），应尽可能选用成本较低和易加工的材料。

2. 金属结构材料

常用结构材料有铝合金、钛合金、合金钢、镁合金、复合材料等。

铝合金在保持纯铝比重小、塑性高、抗腐蚀、导热及导电性好等优点的同时，具有较高的比强度、比刚度和良好的机械性能、工艺性能，容易进行切削和压力加工成形，是航空航天常用的结构材料，如图 4 - 22 所示为采用铝合金的客机中机身结构。铸造铝合金可用砂型、金属型、压力铸造等方法成形。

图 4 - 22　采用铝合金的客机中机身结构

钛的密度小，但其强度却接近于钢。钛合金因具有比强度高、耐蚀性和耐热性好等特点，被广泛用作飞行器结构材料，但对其加工成形较困难，成本较高。

钢具有较高的比强度，性能稳定，工艺简单，成本低廉，适合制造承受大载荷的构件。不锈钢具有良好的抗腐蚀性能和综合机械性能，适合制造多种零件。

在现有工程用金属中，镁合金的密度最小，虽然强度、弹性模量比铝合金、合金钢低，但比强度、比刚度却大致相同，具有良好的机械加工性，适合用于制造刚性要求高的非主承力构件。

铝锂合金因比强度、比刚度高，一直受到关注，目前仍在发展改进中。近年开发出的第三代铝锂合金，对厚度方向上断裂韧性差、应力作用下易剥落分层等缺陷有所改进，仍被列入未来项目的优选材料。

经过长期使用考验，金属材料在结构选材中占据重要地位。随着其性能的进一步改善和新型高强度、高韧性、高耐蚀性合金的不断推出，金属结构材料仍然值得重视与期待。

3. 复合材料的发展

复合材料是由两种或多种材料、经复合工艺而制成的多相材料，其组成为连续相的基体和被基体包容的相增强体。基体材料分为金属和非金属两大类。常用的金属基体材料有铝、镁、铜、钛及其合金，非金属基体主要有合成树脂、石墨、橡胶、陶瓷、碳等。增强材料有玻璃纤维、碳纤维、硼纤维、芳纶纤维、石棉纤维、碳化硅纤维、晶须、金属丝和硬质细粒等。

复合材料是在航空航天的强烈需求下出现的，20世纪40年代，玻璃纤维增强塑料(俗称玻璃钢)问世。50年代后，碳纤维、石墨纤维、硼纤维等陆续出现，70年代出现了芳纶纤维和碳化硅纤维；这些高强度、高模量纤维与非金属或金属基体相结合，构成了各具特色的复合材料(被称为先进复合材料)。

按基体材料不同，先进复合材料主要有树脂基、金属基和陶瓷基复合材料。其使用温度分别达250～350 ℃、350～1 200 ℃和1 200 ℃以上。先进复合材料除作为结构材料外，还可用作功能材料，如梯度复合材料、机敏复合材料、仿生复合材料、隐身复合材料等。

复合材料因其密度低，热稳定性好，比强度、比刚度高，抗疲劳性能和减震性能好，并可对其进行力学性能设计，而广泛用于飞行器结构，如飞机机翼(见图4-23)和前机身、卫星天线及其支撑结构、太阳能电池翼和外壳、大型运载火箭的壳体、发动机壳体、航天飞机结构件等。

当前值得关注的热点：一是低成本复合材料，通过多种技术和手段的使用，降低制作成本，以扩展适用范围；二是高温结构复合材料，包括钛基、陶瓷基、碳/碳复合材料等，以满足航空发动机构件和航天器等的需要。

在飞机结构中应用材料的变化情况可参见表4-6。

图 4 - 23 波音 787 客机碳纤维机翼的下壁板

表 4 - 6 部分战斗机与干线飞机材料结构重量百分比变化情况

类 别	型 号	设计年代	铝合金/%	钛合金/%	钢/%	复合材料/%	其他/%
战斗机	F - 1	1969	39	24	17	1	1
	F - 1	1972	36	27	6	2	2
	F - 1	1976	64	3	8	2	2
	F - 18E	1978	29	15	14	2	2
	F - 22A	1989	16	39	6	2	1
	F - 3	2001	19	20	7	3	2
干线飞机	波音 747	1965	81	4	13	1	1
	波音 757	1972	78	6	12	3	1
	波音 767	1972	80	2	14	3	1
	波音 777	1989	70	7	10	10	3
	空客 320	1990	67	4.5	13.5	15	0
	空客 380	2000	60	10	4	25	1
	空客 787	2003	20	15	10	50	5
	A350XWB	2005	20	14	7	52	7

4.4.5 主要功能材料

随着材料技术的发展和飞行器性能的需要,一些作用巧妙、功能特殊的材料被应用到飞行器上,形成一个类别。这些具有特殊物理、化学或生物性能,用于非结构件的材料,被称为功能材料。这类材料自身或利用这些材料制成的元件,对光、声、磁、压力、位移、角度、加速度、化学过程、生化过程等敏感,能实现将能量形式转化生成电信号,或将多种能量与信号集成、传送、储存、控制、处理和显示等。

(1) 功能材料的类别与特点

用于飞行器的功能材料品种繁多。按其化学组成,可分为金属、非金属、晶体、高分子和复合功能材料等;按其应用方向,可分成微电子、光电子、信息、红外、激光、功能陶瓷、敏感、隐身、智能结构材料等。

功能材料是现代科学技术、多学科交叉的知识密集型产物;功能材料的功能,对应于材料的微观结构或微观物体的运动。结构材料常以材料形式为最终产品,而功能材料中相当一部分是以元件形式为最终产品,即材料元件一体化。功能材料的制备不同于结构材料常采用的传统技术,而需要采用诸如超纯、超净、超微、急冷、薄膜化、微型化、集成化、智能化等技术和工艺。

(2) 功能材料的新发展

功能材料是当今科学技术发展的热点与前沿之一。在电子、信息、红外、激光材料等方面发展尤为迅速,这些方面的成果与航空航天业密切相关。

用于数据通信、数据存储、发光二极管光源、显示器等的电子、光电子和光子材料发展迅速。碲镉汞、碲锰汞等正成为红外焦平面阵器件的关键用料,新型高温超导材料可能为红外探测带来新途径。激光雷达、激光制导和激光陀螺的应用,推动了激光材料的开发。

作为一种重要功能材料的隐身材料仍在继续发展。按所抑制目标特征信号类型,有雷达、红外、可见光、声隐身材料;按应用形式,有涂覆型、结构型和薄膜型材料。涂覆型雷达吸波材料(磁损性涂料、电损性涂料)正在克服增重、易脱落、维修成本高等缺点而得以改进,结构型雷达吸波材料和吸波-承载复合材料结构相融合发展,具有不增加额外质量、吸波效果好的优点,发展势头被看好。近年来出现的纳米复合隐身材料,是运用多种复合技术,如原位复合(在材料合成过程中于基体中产生弥散相)、自蔓延复合、梯度复合、自组装技术等,对不同的吸波材料进行纳米尺度上的复合,因其综合了纳米材料与复合材料两者的优点,吸波性能良好,成为功能材料领域的一个研究热点。

4.5　飞行器试验

试验是空天工程的重要组成,是所有飞行器研制生产中必不可少的环节,也是空天工程有别于其他工程的最富特色的内容。飞行器试验是指在研制、生产、使用和维护保障飞行器过程中所进行的一系列试用、验证、测试、检验以及相应的分析活动。随着飞行器功能越来越复杂,空天工程的风险性越来越高,试验的作用和地位也越来越重要。由于航空与航天的飞行环境不同,试验环境与内容也有一定区别,本节将分别予以简介。

4.5.1　试验的类别与设施

1. 试验类别与作用

飞行器试验的类别、科目、内容和作用可参见表 4-7。

表 4-7 飞行器试验分类

分类法	类别	试验科目	试验方法与目的
按性质	地面试验	空气动力试验（风洞试验）	初步选定外形后在风洞中进行空气动力试验。试件多用缩比模型，需要时也可用全尺寸模型。分为低速（$Ma<0.3$）、亚声速（$Ma=0.3\sim0.8$）、跨声速（$Ma=0.8\sim1.2$）、超声速（$Ma=1.2\sim5$）和高超声速（$Ma>5$）风洞
		结构强度试验	包括静力、振动、疲劳、热强度、耐久性、损伤容限试验等，以确定飞行器结构的动力特性和结构/构件在各种环境条件和载荷作用下的承载能力。飞机的结构强度试验一般用全尺寸，火箭分段进行全尺寸静力试验，其动特性试验用全尺寸结构或缩比模型
		环境试验	包括温度、热冲击、过载、排雨、防冰、除冰、振动、辐射等试验，如航天器空间环境试验（热、真空、磁环境试验等），用以验证在真实环境条件下的性能
		寿命试验	预测飞行器寿命的试验。飞机要求多次和长时间使用；火箭是长期贮存一次使用；除航天飞机外的其他航天器是一次发射、长时间工作。航空器和航天器的寿命试验内容和方法各不相同
		RMS试验	验证产品可靠性、维修性、保障性的试验
	飞行试验	定型试飞	证明是否具备任务能力，达到预期性能（主要针对航空器）
		科研试飞	验证科学原理与技术合理性、可行性
按手段	仿真模拟试验		辅助设计和原理验证
	样机/真机试验		辅助设计、原理验证和实物性能检验等
按产品	整机试验		验证整机性能
	发动机试验		验证发动机性能
	设备（载荷）试验		验证设备（载荷）性能
	机载武器试验		验证武器适配性与性能（针对军用飞行器）
按对象	零件、元部件试验		分级验证参数选择与设计方案的正确性
	分系统试验		
	全系统试验		

2. 试验设施

上述试验的进行都需要相应的设施、设备来保证,向被试件提供相应的试验状态,并测量和记录试验中获取的各种物理现象、环境参数和工作参数。所需要的设备大体可以分为以下三类:

① 提供试验保障的各种专用设备、通用设备和保障设施,如火箭地面设备、机场的塔台、机场地面保障设备、火箭试车台、航天器发射场等;

② 提供试验环境条件的设备,如振动台、空间环境模拟器、飞机环境试验室等;

③ 各种数据采集与处理设备。飞行器试验一般都用高速摄影机和录像机记录飞行时的状态。飞行器上的各种参数多用传感器进行测量,飞机还用一些直接测量显示的仪表。对于这些参数还须用摄影记录器、示波器、磁记录系统和遥测系统等在机上或地面进行记录,用光学和无线电跟踪测量系统进行飞行器的轨道跟踪和参数遥测。用时间统一系统把试验的指挥、控制、跟踪、测量等各个台站的时间统一起来,使所有测量的数据都成为统一时间的函数。

4.5.2 航空器试验

航空器试验分为地面试验和飞行试验两部分。为了加快研制进度,在飞行平台研制出来之前,对于一些重要的分系统往往还借助其他平台开展分系统试验。

1. 航空器地面试验

地面试验是指在试验室、试验场或停于地面的航空器上所进行的航空器试验。与飞行试验相比,地面试验易于控制试验条件,便于安装试验设备,试验效率高,成本低,且操作方便。但地面环境与空中飞行环境有一定的差异,需对试验结构做具体分析,并常需飞行试验的最终验证。主要的航空地面试验项目如表 4-8 所列。

表 4-8　航空器地面试验项目表

项　目		定义与目的
航空器地面试验	空气动力试验(风洞试验)	研究空气与物体相对运动时,空气的流动规律及其与物体的相互作用,以评价气动性能,辅助方案决策。 将被试体(实物或缩尺模型)安置在风洞中,在一定的运行状态下,观察与测量气体流动及其与模型间的相互作用
	结构强度试验　静力试验	含静强度试验和刚度试验。对航空器结构施加静载荷,测定其承载能力和变形状态,以确认强度性能,检验制造质量
	结构强度试验　振动试验	评定新研制或改型产品在预期使用环境下的抗振能力。测定机体及其组件的振动特性参数,以验证结构振动特性,为动强度设计提供依据
	结构强度试验　疲劳试验	测定航空器结构的抗疲劳强度,是评价疲劳强度的最可靠方法。在模拟载荷谱和环境谱的联合作用下,测定结构的疲劳强度或寿命,验证设计方法,改进设计
	结构强度试验　热强度试验	研究与验证结构热强度。测定结构的热应力和总应变,以及温度、热应力对结构承载能力的影响,验证设计计算方法
	结构强度试验　耐久性试验	验证航空器结构能否满足耐久性设计要求。依据实际使用的工况设置测试条件,获得耐久性数据,预测和验证结构的耐久性,识别耐久性薄弱环节,验证耐久性分析方法
	结构强度试验　损伤容限试验	验证按损伤容限设计的结构能否满足设计要求。含材料试验(断裂韧度、疲劳裂纹扩展率、应力腐蚀开裂和应力腐蚀疲劳试验等)、质量控制试验(初始质量设计评估、无损检测和材料质量控制等)、分析验证试验(验证损伤容限分析方法的准确性)、结构构件试验(确定构件的裂纹扩展寿命和剩余强度)等
	环境试验	验证产品的环境性能;分现场环境试验和模拟环境试验两类。将产品置于自然或人为环境中,确定环境因素对产品的影响,以考核产品在使用环境中的适应性、可靠性及性能变化
	寿命试验	验证产品在规定条件下的寿命,分短时寿命试验和长时寿命试验两类。短时寿命试验——施加的环境应力逐步增加,至产品被破坏或不能工作,以揭示产品的薄弱环节,也称短时死亡试验或加速寿命试验。长时寿命试验——评估产品的使用寿命和可靠性,采用产品典型使用环境条件下连续重复循环试验,经数百、数千小时,甚至数年、十数年
	RMS试验	分实验室和外场使用两种试验与评价形式。 发现产品在设计、材料、工艺,或维修与保障方面的缺陷,确认产品是否满足规定的 RMS(可靠性、维修性、保障性)要求

以下三图(见图 4 - 24、4 - 25、4 - 26)是三个典型的地面试验场景,分别为风洞试验、C919 的静力试验和某型飞机在低温实验室进行结冰试验。

图 4 - 24 风洞试验

图 4 - 25 国产大型客机 C919 静力试验

2. 航空器飞行试验

航空器飞行试验,是航空科技体系中极具特色的内容,它不仅是航空器鉴定的重要手段,也是探索未知航空领域的重要方式。飞行试验贯穿于航空基础研究、型号研制以及使用的全过程。参试主角是英勇无畏的试飞员们,他们是科学精神与牺牲精神相结合的典范,是和平时期离死亡最近的无畏勇士。

图 4 - 26　在低温实验室进行的飞机结冰试验

（1）飞行试验的概念及分类

　　飞行试验简称试飞，是指航空器、航空动力装置、机载系统及设备等在真实飞行条件下所进行的试验。通过试飞，并借助各种测试手段，可获得飞行试验数据，验证航空新技术、新方案和新原理；鉴定航空产品是否满足规定的性能要求、技战术要求、适航标准等。飞行试验还负有在真实飞行条件下进行科学技术研究的使命。试飞分类和试飞项目可分别参见表 4 - 9 和表 4 - 10。

表 4 - 9　试飞分类一览表

分类依据	分类内容
按任务性质	型号试飞（以型号产品为对象，检验其性能与可靠性）
	研究性试飞（研究新技术和为研制新型号提供依据）
按产品属性	军用飞机试飞
	民用飞机试飞
按试验科目	空气动力与性能试飞、动力系统试飞、飞控系统试飞、航电系统试飞、机载武器试飞、机械系统试飞、电气系统试飞、生命保障和环控系统试飞、起飞着陆试飞、目标特性测试、外部参数测试等

表 4 - 10 试飞项目一览表

名　称	定　义	内容与目的
首飞	新研型号的原型机首次飞行	初步了解新机技术状态
调整试飞	也称发展试飞,指首飞后、鉴定试飞前,为调整产品状态而进行的试飞	暴露设计和制造中的缺陷,排除故障,以达到设计要求或预定性能,为鉴定试飞做准备
鉴定试飞	也称定型试飞,指调整试飞后,为全面鉴定是否达到设计标准和使用要求而进行的试飞	在国家级试飞基地、按法规和程序实施,以确认达到预期性能(可同时投入若干架试验机参试)
使用试飞	鉴定试飞后,由用户对飞机在拟定使用条件下,考核是否满足要求而进行的试飞	全面考核飞机使用性能,研究使用方法和训练方案;为编写飞行手册、操作规程等技术文件获取必需的补充数据;确定外场保障条件;进一步暴露设计缺陷,为改进改型提供依据
出厂试飞	已批准定型投产的批生产飞机,按照订货方和制造商签订的合同,为检验飞机生产质量而进行的试飞	分为交付试飞和抽查试飞两种;前者考核每架飞机的工艺质量与可靠性,后者主要检查一批飞机的质量稳定性,通常从同一批次中抽取一定比例的飞机,检查若干特定项目
验收试飞	根据订货合同,订货方对飞机及其系统的性能和质量进行验收考核而实施的试飞	通常由订货方派人到制造厂实施

(2) 飞行试验技术与体系

现代飞行试验需要强大的技术手段作支撑。飞行试验技术是保证飞行试验得以顺利完成的一切相关技术的总称。测试与数据处理技术是飞行试验技术的核心部分。

飞行试验系统主要由机载测试系统和地面测控处理系统两部分组成:机载测试系统安装在被试飞机上,采集各种数据和视频图像;地面测控处理系统综合分析、处理机载测试系统采集到的各种信息。在试飞过程中,机上的测量装置将飞行数据测量、记录下来,发送给(或带回)地面站,再经过分析处理,得出试飞结论。

我国试飞体系由中国飞行试验研究院(试飞院)、各飞机(直升机)总装厂的试飞站以及军队的相关基地组成。试飞院是国家授权的军机鉴定试飞和民机适航审定试飞的权威机构。

（3）飞行试验的特点

与地面航空试验相比，飞行试验具有以下主要特点：

1）综合性强

飞行试验特别是型号飞行试验，是对飞机的全面考核，在综合程度上堪比飞行器设计，内容涵盖飞机研制所涉及的所有专业，并需对飞行试验方法，试飞数据的采集、记录、监控、处理和分析等进行专门设计。

2）风险性高

新研制飞机难免存在各种缺陷，任何缺陷或故障均可能导致严重后果；许多新技术的采用，本就存在固有的风险；而许多超边界试飞科目，带有探寻极限的使命，进一步加大了试飞的风险。

3）耗资巨大

对于任何新航空器、重大改进的航空器和重要组成系统（发动机、机载设备与武器等）的研制和投入使用，试飞都是必不可少的，但试飞项目多，成本极高。据统计，现代作战飞机的试飞费用占整机研制经费的 $1/4 \sim 1/3$。在某种意义上，试飞是用钱"烧"出来的。

4）周期漫长

当代高性能飞机的技术和系统复杂，试飞科目多，周期长。据统计，一架现代作战飞机从研制到小批量生产，需要完成 2 500～5 000 架次试飞。若仅使用 1 架试验机，需要 250 个月；使用 5 架试验机同步进行，需要 50 个月。F-22 项目使用了 9 架试验机，试飞周期仍长达 8 年。

（4）型号飞行试验

新型或重大改进的军用飞机和民用飞机常被称为"型号"，以下分别介绍这两类型号的飞行试验。

1）军用飞机的飞行试验

现代军用飞机的试飞内容丰富，以战斗机为例，其主要试验科目见表 4-11。

表 4-11 现代战斗机的飞行试验科目

试验科目	试飞内容
空气动力和性能	大气数据传感器校准;起飞/着陆性能;地面效应;飞行性能;升/阻极限;操纵效率;流动显形;压力分布;气流控制;积冰条件;抖动;敏捷性;急跃升边界
推进系统	系统安装;环境条件;发动机/进气道兼容性;发动机操纵;喘振/风扇颤振边界;进气道调节斜板操纵;机上推力;进气道(压力)恢复;进气道(气流)畸变;吸入碎片;溢流/冲压阻力;推力反向;矢量推力;再循环;火警探测;喷气污染;噪声环境
飞行控制和飞行品质	作动器和飞控系统的综合;硬件和软件确认;开/闭环操纵;自动驾驶仪模态;自动机动;故障情况;起飞/着陆操纵;驾驶员诱发振荡特性;飞行品质;气动导数;乘坐品质;数学模型的验证;大迎角;偏离特性;螺旋;滚转性能;快速旋转;作战机动——空中加油、编队飞行、跟踪等
结构	飞行载荷研究;颤振性能;振动;气压;温度;地面共振;疲劳监控;可靠性监控;应力统计;机身/外挂变形;布局监控;重量、重心和惯性矩的确定
着陆系统	起落架操作系统;起落架/门/结构一体化;前轮跳动;轨迹;机轮/轮胎/刹车/防滑一体化;着陆钩钩住;落地下降速度;在正常、修复、有雪、有冰的跑道上的操纵;离地高度;精确着陆;对航空母舰的适用性;侧风着陆;减速伞
机械系统	作动器性能;空气/滑油/燃油冷却器;辅助飞行控制装置;液压源;动压传感器;机械连杆和变速器;故障防护;密封;气候影响;空气发动机;防滑系统;轮胎温度;起落架;辅助动力装置应急动力装置性能
燃油系统	输油;加油/放油;应急放油系统;燃油温度,流量,压力;燃油晃动;倒飞中的输油;外部油箱;空中加油
航空电子;系统	导航;通信;识别;雷达;显示;控制;天线特性;软件;防御设备(雷达告警,电子对抗,干扰物/照明弹);红外/雷达信号特征;数据处理(机上计算);武器瞄准;武器投放;电磁兼容性,电磁脉冲,闪电
武器系统	武器/外挂综合试验;外挂投弃;外挂综合管理;外挂物分离后的飞行轨迹;导弹发射;机炮射击;机炮/机身进气道综合
电气系统	电源;电池(瓶);驾驶舱仪表;视频和音频警告;坠毁/维护记录仪;冷却风扇;电加热;故障防护
生命保障和环控系统	氧气;抗荷服;弹射座椅;座舱盖抛弃;座舱空气污染;人类生理学技术;环控系统综合;环控系统性能

2）民用飞机的飞行试验

民用飞机的飞行试验是以适航取证为目标、依据适航审定标准进行的，故又称适航审定试飞，分性能试飞和飞行品质试飞两部分。性能试飞包括总/静压系统校准、失速性能、起飞性能、爬升性能、巡航性能和着陆性能等内容。飞行品质试飞是验证飞机稳定性、操纵性和机动性与有关适航标准是否相符合的有效手段，主要包括：操纵性和机动性、配平、稳定性、失速特性、地面和水面操纵性、抖振、高速特性以及失配平特性等八项指标。对飞机飞行品质的评定，大多取决于试飞员的体验和定性判断，而试飞过程中所记录的数据起佐证与证实作用。

（5）研究性飞行试验

研究性飞行试验，也称研究性试飞，一般不以某一具体型号为研究对象，而侧重于基础理论探索验证和应用技术的实用性验证，有时也针对某一新型号要求，进行特定的专门技术试验研究。

研究性试飞是航空科技发展的"探路者"。据 NASA 统计，1925～1950 年的 25 年间，美国共有 28 项航空技术重大突破，其中通过试飞获得验证的项目 19 项。研究性试飞是新机研制中的"尖兵"。通过试飞来验证新技术、新方案、新理论，一方面可降低新技术的应用风险，另一方面可加速新技术的转化步伐。

研究性试飞的主要工具是研究机，也称验证机，是专门研制或改装的航空器，类别众多，用途各异，如变稳飞机、发动机飞行试验台、电子试验机、结冰试验机、弹射救生试验机等。其中，变稳飞机是指能在较大范围内改变飞机气动力导数、模拟特定飞机的稳定性和操纵性的试验机，用来模拟不同飞机的飞行特性和飞行品质。

> **小贴士：美国 X 系列研究机**
>
> 在航空科技发展历程里，美国的 X 系列研究机（也称技术验证机）颇具盛名，具有重要地位。X 研究机始于 1947 年，到 2018 年底已达 60 架，除少数因技术不合理或成熟度不够等原因而取消外，总体来说，成就卓著，所研究与验证的技术项目涵盖跨/超声速飞行、短距/垂直起降、隐身、过失速机动、无人作战飞机、航天火箭动力试验、升力体试验、空天一体飞行器有关技术和超燃冲压发动机等，对推动航空航天事业发挥了不可或缺的作用。项目以军用机为主，主要由美国空军、NASA 和 DARPA 合作组织与管理。

3. 航空器分系统试验

这里的分系统主要指航空电子系统、飞行控制系统、机电系统、机载武器和发动机。主要的试验项目见表 4-12。

表 4 - 12 航空器分系统试验项目

项　目			目的与方法
航空器分系统试验	航电系统试验		验证航电系统性能与可靠性,包括地面试验和飞行试验;校验设计的正确性与有效性,寻找改进提高途径。 含部件、子系统、系统、全系统综合试验等。需搭建由真实硬件和软件模型混合组成的动态模拟综合试验设施
	飞控系统试验		验证飞行控制系统性能与可靠性,包括地面试验和飞行试验。 包括:静、动态性能试验,飞行品质验证与分析,故障模式及安全性检查等。一般在"铁鸟"台上进行
	机电系统试验		对机电全系统和电气、液压、燃油、机轮刹车、防冰、生命保障、环境控制等功能系统以及主要零部件和设备进行的各种试验,以验证其性能与可靠性等。 其中,液压系统试验在模拟试验台上进行,且因操纵系统与液压系统关系密切,常把液压系统模拟试验台与操纵系统模拟试验台合为一体,并称"铁鸟"台;全机液压系统模拟试验又被称为"铁鸟"试验
	机载武器系统试验	地面静态试验	在实验室模拟环境或试验场,对机载武器部件、设备及火控系统性能、可靠性和安全性的验证试验。 包括:环境、强度、弹道性能、安全性、威力/效能、可靠性与寿命试验等
		地面发射试验	在地面模拟真实环境,对机载武器系统进行的发射试验。验证系统有效性,发现问题,改进系统,为空中发射试验做准备
		空中发射试验	在试验靶场,对武器系统进行的实弹试验,也称靶试。验证系统的性能与安全性等
	发动机试验	性能试验	验证发动机及其部件的性能、适用性和耐久性。其中,整台发动机的试验称为试车。 测量发动机的推力和耗油率等性能指标,以及空气流量、压力、温度和各组成部件的性能
		适用性试验	测定发动机工作特性对油门杆和进气流场条件变化的响应,重点是进气道-发动机-喷管间的匹配
		耐久性试验	测定和评价发动机耐久性。 包括:低循环疲劳寿命试验、应力断裂或蠕变寿命试验、抗外来物破坏和包容能力试验
		环境试验	检验发动机及其附件在不同环境下的工作适应性以及环境对发动机的影响。 包括:恶劣大气条件试验,吞咽试验,噪声试验,排气发散试验,特征信号试验等

图 4-27 和图 4-28 分别为 C919 的铁鸟台和 GE 公司 F110 发动机的试验场景。

图 4-27　C919 铁鸟试验台

图 4-28　GE 公司的 F-110 发动机正在进行试验

4.5.3　航天器试验

航天器的许多试验项目,是与航空器相同的,典型项目如风洞试验、强度试验等。但航天器试验又有其特殊性,这些特殊试验项目围绕航天器在特殊使用环境下的性能、寿命和可靠性而展开。航天器试验也分地面试验和空中试验。由于成本原因和科研属性强烈,不同于航空器地面试验与试飞并重、试飞环节单独实施的做法,航天器试验以地面试验为主。

1．航天器地面试验

航天器的地面试验包括环境模拟试验、功能试验和协调试验。核心内容是在模拟的空间环境下，对航天器整体或其分系统、组件、部件、元器件以及材料进行的试验。目的是检验产品在空间环境中的适应能力，是否达到规定功能、符合设计要求，暴露缺陷，加以改进，从而减少或避免运行故障或失效，提高航天器可靠性。

（1）环境模拟试验

试验内容包括振动、冲击、声学、运输环境、地面调温、热真空、磁环境试验等。载人航天器还应进行密闭生态系统试验、航天员舱外生命保障系统综合试验、救生系统试验、载人登月舱试验。行星和行星际探测器还要考虑各种特殊环境，如强太阳光照射、强粒子辐射、进入行星大气的特殊热环境、特殊大气环境效应等的影响。航天飞机还须进行返回的防热和着陆试验等。

航天器所处的环境复杂，因素很多，在选择模拟试验内容时，需要聚焦那些对航天器功能、寿命和可靠性影响较大的因素。需模拟的状态包括：地面运输、发射、在宇宙空间运行、机动变轨、对接、再入大气层、在星球上着陆等。航天器环境试验规范则有通用和某一航天器专用两类。

环境试验技术和设备十分复杂。中国自 20 世纪 70 年代以来，已逐渐建成较完整的航天器环境试验体系，包括大量通用和专用的环境模拟试验设施以及与这些设施配套的仪器设备。

除针对航天器整体的环境模拟试验外，零部件的环境应力筛选试验、回收系统的试验、姿态控制系统的试验、温度控制系统的热真空试验、结构系统的模态试验等，是整体试验的基础，也十分重要。

（2）功能试验

在模拟环境下全面检测航天器各系统功能的试验。一般与环境模拟试验结合进行。在模拟各种极端环境的条件下测定和试验各系统的功能，并与正常状况下的测定结果进行分析比较，以便做出结论。自旋试验、天线展开试验等均属于功能试验，电磁相容性试验既是一种环境试验，也是一种功能试验。

（3）协调试验

在飞行试验前进行协调试验，以检查航天器与运载火箭、发射设施、测控跟踪系统之间的协调性,如航天器与火箭对接试验、系统衔接试验、程序性试验等均属此类。在航天器研制后期,有时完全按发射程序和内容在发射场进行航天系统的实际操作演练。在测试区也进行类似的协调试验,但试验的内容和要求有所不同。

2. 航天器飞行试验

航天器飞行试验是指在完成广泛地面试验之后、航天器正式应用前,在实际或接近实际的飞行条件下进行的各种试验。试验目的是考核航天器的功能和实用性,判断它是否符合设计要求和确定需要改进的项目,借助各种遥测手段获取信息,为航天器的鉴定和正式使用提供数据。

同地面试验相比,飞行试验综合性强、涉及面广、工作量大、耗费多。因此,需选定最佳飞行试验方案和实施科学的组织管理,尽量减少飞行试验数量。航天器的飞行试验(试验性的发射)一般与应用飞行结合进行,根据需要有时也单独安排。为保证航天员安全,载人飞船必须在不载人飞船和生物卫星飞行试验成功后再进行飞行。

按工作流程,航天器飞行试验一般分准备、实施和结果分析三个阶段。按试验内容,包括发射上升、在轨运行和离轨返回三个阶段。发射上升阶段的任务是将航天器送入预定轨道;在轨运行阶段,需要不断监测和控制航天器轨道、姿态以及各分系统的技术状态,并根据不同的有效载荷类型完成获取信息、传输信息和开展科学试验等各种预定的航天应用任务;离轨返回阶段仅适用于部分需要返回的航天器。

航天导航制导与测控系统,一般不单独实施专门的飞行试验,而是随整个航天系统一起完成所赋予的飞行试验任务。

航天飞行试验是一个复杂、庞大的试验体系。发射场是飞行试验的发射阵地,辅以测试区、发射指控中心、地面测控系统及辅助设施等。在发射场、航区和落区需分别设置高精度跟踪测量设备,包括测量控制站、测量飞机和测量船等,它们同测控中心一起构成测控网。飞行试验时,利用遥测系统进行数据采集、变换、传送、记录、显示和处理,利用光学和无线电跟踪测量系统对飞行轨迹和运动参数进行测量并实时处理所测数据,以监控航天器的飞行,预示落点,评定试验结果和航天器性能,或分析故障,以进行必要的修改。

4.6　空天工程研发与管理

空天工程项目周期长、经费投入高、关联因素多、技术风险大,有严格的研制程序;同时为顺利推进工程进展,达到预定目标,需要运用系统工程理论与方法进行组织和管理。本节将概括介绍空天工程的产品研制过程及工程管理等内容。

4.6.1　空天工程的产品研发

空天工程的核心是研制各类飞行器及其系统。本节将围绕产品的研制,介绍相应的业务流程与有关规定。部分内容既适用于航空器,也适用于航天器;航空与航天有所不同的内容,将会做出说明。

1.飞行器研制过程

为了获得适用的飞行器,需要开展研制与生产活动。虽然各国国情不同,但研制程序大同小异,研制阶段划分也基本相同。我国将飞行器研制全过程,划分为论证阶段、方案阶段、工程研制阶段、定型阶段和生产阶段。对于无批产要求的航天器,则无"生产阶段",其"定型阶段"有时称为"使用改进阶段"。而对于民用航空器,第三、四阶段常被称为"预发展阶段"和"工程发展阶段"。我国军用飞行器和民用航空器的研制程序分别如图 4 - 29、图 4 - 30 所示。

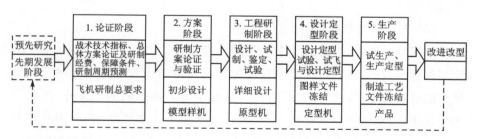

图 4 - 29　我国军用飞行器研制程序

各阶段均对应不同任务,在"4.2.2 飞行器设计"一节,已经对前几个阶段围绕"设计"应开展的工作进行了简要介绍,这里侧重从"输入""输出"角度再做补充;而从"定型"之后的几个阶段任务的描述,我们应可清楚地看到

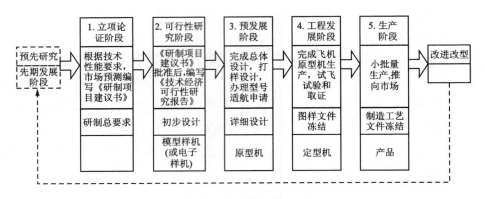

图 4-30 我国民用航空器研制程序

作为一个"工程"项目的目标与归宿。军用、民用航空器的研制程序大体相同,我们统一作如下介绍。

(1) 论证阶段

根据用户提出的任务要求,论证可能采取的各种方案、技术途径、可能达到的指标,估算研制周期和经费,完成并上报可行性论证报告。用户对论证报告研究后,确定总体技术方案,下达《研制总要求》。民用航空器的论证工作,更强调以用户需求为基础,在市场预测和设计技术要求分析的基础上,编制《研制项目建议书》。

(2) 方案阶段

根据《研制总要求》,完成方案设计,样机设计、制造和评审,确定地面和飞行试验方案等,编写并上报《研制任务书》。对于民用航空器,该阶段的工作成果为《技术经济可行性研究报告》。

(3) 工程研制阶段

依据经审批的《研制任务书》,进行详细设计、试制、鉴定、试验,使产品达到设计定型试飞状态,并提出设计定型试飞申请报告和试飞大纲。对于民用航空器,该阶段称"预发展阶段",除与军机大体相同的工作外,还要落实先锋用户,筹建产品支援技术体系,在飞机构型方案冻结、先锋用户订单达到项目启动数量、研制保障条件得到落实后,经批准,转入工程发展阶段。

(4) 定型阶段

在接受鉴定与验收的基础上,完成设计定型,进而完成工艺定型。具体包括:进行并完成试验,设计文件定型,工艺文件定型,专用工装和设备鉴定,编制设计文件汇总表、产品技术说明书和使用文件汇总表等。民用航空器的此阶段称"工程发展阶段",在此阶段,项目承担方全面开始研制工作,发出全套生产图样,完成研制、生产、试飞,取得型号合格证和生产许可证等。

(5) 生产阶段

生产阶段分两步:第一步,依据设计定型文件进行试生产,通过鉴定性试验和试用,进一步考核产品的适用性和生产稳定性,完成生产定型;第二步,开始稳定批产,设计工作应继续配合并及时解决出现的问题。

2. 飞行器的定型与验收

在通过地面试验和试飞考核,以及其他各项审查合格后,飞行器将接受定型与验收。军用航空器由军工产品定型委员会批准定型,民用航空器由民航适航鉴定委员会审发适航证。航天产品中的导弹、火箭等有批产要求的,其定型验收程序与航空器大体相同。

我国军用航空产品定型委员会分为两级:"一级定委"为国务院、中央军委军工产品定型委员会;"二级定委"为航空军工产品定型委员会(简称航定委),航定委下设办公室(简称航定办)。军用航空器生产定型应满足一系列具体要求,如生产线足够完善,生产周期满足用户要求,保障设备和零备件具有可靠供应等。

民用航空器的适航管理是从安全性出发,对航空器设计、生产制造、使用维护、进出口等全方位、全过程的控制管理。民用航空器的适航管理分为两类,一类是初始适航管理,另一类是持续适航管理。我国的适航管理原则上引用美国 FAA 的标准,实行以"三证"(型号合格证、生产许可证、单机适航证)管理为主要方法的适航管理形式。

(1) 初始适航管理

初始适航管理,是在航空器交付使用之前,适航当局依据适航标准和规范,对航空器的设计和制造所进行的型号合格审定和生产许可审定。初始适航即为取得"三证"的过程。

型号合格证(TC)——民用航空器在研制完成、投入生产之前,须通过型号合格审定,取得 TC。TC 的颁发意味着该型号设计满足中国民航规章(CCAR)的要求,符合飞行最低安全标准。

生产许可证(PC)——生产许可审定是适航当局对制造厂商实施生产批准的一种基本形式。审定的目的是在制造厂建立和保持一个符合适航标准的质量控制体系,使生产处于可控状态,以保证所有产品具有适航性并能安全使用。经生产许可审定合格后,适航当局向制造厂商颁发 PC。

适航证(AC)——适航审定是继型号合格审定、生产许可审定之后,保证航空器安全使用的最后一次初始适航审定。根据有关法规性文件进行审定,合格后,颁发 AC。只有获得 PC 的制造厂商、依据 TC 生产的航空产品才有资格申请并获得 AC。

民用航空产品适航证分为两类:标准类和特殊类。标准类适航证满足《国际民用航空公约》附件 8 的要求,表明该类航空器可以投入商业飞行。特殊类适航证包括试验许可证、特许飞行证等,表明持该证照的航空器只能用于试验飞行、机组训练、调机飞行等。

(2)持续适航管理

持续适航管理是在航空器投入运行后,为保持其设计制造时的基本安全标准或适航水平,确定航空器始终处于安全运行状态而进行的管理。持续适航管理是对航空器使用和维修的控制,其核心内容是对航空器的不安全状态进行监控,并采取相应措施予以纠正。

民用航空器在取得 TC、PC、AC 之后,从投入使用起,应保证该航空器在其全部服务寿命期限内的安全性不变,始终满足民航法规和适航标准的各项要求,确保旅客、空勤人员和第三者的人身安全,并确保运行状态达到最低安全水平。

4.6.2　系统工程与空天工程

系统工程与空天工程关系密切,系统工程已成为认知和描述现代空天工程的基本方法,也成为现代空天工程的主要管理手段。

1. 系统工程的演进

系统工程(System Engineering,SE)的定义很多,钱学森对系统工程的定义是:"系统工程是组织管理系统的规划、研究、设计、制造、试验和使用的科学方法,是一种对所有系统都具有普遍意义的方法。"国际系统工程协会(INCOSE)在《系统工程手册》中从流程与专业性方面给出的定义是:"系统工程是一种自上而下的综合、开发和运行真实系统的迭代过程,以接近于最优的方式满足系统的全部需求。""系统工程是一种使系统能成功实现的跨学科的方法和手段。"

系统工程的学科基础包括运筹学、控制论、信息论、计算机科学等。它是一门边缘学科,不仅涉及自然科学领域,还广泛涉及诸如社会学、心理学、经济学等社会科学学科,并在发展中形成了一套处理复杂问题的独特理论、方法和手段,主要包括:组织的建立与优化,流程的设计与进化,工程活动的开展与综合,项目和项目群的管理,以及为完成上述任务而进行的信息系统开发与应用等。

系统工程作为一门独立学科诞生于 20 世纪,但系统思想古已有之,大批古代伟大的工程成就,都闪耀着系统思想的光辉。1911 年,美国管理学家泰勒的专著《科学管理原理》问世,催生出具有系统工程管理特征的"泰勒系统"。1940 年,美国贝尔电话公司的两位科学家首次提出"系统工程"(SE,System Engineering)这一名词。

二战期间,英美等国将运筹学理论应用到军事工程和军事行动当中,进一步促进了系统工程的发展。1940—1945 年,美国在"曼哈顿计划"中,首次全面运用系统工程理论及方法指导工程实践,取得巨大成功。接着,美国兰德公司运用系统工程理论完成了一系列重大战略课题的研究。至此,系统工程学科正式诞生。

20 世纪五六十年代,美国运用系统工程理论成功实施了"北极星"计划、"阿波罗"计划等大型复杂工程,进一步完善了系统工程理论与方法,也让系统工程声名鹊起。

自 20 世纪 80 年代之后,随着计算机技术、网络技术的发展,出现了分级分布控制系统和分散信号处理系统,进而大大扩展了系统工程的应用范围,社会、经济、军事、环境等复杂巨系统研究课题以及大型复杂工程项目,均采用系统工程的研究及管理方法。

当前,系统工程正向基于模型的系统工程(MBSE,也称 SE4.0)方向演进。因现代系统的复杂程度日益提高,传统的"设计,制造,试验,再设计"流程不再适用,基于静态文件的 SE 也不再适用。MBSE 以建模与仿真为手段,建立综合系统模型,借以全面了解子系统间的相关性和接口,实现更充分的共享和沟通,实现全过程的自动化和全面可追溯性。

2. 空天工程的系统工程管理

空天工程是大型复杂巨系统,具有跨学科、整体性强、关联度高、反复迭代等特点,过程漫长,因素众多,技术风险大,质量要求高,协调关系复杂,必须站在全局的高度,运用系统工程的管理手段,推进工程项目的实施。

以 20 世纪 60 年代的"阿波罗"登月工程为例:历时 11 年,耗资 255 亿美元;在工程推进的高峰期有 2 万家企业、200 所大学和 80 多家科研机构同时参与工作;更重要的是,为确保登月成功,对工程的每一个部分、每一个环节都需要高标准,不能出现任何缺陷,为此,责任机构 NASA 在最困难的时刻,邀波音公司组成数千人的技术集成团队,携手实行最严格的系统工程管理,终获圆满成功。

再以航空工程为例。一款现代大型飞机,一般都包含几十个分系统、上千项机载产品和数百万个零件,供应商可达上千家,投入经费动辄数亿、数十亿,甚至上百亿,研制周期数年、十数年甚至更长,为确保如期、按目标完成工程任务,也必须实行精准细致的系统工程管理。

系统工程既是一种认识论,又是一种方法论。既可帮助人们从整体观念出发,优化工程要素,寻求最佳方案,又可指导人们进行组织构建、流程设计、过程优化和项目管理。系统工程在空天工程项目中作用斐然,屡屡取得令人信服的成效,已经成为空天工程项目所依赖的基本管理方法与手段。反过来,空天工程也是孕育系统工程的主要领域,最早的系统工程实践就发生在航空航天工程当中,空天工程的实践又大大促进了系统工程理论与方法的发展。

4.6.3 空天工程项目管理

针对空天工程项目所开展的一切管理活动统称为空天工程项目管理。一个空天工程项目的成功,不仅取决于技术,同样也取决于管理,尤其需要以系统工程思想为指导,以系统工程方法为工具,实施现代项目管理。

1. 项目管理的概念

项目是为提供产品或服务所从事的具有时间性的独特活动。时间性是指每一个项目都有确定的开始和结束;独特性是指每个项目都创造独特的可交付成果,包括各种形态的产品或不同形式的服务。

项目管理就是对上述定义的"项目"进行的管理。美国项目管理协会(PMI)对项目的定义是:"项目管理是把各种知识、技能、工具和技术应用于项目活动之中,以达到项目的要求,项目管理是通过应用和综合诸如启动、规划、实施监控和收尾等项目管理过程来进行。"简言之,项目管理就是为实现项目目标所开展的组织、计划、安排和控制等活动的总称。

项目管理的历史源远流长,有许多古代项目管理的成功范例。20 世纪 40 年代之后,系统工程理论与方法应用到大型复杂工程项目管理当中,取得了巨大成功,空天工程项目尤为典型。20 世纪 90 年代后,项目管理除了实现进度、费用、质量三大管理目标之外,管理范围有了新的扩展,与其他学科的交叉渗透进一步增强,实现管理的最优化以及提高参与方的满意度,成为新的追求目标。

2. 空天工程项目管理的特点与内容

空天工程项目管理拥有一般工程项目管理的特点,但在以下方面又有自己的特点:

(1) 项目管理内容的高层次和宽范围

空天工程项目具有天然的复杂性,不仅系统组成复杂、研制过程复杂,而且技术、进度和经费交互影响,往往还具有较高的政治敏感性,这就使得空天工程项目管理,必须在高层次、大范围内筹划,必须站在全局的高度,缜密计划,广泛协调,严密组织。

(2) 阶段管理和状态管理要求极高

空天工程项目管理的范围宽泛,核心工作是阶段管理和状态管理。需要针对项目特点,围绕着这两大核心工作划分和排序各阶段任务,并确保各阶段的状态可控,特别是技术状态的时效性和一致性。

(3) 风险管理占有特别重要的地位

空天工程是一种高风险工程,风险来自多个方面,而且具有突发性、多样性、复杂性等特点,风险管理面临的多是新情况、新问题,鲜有经验可循,有许多风险管控决定成败的案例。因此,增强风险管理意识、提高风险管理水平,就变得异常重要。

(4) 需要不断创新管理手段和管理工具

空天工程属于高科技工程,往往成为新技术、新工艺、新材料的"试验田"和科技创新的"策源地",也强烈要求开发和采用先进管理手段和工具,以保障工程项目的顺利实施。

项目管理有着鲜明的行业特点,不同项目或者同一项目不同阶段的管理内容也有所差别。我国空天工程项目管理的内容与工具如表 4 - 13 所列。

表 4-13 我国空天工程项目管理内容与工具

内容	组织管理	组织机构——由供应商、部门、专业人员组成,需要时组建项目管理办公室; 双师或三师系统——行政总指挥、总设计师、总质量师; 模式与流程——配置、分工与规划,确立、执行与优化
	阶段管理	阶段划分;阶段任务实施;转阶段评定
	范围管理	收集需求、定义范围、核实和控制范围; 创建和确立工作分解结构(WBS),关注其变化,完善任务承包商体系
	费用管理	项目实施前——资源规划、费用估算、费用预算; 费用控制——依据计划的约束对项目费用进行控制
	进度管理	进度计划编制——依据 WBS 编制项目工作和里程碑目标日期计划; 进度计划控制——对实际进程进行测量,确保符合进度计划或做出调整; 项目进度优化——优化资源配置,实现最佳效果
	风险管理	风险规划(技术、进度与费用); 风险评估; 风险应对与监控
	供应商管理	供应商确定——组织与协调,结构与手段; 采购管理——计划与控制,成本与周期; 供应链管理——目标确立与特征,监督、比较与改进
	技术状态管理	技术状态管理计划;技术状态标识;技术状态控制;技术状态纪实;技术状态审核
	质量管理	以总质量师为首的质量师系统以及质量保证组织体系; 贯穿于设计制造全过程; 包括工作质量管理和产品质量管理
	多项目管理	并行工程;流程改善;资源统筹与知识工程
工具	信息化	航空工程项目管理信息化平台; 信息采集与信息流传递; 数据库建立、更新与信息共享/重用
	成熟度	项目管理成熟度模型; 项目组织能力量化评价; 项目管理改进策略

4.7 空天工程技术发展

人类在空天工程领域百余年的奋斗实践,创造了辉煌的业绩;展望未来,更加伟大恢宏的空天工程召唤我们去创建,空天工程技术也必将获得新的发展。本节将根据飞行器发展的趋势与热点,对空天技术未来发展做出前瞻,并对若干有可能引发颠覆性作用的新技术做出预判。

4.7.1 航空工程技术的未来发展

传统航空工程技术仍在继续进步,未来对于飞行器发展可能产生重要影响的关键技术至少有以下诸项。

1. 飞行器设计技术

飞行器设计技术的理念和方法将持续进步。基于模型的系统工程、多学科优化设计、虚拟现实(VR)和增强现实(AR)、面向产品全寿命周期的数字化并行设计等的应用广度与深度不断扩展。新的气动布局、结构形式继续推出。将智能结构用于飞行器,保证在起飞、巡航、执行任务、返航、降落等各个阶段保持气动效率最优,改善操纵性和控制品质。新隐身技术,以及为实现故障预测与健康管理(PHM)的多功能、一体化结构,也将加快发展与应用。

(1) 气动设计

空气动力学研究,特别是高效气动技术,是实现飞行器原始创新、发展新概念飞行器的基础技术,对于提高飞行效率、扩大飞行包线、提高安全性和降低成本,具有基础性、导向性作用。气动设计的新进展,将聚焦气动性能与气动升力的持续提高,及降低气动阻力与气动噪声,不断带来新气动力布局;降低声爆技术的突破,将促使超声速客机重飞蓝天。计算流体力学(CFD)将继续获得发展;主动流动控制技术将越来越得到重视。根据不同飞行状态或飞行条件的需要,采取最恰当的流动控制技术,可以使空气动力效率提高到前所未有的水平。

(2) 结构设计

机构设计领域的创新发展方向之一是主动结构,也称智能结构技术。

255

这种技术可以使飞机在各飞行阶段都能保持气动效率最优,改善飞行器操纵和控制品质,提高飞行效率和完成任务能力,并改善飞机的机动性能、起降性能和安全性能,对于飞行器减震降噪和节油减排也具有重要作用。主动结构涉及先进航空材料、先进传感器与作动机构、自适应结构、气动弹性、仿生飞行器结构设计等工程技术,有望在柔性机翼与变体结构及智能蒙皮方面首先取得突破(见图4-31)。

先进复合材料已成为与传统金属材料一样重要的结构主材,复合材料所占机体结构的重量百分比和所占机体表面积百分比已成为飞行器先进性的标志之一,复合材料的结构设计必须予以特别关注。复合材料结构设计不是金属结构的材料原位替代,而应按照复合材料的特点与属性进行设计,充分注意强度及刚度要求、抗冲击损伤能力、构件连接形式等特殊性问题,并不断生成与完善相应标准规范。设计过程应推行 IPT 模式,实施构型设计、材料制备与成形一体化。

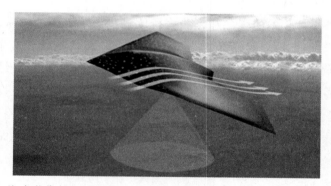

注:智能蒙皮可以随时调整飞行器的气动外形以获得不同的飞行性能。

图 4-31 智能蒙皮

(3) 新隐身设计

为了对抗各种电磁/红外侦察手段,提高作战飞机的生存力与突防能力,必须发展新隐身技术,并改进隐身设计。传统的重点部位目标特征减缩、隐身/气动及性能一体化设计,以及信号特征分析、RCS 计算、实用仿真/动态测试/隐身效能评估等技术仍将继续发展,新兴的等离子体隐身、宽频谱多功能隐身材料与结构、综合传感器隐身设计等工程技术值得高度关注。其中,利用等离子体层对雷达波的特殊吸收和折射特性,可使雷达反射波大幅度下降,达到隐身目的,而几乎无须改变气动外形和结构。

（4）PHM 设计

新一代军用、民用航空器都对故障预测与健康管理（PHM，Prognostics and Health Management）提出迫切需求。PHM 是机内自检测（BIT）和状态监控技术结合的产物，现正快速发展，可促进扩展健康监控的范围，提高预测精度，支持视情维修（CBM，Condition-Based Maintenance）功能的实现。PHM 覆盖机体、动力和机载系统，与主动结构和发动机模态控制的关系尤为密切。实施 PHM 的挑战是技术集成，实现 PHM 功能必须从设计入手，需要从材料/传感器/结构一体化设计、信号获取与传递路线设计、测试/诊断程序开发、系统软硬件集成等多方面开展研究和攻关，最终使 PHM 成为设计工作必不可少的组成部分，使之成为实际的系统能力。

2. 动力新技术

航空动力将继续沿着提高推重比/功重比的道路前进，将通过综合运用气动热力学、材料、结构设计和控制等的最新成果，提高涡轮前温度，简化结构，减低重量，实现最优性能控制。自适应变循环涡扇发动机和用于大型运输类飞机的超高涵道比涡扇发动机已接近实用化。正在研究的环保型发动机，通过改进燃烧室和高效率的涡轮机，通过主动噪声控制和新型低噪声尾喷管等技术的应用，将进一步降低耗油率、加大推力、降低噪声和减少污染排放。一系列新型发动机，如齿轮传动风扇的高涵道比涡扇发动机（见图 4-32）、开式转子发动机（见图 4-33）、超燃冲压发动机（见图 4-34）等正在探索和研发中。

航天系统用大推力运载火箭及其重复使用技术将成为两个主要创新发展方向。面向临近空间飞行器和高超声速飞行器的组合动力也将取得新进展，包括涡轮/火箭、涡轮/冲压、涡轮/脉冲爆震火箭/冲压等多种组合样式，将实用化和工程化，进而支持水平起降、重复使用、低成本进入太空的空天一体飞行器将成为现实。

3. 机载新技术

机载系统是保障飞机安全飞行和完成预定任务的重要设备，分为航空电子系统和机械电气系统。前者包括探测、导航、通信等分系统，后者包括环控、救生、电源、燃油等。飞控系统较为特殊，与飞机总体关联密切，控制指令与执行机构又各自带有航电与机电的特点。机载武器是挂载在特定的军用航空器上、执行作战任务的"终端"，其性能在很大程度上决定载机的作

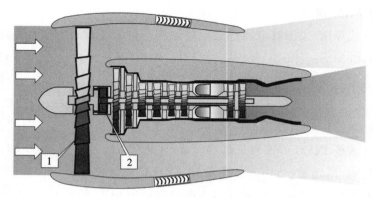

1— 风扇; 2— 齿轮箱

图 4 - 32   齿轮传动风扇的高涵道比涡扇发动机

图 4 - 33   开式转子发动机

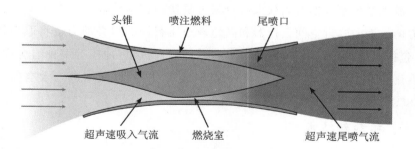

图 4 - 34   超燃冲压发动机

战能力。

　　进入 21 世纪以来,电子、信息、网络、能源、材料等技术发展迅猛,新的军事理论和作战思想对机载系统与武器提出了更具挑战性的要求,机载系统与武器技术也呈现出快速发展的局面。

（1）信息获取

在未来体系对抗和复杂电磁环境下，航空武器装备获得可信、可用信息的难度越来越大，信息获取能力将成为确保制空作战优势、远程快速打击等使命任务完成的前提与基本能力。信息获取能力的核心是多源信息探测与处理，涉及先进传感器、传感器综合、网络化探测、数据融合与处理、建模与算法等大量工程技术，有诸多技术挑战，如：近零功率射频与传感器技术、超光谱传感器技术等探测新技术，以提高运动目标成像、三维成像、远距高分辨、电子器件低耗能和广谱探测能力。

多元信息探测与处理技术的快速发展，将促进信息获取的实时性及其深度和广度，提高目标识别能力，并提高自身抗干扰能力，使作战人员能够随时掌握战场态势，准确锁定目标位置，迅速实施精确打击，大幅度提高部队的作战能力和战场生存能力。

（2）导航控制

导航与控制技术对于提高飞行器的任务适应性、作战效能及生存力具有重要作用，是发展各类新型飞行器的关键技术，涉及飞行控制、综合控制、惯性导航、组合导航等平台技术，以及惯性器件、作动器、传感器、处理机、飞行软件与仿真技术等多项工程技术。

高精度导航系统的任务是实现飞行器高自主性、高导航精度、高可靠性、快速反应特性及良好的使用维护性。以全球定位系统（GPS）为代表的卫星导航系统，因具有全天候、全球覆盖、精度高等优势，被广泛应用。但由于 GPS 信号容易被干扰阻断，必须发展不依赖于 GPS 的导航技术。不依赖卫星的导航技术是指，借助雷达、光电、红外、可见光探测和测距、星跟踪、磁力计、高度表和其他信号等多源数据，利用高速算法和硬件形成导航解决方案。目前这项技术已取得突破，正在逐步实现工程化与实用化。

自主控制系统面向非结构化环境和不确定性，不依赖于外界，实现以本体态势感知为中心的控制，将首先应用于先进无人机。自适应控制系统则通过修正控制器自身特性，以适应对象和扰动的变化，使系统在控制对象参数或结构大范围变化时，仍能自动工作且近于最优运行状态，这对于未来参数和结构具有强不确定性的飞行器有着重要价值。

（3）能量管理

各种飞行器对能量的总量与管理水平的要求日益提高，该项技术旨在用系统综合和优化的方法解决飞机的热管理难题，并为任务载荷提供更多的电能。

　　飞行器多电/全电化是飞行器能量系统发展的过程,采用内置式起动/发电机以及电力作动等手段,用电能取代目前飞行器上使用的液压、气压和机械等多种能源形式,以提高飞行器能源利用效率。多电/全电化技术对提升飞行器性能和多任务能力有重要作用。同时采用全电化的飞行器可以获得兆瓦级能量,从而为军用飞行器采用的高能束武器等新型机载武器提供能源。

　　多电飞行器与全电飞行器是供电能力和电力驱动方式应用程度的一种进化表征;它既是飞行器的进化,又是航空发动机的重大变革,同时也是机上电源的新形态。全电化是通过采用大功率内置式整体起动/发电机、高可靠电力作动、先进配电及全电综合环境控制/热管理等技术,使电能成为飞行器上除发动机外的唯一能量形式;同时,它以能量的产生、传输和使用为纽带,实现与其他相关专业的融合,为在飞行器平台层面的系统综合提供支持。为了实现这个目标,需要重点发展的技术包括:大功率的内装式起动/发电技术、主动磁浮轴承和分布式控制技术、综合环境控制/能量管理技术、高可靠电力作动技术、全电刹车技术等。

　　(4) 新型武器

　　传统的机载武器如空空导弹、空地导弹等,将进一步向全天候、全高度和全方位的"三全"攻击能力,扩大攻击包线和延长作用距离,增强毁伤效果的方向发展。作为制导武器核心技术的精确制导技术,将在提高精度、增强抗干扰能力、基于机外弹外多源信息融合的制导解算以及网络制导等方面寻求突破。临近空间飞行器将成为机载武器的打击目标,同时又可能成为新挂载平台。空基反导、空天反卫等武器品种即将出现。包括激光武器、微波武器在内的机载能束武器正处在实用化的关键阶段。来自特殊作战和战术无人机实施精确打击需求的驱动,适应直升机和无人机需要的小型/新型机载武器也在加快发展。无人机将装备小型化机载制导武器,而在未来,基于新物理原理的武器如超高频炸弹有望挂载无人机。基于微/纳米技术、具有感知/决策/行动/交互功能的无人作战单元,可能成为灵活执行特殊作战任务的新武器品种。

4. 民用航空器的未来

　　不断加快的人类社会生活节奏,呼唤着更多新民用航空器的出现。新布局高效客机、新一代超声速客机等先进民用航空器将展开更加活跃的研发，在智能化自动驾驶飞行控制系统和新一代无缝空中交通管理系统等方面将取得新突破。同时由于对通用航空在更大范围广泛应用的需求，新一代公务机、先进民用直升机和各类个人飞行器将会获得更大发展。

绿色航空技术将会受到更大的重视。绿色航空是提高飞机的环保性和舒适性，实现民用航空持续发展必须掌握的技术，包括减少飞机污染物排放和降低噪声，关键是研发低油耗、低排放、低噪声的"绿色发动机"，开发清洁燃料，以及低噪声气动布局设计。

5. 新材料与制造

发展高性能新材料与先进制造技术对于提高飞行器性能、促进航空事业发展具有决定性作用。新材料与新制造技术越来越呈现出融合发展的趋向，如先进复合材料及其结构制造、高温合金与热部件制造、金属增材制造原料与大型整体结构件增材制造等。

航空工业本质上是制造业，其产品是现代制造技术和极端制造（Extreme Manufacturing）技术的结晶。现代制造主要包含：工业化与信息化的深度融合，面向制造的设计与工艺技术，基于模型的系统工程，以及先进使能技术与基础技术构筑的支撑环境。极端制造是指在极端条件下制造极端尺寸（极大或极小）或极高功能的器件与功能系统。这项技术不断取得的新成果将直接用于飞行器特殊部组件和载荷制造。

4.7.2 航天工程技术的未来发展

自 20 世纪末以来，航天工程技术与应用发展迅猛，引起世界各国的高度关注。航天器的活动范围不断向深空和近空间拓展，运行轨道多样化，飞行任务更为复杂，应用日益广泛与深化；航天器的品种增多，性能更好。在军事应用方面，航天工程技术正从利用空间向控制空间发展，从战略威慑到实战应用延伸，在高技术局部战争中开始发挥重要作用。军事航天系统的网络化、集成化、智能化趋势明显，部署在不同轨道、不同高度，执行不同任务的航天器及其系统，与航空器及信息网络相集成，正在形成空天地一体化的强大军事力量体系。

1. 航天器技术

无人航天器（卫星和空间探测器）的功能密度和自主能力将持续增强，

其效费比将不断提高；灵活、机动、长寿命、高可靠、抗干扰、星座化、可在轨服务、应急发射等成为重要的发展趋势。作为进入空间及和平利用空间资源的主要工具，有效载荷和平台一体化，将提供更多安全、可靠、经济性好的实用功能。

我国将全面建成北斗全球卫星导航系统和高分辨率对地观测系统；在月球与深空探测领域将分步骤实施绕月探测、月面软着陆与月面巡视勘察、自动采样返回，力争开展无人月球科研站基本型建设；实施我国首次火星探测工程，开展无人火星环绕和着陆巡视探测，启动无人小行星采样返回和主带彗星等深空探测任务。

在空间基础设施领域，将建成国家民用空间基础设施骨干框架，构建商业遥感卫星星座、全球低轨移动通信试验系统和高通量宽带通信卫星系统，发展空间科学和新技术试验系列卫星，全面提升空间信息综合服务能力和空间飞行器智能化水平等。

载人航天器（载人飞船、空间站、航天飞机、空天飞机）的技术发展，随着新一代载人航天计划的启动而进入新发展阶段。新一代载人航天器以送宇航员重返月球乃至登陆火星为使命，将以提升综合功能为技术研发的重点，其安全性应比 2010 年退役的航天飞机至少提高一个数量级，且可重复使用。美国洛·马公司研制的"猎户座"航天器（见图 4-35）有望在 2020 年首次执行飞往月球的载人飞行任务。我国在载人航天领域，将继续进行航天员出舱活动、无人交会对接和载人交会对接试验。

图 4-35 "猎户座"航天器构想

空间站有可能配备为军用卫星进行在轨服务和军事勤务活动的设施，承担起推进剂仓库、卫星及部件贮存室和修配车间、移动式机械臂等使命，发展成为军事航天支援、勤务保障及作战的重要基地，甚至贮存诸如动能武器、定向能武器等空间武器，发展成为空间武器平台。我国将逐步开展空间实验室和空间站建设。

2. 有效载荷技术

在卫星应用与科学探测领域，将继续发展环境与灾害监测、地球资源探测、气象探测、海洋探测、通信卫星等系列卫星，辅以各类科学试验和空间科学探测卫星，各类有效载荷品种将更为多样化，性能将不断提升。导航卫星的定位、测速、授时精度，空间、时间和光谱分辨率等将有新的提高，瞬时成像幅宽不断增大，动目标监测能力不断增强；环境探测的手段多样化，信息要素日趋丰富精准；卫星通信向着宽带通信和移动通信方向发展，提高码速率、扩展频段、增大容量、增强抗干扰能力、灵活组网和终端小型化成为主要发展趋势。

作为空间攻防手段的军用载荷将在软、硬杀伤与防御两方面获得发展。作为军事应用的电子侦察，其工作频段更宽，测向定位精度更高，能够侦收和识别更为复杂的信号。动能、定向能等空间武器应达到实用化，天基武器将逐步达到机动灵活、快速反应、低成本、高可靠和强突防能力的水平。

3. 航天运载器技术

航天运载器技术将朝着低成本、高可靠、支持快速发射、可重复使用和航空航天相结合的方向发展，运载器的快速准备与应急发射能力进一步增强；常规液体发动机和固体发动机的性能不断改进和提升，核推进、激光推进、电磁推进等新型推进技术正在兴起。

我国将研制新一代中型运载火箭，完成固体运载火箭海上发射，初步建成新一代长征系列运载火箭型谱，开展常规推进剂运载火箭替换和重型运载火箭研制工作。

4. 航天测控与运行控制技术

航天测控的任务是：对上升段运载器进行测量，对故障火箭实施安全控制；对航天器进行遥控，接收载人航天器图像及进行话音通信等；以及为有效载荷提供相关参数。我国已建成由 UHF、S、C 三个频段测控设备组成的航天测控系统，可为中低轨、地球同步轨道等多种航天器提供测控支持，完成了各次航天飞行的测控任务,具有很高的总体效能。

我国航天活动的新发展对测控的需求为:更高的轨道覆盖率,更高的轨道精度,更高的数据传输速率,更多的测控目标和更复杂的测控任务,更远的测控距离和更低的测控成本,向自动化、智能化和多任务运行管理控制的方向发展。

航天活动的持续发展给测控系统带来了新的挑战和发展机遇。为满足上述需求,未来的技术发展方向是:

(1) 由陆海基测控向天地一体化测控过渡

我国航天测控的主要发展途径是建立数据中继卫星系统,充分利用我国北斗全球卫星导航定位系统,优化地面测控站布局,逐步建成天地一体化测控系统。卫星发射段、高轨卫星和小卫星的长期管理由地基设备为主完成,中低轨航天器的长期管理则由天基系统为主、地基设备为辅。

利用以数据中继卫星系统为主建设的天地一体化测控网,不仅能有效地提高网的测控覆盖率、定轨精度、火箭全程测量和同时对多目标的测控能力,而且能够完成各类对地观测卫星的高速实时数据传输的任务。

(2) 补充完善适于小卫星、星座及组网的测控手段

小卫星是当今世界航天领域发展的热点,也是我国重点发展应用的一类航天器。要实现小卫星测控,需攻克多星测控管理和小型化的地面高效综合设备技术。

(3) 建立空间信息资源应用管理网络系统

建设从国情出发、由初级向高级逐步发展的天基综合信息网,把已发射和即将发射的卫星及地面系统综合利用,构成可实现资源共享、面向用户提供全方位信息服务的网络。

4.7.3 空天科技前沿与颠覆性技术预判

进入21世纪以来,在空天工程的旺盛需求牵引,以及相关领域持续技术进步的双重推动下,空天工程技术正在加快发展。相关技术领域的技术突破层出不穷,其中一些项目有可能对空天工程发展引发颠覆性作用,对于这些技术进行前瞻和预判是十分重要的,这是我们空天工程技术的动力之源,也是做好未来发展战略布局与谋划的基础。

1. 对前沿技术与颠覆性技术的认知

（1）前沿技术

汉语里的"前沿"，指前部的边沿，扩展为最前面、最前部和第一线等义。将"前沿"同"技术"复合在一起，就成为"前沿技术"这个新词。但其尚无公认的确切含义。与中文词"前沿技术"相对应的英语表达方式很多，相比较而言，Cutting-edge Technology、Leading-edge Technology、Forefront Technology 等英语词汇与"前沿技术"更为贴近。

"前沿技术"的最典型特征，只有一个，即"处于最前"。前沿技术是同现实的实用成熟技术相比较而存在的。前沿技术可定义为：代表特定范围或一个领域发展方向的，公认其具有先导性和引领作用，但尚未达到高成熟度的技术。

也有人使用"前沿科技"的概念，但这是不准确的。所有未被认知的科学都具有前沿性，而如上定义的技术才是"前沿技术"，把这两者合二为一，缺乏精准内涵，也无使用价值。

（2）颠覆性技术

颠覆性技术是指能改变某一行业主流产品和市场格局，或改变某领域"游戏规则"或操作方式的技术；是由美国哈佛商学院教授克莱顿·克里斯坦森（Clayton M. Christensen）在 1995 年首次提出的。

颠覆性技术拥有多种来源与多元构成。颠覆性技术并非一定来自科学或前沿科技的突破，并非一定是基于新原理的原创性技术，颠覆性技术也可以是原有技术、成熟技术的新集成、嫁接、转移或扩展应用。

2013 年，美国麦肯锡研究院发布《2025 年前可能改变生活、企业与全球经济的 12 项颠覆性技术》，其 12 项颠覆性技术包括：移动互联网、知识工作自动化、物联网、云技术、先进机器人、自动驾驶汽车、下一代基因组学、储能技术、3D 打印、先进材料和先进油气勘探开采及可再生能源等，并预测到 2025 年这些技术对全球经济的直接影响将达 14 万亿～33 万亿美元。

美国国防部在 2014 年提出第三个抵消战略（the Third Offset Strategy）。其核心内容是，以创新驱动，重点发展能够"改变未来战局"的颠覆性技术群，确保在技术上领先对手的绝对优势，并破解对手"反进入/区域拒止"（A2/AD，Anti-Access/Area Denial）能力。

我国在 2016 年 8 月发布《"十三五"国家科技创新规划》,对发展"颠覆性技术"做出明确部署,提出要在信息、制造、生物、新材料、新能源等领域,特别是交叉融合的方向,加快部署一批具有重大影响,能够改变或部分改变科技、经济、社会、生态格局的颠覆性技术研究,力求使我国在新一轮产业变革中赢得竞争优势。

为实现创新驱动的国家战略,我们需要对颠覆性技术进行深入的学习和思考,结合各自的工作,进行卓有远见的部署,并脚踏实地予以推进。

小贴士:美国的三个抵消战略

抵消战略(Offset Strategy),是美国军事战略界创造的一个特定术语,专指利用和扩大自身优势战胜对手的战略。20 世纪,美国曾两次采取抵消战略。第一个抵消战略在 20 世纪 50 年代实施,旨在依靠核武器的数量与质量优势,对消苏联军队的数量优势。第二个抵消战略在 20 世纪 70 年代后期推行,重心是将先进信息技术嵌入传统武器系统,大力发展精确制导武器与新型侦察系统,取得常规军事优势。第三个抵消战略始于 2014 年,通过有选择地发展颠覆性科技,消解对手军事能力发展的挑战,特别是对消中国已经具备的反进入/区域拒止能力,赢得绝对优势。第三个抵消战略力求三方面的突破:技术创新突破、组织形态创新突破和作战概念创新突破。

2. 空天工程颠覆性技术的预判

与空天工程关系密切、可能产生颠覆性技术的领域宽阔,主要包括:物质类技术领域、能量类技术领域、信息类技术领域以及综合、交叉类技术领域。

人类在物质类领域的革命性技术进步源于对物质既向微观尺度、又向极度宏观的更深认识,以及对物质的掌控应用。而获取新能量是工业革命的动因,人类在此领域的技术进步既体现为不间断地探索可支配自然资源,又探究能量利用的最大化方式。

信息技术领域的进步将在计算机、人工智能、量子等领域展开,一系列新突破将带动社会文明进程,加速信息的扩展、传递、融合与应用。对于物质、能量和信息领域获取知识与技术的综合利用,将出现如仿生工程、基因工程等为代表的重大工程,对于提升人类对自身的认识和行为能力,提高社会财富的创新速度与效率,将产生不可估量的作用。

根据上述宏观认识和空天工程的需求与特点,对在空天工程领域有可能引发颠覆性作用的技术/技术群,做出如下一些预判。这些初步预判,旨在引发畅想,让更多的人士关注于此,从而推动 21 世纪人类空天事业的新发展。

(1) 能源与动力新技术群

未来空天工程急迫需要新推进原理以及新概念推进理论与方法,包括:破译引力本质,掌握反引力技术,突破重力场和大气层的束缚;反物质研究,以提供密度最高的能量源,实现恒星际航行;寻找新能源,改变航空动力样式,进行等离子隐身-反引力推进系统研究等。2019 年初,美国麻省理工学院研究人员研制出一架颠覆传统动力系统的飞机,即用正负电极产生的“离子风”作为动力驱动飞机前进;验证机重 2.45 kg、翼展 5 m,以 4.8 m/s 的速度实现了 45 m 左右的稳定飞行,可以认为是航空史上首次固态(无动部件)动力装置的验证飞行。

应密切关注和适时组织小型核聚变装置及其空天应用研究。《航空周刊》2014 年 10 月报告,洛·马公司宣称所设计的磁约束密集型核聚变装置将实现小型化(7 英尺×10 英尺,1 英尺 = 0.304 8 m),5 年内出原型,10 年左右有望用于飞机。科技网站 Ars Technica 2015 年 7 月报道,波音公司获批一项技术专利,利用激光引发核聚变,有望产生飞行器新动力。波音希望用这种核动力引擎代替目前航空涡轮动力装置,甚至航天器助推火箭系统。相比核裂变,核聚变几乎不带来放射性污染,原料取之不尽,可视为终极的能源方式。无论前面的道路还有多远,一旦突破,将开启真正的“原子和平”(Atoms for Peace)时代,无限久远的飞行将不再是梦。

(2) 新原理和新概念布局技术群

气动布局研究是飞行器发展的永恒主题。传统气动布局的气动效率提高接近上限,需研究气动效率更高的新概念布局。有希望的新布局样式有:新概念亚声速布局——翼身融合体(BWB)、桁架支撑翼等;超声速气动布局——大后掠三角翼、小掠角梯形翼、双翼机等;高超声速布局——升力体、双锥体等。

仿生飞行器研究在 21 世纪将会有新的突破。仿生飞行学研究将深入,鸟类和昆虫的飞行借助翼的扇动、拍打、扭曲、变形和旋转来实现,是令人神往的低耗能、高升力、自由扑翼飞行,而人类开拓现代航空事业百余年,所形成的固定翼与旋翼两类成熟的飞行器,与其飞行原理全然不同。至少要解决三大难题仿生飞行器才会真正走上实用化道路:搞清高升力(利用非定常气流产生的)原理,掌握节律运动(时间和空间对称)控制律,具备仿生飞行器设计与工程实现的诸多技术基础。

目前,在此领域的微小型仿生飞行器方面,国内外有一些进展,但大型化还有待时日。如 2014 年 5 月美国哈佛大学发布机器人马蝇试飞成功,每秒扑翼 120 次。其潜在应用为窃听、窥探、监测、授粉等。2015 年 7 月 10 日,德国科学家研制出仿生海鸥——聪明鸟,依靠双翼拍打飞行,实现翼面的扭曲。仿生飞行器尚需进一步突破仿生原理,以及在结构、材料、能量等方面技术的支撑,方能实现实用化,逐步走向中、大型飞行器发展阶段。

(3) 人工智能与自主控制技术群

人工智能技术(AI,Artificial Intelligence)集成了语言与图像理解、深度与增强学习(Deep Learning and Reinforcement Learning)等的最新成果,将对未来网络环境、复杂电磁环境下飞行器多源信息处理,以及智能制造等新生产模式产生巨大影响。

区别于自动控制(Automatic Control),自主控制(Autonomous Control)技术通过实时自动感知、自主分析与判断,来做出非人工干预的自主决策和动态任务规划。

以无人机为例,当前无人机系统自主能力甚低,现时的无人机仅为"遥控驾驶飞行器"(Remotely Piloted Aircraft,RPA),而非 UAV/S(Unmanned Aerial Vehicle/System)(即具有自主能力的真正的"无人机/系统")。军用无人机的作战使用依赖于频繁的人机交互;对目标的打击主要以人在回路的方式实现,即执行任务时,将机载传感器获得的侦察图像远程传回地面站,由地面站飞行员/操作员从图像中识别目标并确认攻击。用于无人系统的自主控制技术,其成熟度总体上未超过 3 级,因此提升自主化程度,成为最重要的发展方向之一。随着自主控制的发展与成熟,将开启飞行器、特别是无人系统发展的高级阶段和智能化时代。

一项引人注目的新技术——脑机交互(BCI,Brain-Computer Interaction)将带来全新控制方式,可能引发传统人机界面、航电系统任务与架构的重大变革。脑机交互是指不依赖人的大脑外周神经与关联肌肉动作构成的正常输出通道,而是通过采集和分析人脑生物电信号,经解算、调制和解调,实现"直接"控制对象设备或物体。颇有中国古时"读心术"的意味,"所思即所得,所想即所动"的哲学描述有望变成一族鲜活的技术群和实用的物理系统。

此项技术近年来有一系列进展。2013 年,美国明尼苏达大学实现人类首次用脑电波控制四轴遥控飞机;2014 年 5 月德国脑飞行计划(Brand Flight)实现飞行员用大脑精准操控飞行;9 月,西班牙、法、美科学家联合发布人际脑电波远程(8 000 km)传输首获成功;2015 年,美国 DARPA 资助体内植入芯片/意念控制项目,使一名瘫痪女子经简单培训,用意念控制 F35 模拟器;我国多所大学均开展了脑机控制研究试验,均有建树。

脑机交互技术在空天领域的应用前景是多方面的。例如:基于脑机互动的控制系统与飞行动力学相结合,将产生新的飞行控制方式;大脑对飞行器的直接控制,将减少或完全替代人的肢体操作,极大地改变传统的人机界面;借鉴人脑构造和运行,可以开发出全新的信息处理系统,并可对人的神经活动和思维能力产生干预和控制,从而赋予飞行器航电系统新的功能和形态。

(4) 纳米、超材料等新材料技术群

纳米技术,即纳米(nm)与纳米结构(尺寸在 100 nm 以下)的技术,在空天工程中的潜在应用前景广阔,需要十分关注,并适时获取此项技术,推动航空航天的工程应用。

纳米尺度(0.1～100 nm)的材料或微结构,具有突出的表面效应、小尺寸效应和量子限域效应,具有异于普通材料的光、电、磁、热、力学、机械等性能。基于纳米材料与纳米微结构,可以直接发展微机械和微电机(MEMS),可用于有传动机械的微型传感器和执行器、光纤通信系统及特种电子设备等。

纳米电子学也将获得新突破,包括基于量子效应的纳米电子器件、纳米结构的光/电性能开发、纳米电子材料的表征,以及原子操纵和原子组装等。

碳纳米管、纳米陶瓷、石墨烯和碳炔等碳纳米材料,已开始在航空航天领域应用。基于纳米材料的结构与功能材料一旦实用化,作为超轻超强材料,将对传统的飞行器构型带来革命性前景,结构材料的真正轻质化将破解结构质量系数的世纪难题;作为特殊功能材料,也将直接推动微纳飞行器和微型发动机的出现。

另一项革命性的材料技术是超材料，也称计算材料。通过内部结构的人工设计，制备出具有超常性能的新材料，实现材料制备与部件制造的一体化。超材料具有广阔的应用前景：利用超材料技术开发具有隐身性能的电磁窗，利用超材料平面透镜原理开发平面天线，超材料技术用于智能蒙皮和结构健康监测等，已经或正在成为现实。

（5）增材、智能制造新技术群

增材制造（Additive Manufacturing）正在颠覆传统的减材制造（去除切削加工），为制造技术发展注入新的发展驱动力。这项技术采用材料累加方法制造实体零件；同时兼具快速原型制造（Rapid Prototyping）、三维打印（3D Printing）、实体自由制造（Solid Free-Form Fabrication）等含义与功能。

这项技术已在我国多项空天工程项目中得到应用。应用此技术研制出的大型关键钛合金、超高强度钢构件等，已通过多项装备的静强度、动强度、疲劳寿命、冲击、震动等全尺寸零件试验考核。随着技术的进一步成熟，将创造更高的生产质量与效率，开辟经济可承受性新途径。当前，急切的挑战是，加快高性能增材制造装备及多类材料的研发，推动产业化，促进设计技术的进步，实现整体结构、轻量化结构的高效实现。

智能制造（IM，Intelligent Manufacturing）是近年来兴起的一项融合组织、管理与模式的新技术。其技术含义是，在数字化、信息化、网络化、自动化等的技术基础上，融入人工智能技术，使制造过程中的人与机深度交互，信息系统和物理系统高度融合，形成的一种面向产品全寿命周期、高度自动化的先进制造技术集群及应用系统。美国 2012 年制定的重振制造业计划，德国 2013 年发布的工业 4.0，我国确定的《中国制造 2025》，都将智能制造列为重点方向。

（6）信息与量子应用新技术群

正在成熟化的云计算、大数据技术将支持全球空天产业的发展，在新的信息技术支持下，航空运输业将推出高安全性、按需响应的管理与服务系统，极大地提高运营效率与质量。

蓬勃发展的量子计算在空天领域，有极为广阔的应用前景。量子导航/通信/成像可直接用于航空航天，展现出不依赖 GPS 的导航，安全、高速、大容量信息传输，以及穿透干扰、高清成像的新前景；量子计算机、生物计算机等下一代计算机技术将对飞行器发展和传统机载设备与有效载荷的形态与功能产生革命性影响。而量子计量正在对以实物基准为基础的传统计量体系产生颠覆性改变。

现代空天工程的发展仅百余年历史,21 世纪的航空航天注定将继续迅猛发展,而空天工程技术是最重要的支撑,我们应积极推动空天工程技术的进步,并密切关注和获取对空天工程发展具有积极作用的相关领域的技术成果,不断把空天事业推向新的高度。

第5章 空天工程产品与产业

在航空航天科学与技术的推动下,在社会多方面需求的牵引下,空天工程不断确立与创新发展,众多航空航天产品不断更新与迭代,从而构建起宏大的空天产业。本章在前述各章内容的基础上,从空天工程的产品及其发展趋势入手,阐释空天产业的概念、构成与特点,分析世界航空航天强国的产业状况,并对中国空天产业的发展与布局作简要介绍。

5.1 空天工程产品

空天工程产品是空天工程的直接目标和成果。经百余年的发展,当今的空天产品已十分丰富,包含有形的物品如飞机、火箭、航天器等,以及无形的服务如相关技术支持、培训等,甚至还包含为具象产品和服务而形成的相关组织和机构。

往前追溯到凯利爵士的滑翔机、莱特兄弟手工打造的"飞行者"飞机,当时的人们通过劳动创造出的成果,能够实现一定功能,满足一定需求,这些就是早期的空天产品。但受可复制性和流通性的局限,早期的航空航天产品没有能够聚合并带动相关行业发展以形成产业。在需求的强力牵引下,空天领域开拓者的劳动成果进入交换和消费领域,被赋予一定军用或商业属性,开始面向市场和用户,于是加速了它们的发展,形成了品类繁多、数量惊人的空天产品群。

5.1.1 空天工程产品的分类

空天工程的产品,按照属性来分,可以分为航空工程产品和航天工程产品两大类(见图 5-1),近年也出现了兼具两类产品属性的融合性产品,如空天飞机和临近空间飞行器等。

航空工程产品,主要指用于执行各类航空任务的物化产品,主要包括在各类大气层内飞行的飞行器(见图 5-2)。从产品的飞行原理来划分,分为

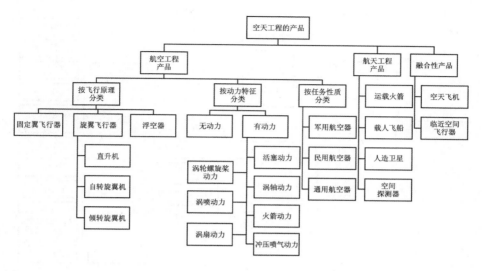

图 5-1　空天工程产品分类

重于空气和轻于空气的航空器。重于空气的航空器包括固定翼飞行器、旋翼飞行器(直升机、自转旋翼机)等,轻于空气的航空器主要有气球和飞艇等。从动力特征来划分,可分为无动力飞行器和有动力飞行器,后者包括使用不同动力样式的各类航空器。从任务性质上分,则可分为军用航空器、民用航空器和通用航空器等。

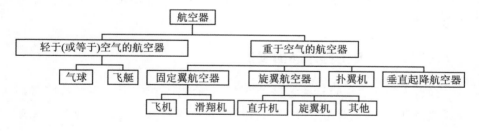

图 5-2　航空工程产品分类

　　航天工程产品按用途分,包括军用、民用和军民两用航天器三大类。最常用的分类方法是按照目标应用领域进行分类,分为运载火箭(弹道导弹)、人造卫星、空间探测器、载人飞船等几大类。由于产品使用环境的特殊性,航天产品还可依据是否载人而划分,即可以分为无人航天器和载人航天器,目前大部分航天产品都是无人的。无人航天器主要有人造卫星、空间探测器和货运飞船等几类。载人航天器则分为载人飞船、空间站和航天飞机、空天飞机。航天工程产品分类如图 5-3 所示。

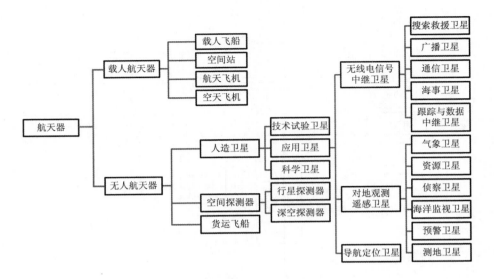

图 5 - 3　航天工程产品分类

在技术推动和需求牵引的双重作用下,航空工程产品中也将出现大量的各式无人驾驶航空器(包括无人驾驶的载人航空器);随着空天技术的进一步融合,未来的空天产品诸如多次穿越卡门线的空天飞机,甚至多种动力融合、由大气层直接飞往近地空间或深空的飞行器也将从科学幻想中走进现实。这一切都仰仗航空航天相关技术以及将技术逐步实现的相关产业的进步与发展。

5.1.2　空天工程产品的发展

随着人类活动空间日益拓展的需要,现有的各类空天工程产品将得到持续改进和发展,也必将产生各式各样的新型飞行器。空天工程产品在速度域和高度域都将会产生新的突破,在大气层内的飞行将进一步提速,飞行的高度边界还将不断突破,从贴地、大气层内飞行向深空和太空发展。人们将乘坐超声速客机周游世界,形形色色的个人飞行器将成为流行的代步工具,乘坐太空旅游机遨游太空也将成为现实。

在军事领域,围绕抢占临近空间和太空战略制高点、突破空天飞机、加快发展高超声速飞行器与导弹、更新作战飞机及完善作战体系、大规模使用无人机及其系统等重点,也将推进与实施一系列新的空天工程项目。

（1）更新一代战斗机

继以 F-22、F-35、歼 20 等为代表的第五代战斗机后,更新一代战斗机仍然是需要的。新一代战斗机主要特征应为:自主化、智能化和协同作战能力显著提升;应兼具独立遂行作战与协同作战能力,并可方便地实现有人无人双模式。

西方航空强国都在加紧安排研发。2018 年 2 月,美空军发布"下一代空中主宰"(NGAD)项目投资计划,包含 2030 年后未来空战平台(AOS)及武器,提出"穿透性制空"(Penetrating Counter-Air);发展跨空、天、网、电,能与地/水面能力联合的"系统簇"(Family of Systems)。2018 年 6 月德、法签署备忘录,合作开发"未来空中作战系统"(FCAS),2040 年形成战斗力。2018 年 7 月 17 日,英国防部发布《作战航空战略:一个雄心勃勃的未来愿景》,公布下一代战斗机"暴风"(Tempest)全尺寸模型和发展设想,其亮点是:人工智能和高度信息化;使用 AR 头盔,降低飞行员操作强度,增强态势感知能力;采用传感器融合与组网技术,可与无人僚机组网,实现信息交互与智能控制,实现协同作战。

而在经济可承受性方面的挑战,同样十分严峻。即使如美国这样的经济强国,武器装备的高成本、高采购价格也无力承受。以 F-35 为例,低速初始生产阶段原计划采购 424 架,单机成本 1.15 亿美元。现全球预期销售逾 6 000 架,已确定订单 3 600 余架,三分之二为国内采购,但成本和价格仍不断攀升。在政府干预下,2018 年 7 月单价降至 8 900 万美元;计划 2020 年降至 8 000 万美元以内。再如 F-22,项目启动时需求量 740 架,最后冻结为 183 架;采购总成本 654 亿美元,单机成本 3.613 亿美元。

更新一代战机也极有可能不是单一的后继机,而代之以"武器簇"的概念与形态(见图 5-4),即体系化、多功能化。未来,战斗机与中小型轰炸机的界限将进一步模糊,无人机与有人机的协同、无人机的集群使用将成为实际的作战样式。

2016 年 2 月 25 日,美空军宣布启动无尾翼身融合的远程中型打击轰炸机(LRS-B)研制,命名为 B-21(见图 5-5),单机目标价 5.5 亿美元。2019 年底,《美国空军》杂志报道称 B-21 将于 2021 年 12 月进行首飞,2024 年达到可用状态,美国空军将采购 100-150 架。

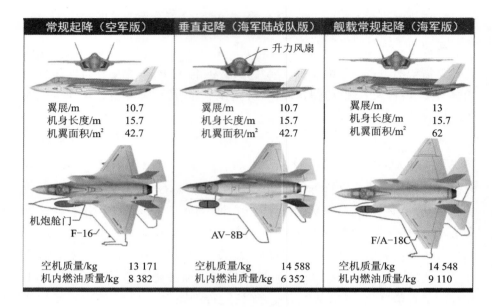

图 5-4 系列化的 F-35

图 5-5 B-21 轰炸机构型

（2）无人机系统

无人飞行器,特别是察打一体无人机已经进入作战装备的主流序列,已经在民用领域展示出广阔的使用前景。未来的信息类无人机将向长航时、多功能方向发展;作战类无人机将向高飞行性能和智能化发展,此类无人机实战化的关键是自主控制技术的成熟,也就是使无人飞行器具备对态势做出感知与判断,进而做出适当反应(包括规避、航路重规划、控制、通信和决策等)的自主能力。

当前,无人机系统自主能力较低,其作战使用依赖于高度频繁的人机交互。无人机系统发展的紧迫任务是：研究潜在的作战想定,开发和形成在 "对抗环境"下无人机的新作战能力,包括蜂群作战(单一无人机不需多人控 制,而一个人可同时控制多架无人机),以及空空机动和更强的攻击能力。

其中的关键任务是,加快提高无人机及其系统的人工智能与自主性,开 发新的计算机算法,使无人机承载更加广泛的功能,如感知、定位、武器校 准,以及传感器有效载荷转移、航程和能力等。这将提高无人机平台自主组 织、理解和集成各种功能的水平,如 ISR 过滤、传感器操作、机动、导航和定 位校准等;增强具有自主控制能力的无人机与附近有人驾驶飞机的合作能 力;短期内虽不会发展到像人类大脑一样快速响应,但可提高自主决策水 平,使之具备更多功能,而无须人工干预。

为此,需开展无人飞行器智能自主控制理论和方法的研究,主要包括: 面向控制的飞行器动力学建模与验证方法,推进/姿态/气动力/气动热协调 控制,参数与状态耦合的不确定非线性智能自适应控制,混合异类多操纵方 式复合控制,余度容错高可靠控制,高动态载体运动信息自主获取方法等。

无人飞行器及其系统的主要发展趋向除实现和增强自主能力外,还有 从单个飞行器的使用转到有人与无人、无人与无人系统的综合使用,注重标 准化、通用性与互换性以及控制成本等。此外,随着微机电、纳米材料及微 制造技术的快速发展,微型作战飞行器在军事领域将越来越显示出独特的 应用价值。

(3) 超声速商用飞机

20 世纪 70 年代,苏联图-144 和英法联合研制的"协和"号先后成功,后 者还投入航线运营逾 30 年。由于噪声、经济性等原因,于 21 世纪初停运退 出。但社会和经济发展热切呼唤超声速客机的回归,新一轮超声速运输机 研发热潮正在兴起。

发展新一代超声速客机的关键技术是解决噪声、声爆和污染排放问题, 需从气动布局、高性能发动机和低声爆设计等方面寻求突破。近年来,各项 技术有了重要成果,采用"自然层流翼型"的"超声速公务机"、采用前翼加三 角翼的"安静超声速客机"等计划都取得实质性进展。

美国联邦航空局(FAA)顺应这一研发热潮,为了推进新一代超声速客 机投放市场,将修订关于超声速客机噪声等方面的规定,简化超声速客机试 飞的许可程序。尽管还需要进行大量工作,但可以期望,不允许在陆地上空 进行超声速飞行的行业禁令将会解除。由超声速公务机的突破,再到中、大型超声速客机的依序发展,更快速、更绿色、更经济的超声速商业飞行即将实现,人类重返超声速运输时代的那一天,也即将到来。

(4)高超声速飞行器

为了飞得更远更高,就必须飞得更快。人类为了开发外层空间,实现洲际快速飞行,以及开发新的空间武器,都需要发展高超声速飞行器。"高超声速"泛指超过 5 倍声速,约 6 000 km/h。高超声速飞行器有三种形态:高超声速巡航导弹、高超声速飞机和空天飞机。主要航空航天强国的基本发展路径相近,即分三步走:在 2020 年,掌握高超声速导弹技术;2030 年,掌握有限用途和使用次数的高超声速飞机技术;2040 年,掌握可多次、长时间使用的高超声速飞机技术。面临的主要技术挑战有:高超气动设计、推进/机体一体化、先进材料和热防护、飞行控制以及包括多种组合样式的组合动力。

关于高超声速飞行器的重要进展与动向是:2013 年,X – 51A 以 5 倍声速飞行 3 min(见图 5 – 6);2014 年,DARPA 启动"高超音速吸气式武器概念"(HAWC)和"战术助推滑翔系统"(TBG)项目;2016 年 8 月,DARPA 发布"先进全状态发动机"(AFRE)项目的招标预告文件;2018 年 6 月,美空军"高超声速常规打击武器"(HCSW)项目,进行了 HAWC 和 TBG 飞行演示验证,计划 2020 年形成初始作战能力。

高超声速技术涉及高超声速空气动力学、气动/推进一体化、气动热计算、热结构力学分析与优化、高超声速动力、主/被动热管理、热结构健康监测与维修、高超声速飞行器试验技术等,应围绕高超声速气动设计、防热结构和高超声速动力三大重点,统筹规划、协调发展,加快建立完整的技术体系,以实现高超声速技术的不断突破和实用化。

(5)空天飞机

空天飞机(Space Airplane)是航空航天飞机的简称,是一种能在大气层内外飞行的固定翼飞行器。空天飞机是实现空天一体化的主要装备,不同于航天飞机的垂直起飞,其典型技术特征是水平起降,可多次重复使用。空天飞机应能像普通飞机一样水平起飞,在 30～100 km 高空、马赫数 Ma 达到12～25时,可直接进入近地球轨道,成为航天飞行器;在完成使命、返回大气层后,又能像飞机一样,水平着陆。

20 世纪 80 年代,诞生了航天飞机,但因过高的技术风险和费效比,在并未完全达到预期目标的情况下,于 2011 年全部退役。作为替代航天飞机的

图 5 - 6　X - 51A 高超声速飞行器

运载器,空天飞机的研究已取得较大进展,正进入技术验证和工程试验阶段。美国、俄罗斯、欧盟和日本自 20 世纪 80 年代开始,不断推出空天飞机研究计划。其中,美国研制的 X - 37B(见图 5 - 7)自 2010 年至 2018 年已完成 4 次空天飞行,虽因其仍用火箭搭载起飞,还不是真正意义上的空天飞机,但被称为"迷你空天飞机",后续飞行事业还在陆续开展中,需引起高度关注。

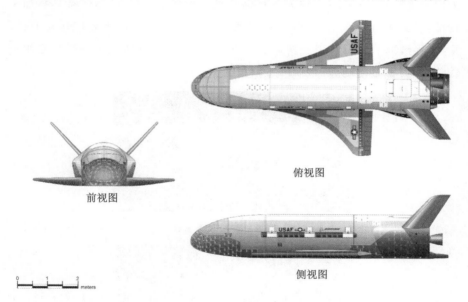

前视图　　　　　　俯视图

侧视图

图 5 - 7　美国 X - 37B

空天飞机的主要技术挑战是组合动力和防热结构。设想中的空天飞机动力拟采用二元组合动力,一般为采用超声速燃烧冲压发动机＋火箭发动机,或涡轮喷气＋冲压喷气＋火箭发动机的组合动力方式。

空天飞机作为航天运载工具和太空兵器等,在军、民两方面都有重要使用前景。在民用领域的主要应用目标是增加任务选择,形成常规的进入空间能力,提供低成本的空间飞行器服务,使太空物资的运送成本从现在的每千克数千美元降低到数十美元,作业准备周期缩短到 12 h 以内。

(6) 临近空间飞行器

临近空间(Near Space)是对距离地面 20～100 km 空间范围的称谓,既不属于传统的航空范围,也不属于传统的航天范围,是一个"空天过渡区"。不能有效利用临近空间,就不可能实现空天一体。临近空间利用的目标是实现持久性区域驻留和远程高速机动到达等特色飞行,从而在遥测、遥感、通信、广播电视、气象观测、情报侦察、远程快速投送、远程快速精确打击等方面形成新的应用能力。临近空间飞行器致力于目前人类罕有涉足的该过渡区的开发,将传统航空空间和航天空间连成一体,是极具发展前景的一类新型飞行器(见图 5-8、图 5-9)。

目前,关于临近空间飞行器的方案很多,其中,活动于临近空间上层的固定翼飞行器,可以归入空天飞行器范畴。此种临近空间飞行器具有如下特征:最大飞行高度 40～100 km,速度可达到高超声速的下限($Ma\,5.0$),多采用"乘波"外形设计,采用复合动力或组合动力,能够像飞机一样自主水平着陆,并可重复使用。

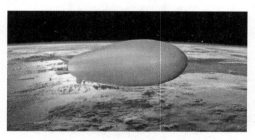

图 5-8 临近空间飞艇

图 5-9 临近空间长航时飞行器

5.2　空天产业

　　航空航天产品,不论是大型客机如 A380,还是小型卫星如 10 cm 见方的 "立方星",都是由多个部件或系统组成。以 A380 为例,从铆钉、螺栓到座椅和引擎,由来自 30 个国家、1 500 家公司生产的超过 400 万个独立零部件组成。现代航空航天产品已经不能像莱特兄弟当年在一间作坊里就可完成整架飞机的设计和生产了。绝大部分空天产品,由于技术含量高、生产工艺严苛,从设计、制造到销售以及售后的技术支持与服务,已经不是一个厂房、一家企业,甚至一个国家能够完成的了,围绕空天产品,形成了体量庞大却又精准细分的航空航天产业。

　　如第 1 章所述,产业的构成需具备规模性、职业化、社会功能性几个特性。航空航天活动拥有上述三大特性,且大部分航空航天活动具有社会经济价值或能够实现社会经济价值,这也成为形成航空航天产业,即空天产业的社会环境与要素;空天产业的覆盖形态和价值链也在不断扩展与进化。

　　传统的空天产业指以飞行器研发、制造、维修、运营等直接的物质活动为主,具有不同分工的、由各个关联行业所组成的业态总称。现代空天产业,在上述业态基础上,扩展到科研教育、交通运输、公共管理、社会服务等经济活动范畴,以及间接带动的相关产业领域。现代空天产业的概念为:一切实现航空航天价值的物质产品和精神产品的生产以及服务活动的集合体。国际上并不区分航空产业和航天产业,而通常笼统地合称为空天产业。我国由于航空企业与航天企业相对业务独立,因此往往将航空产业和航天产业分开进行规划和实施管理。

小贴士:立方星

　　在各式各样的卫星中,质量在 600 kg 及以下的卫星被称为微小卫星,其中质量在 10 kg 以下的立方体卫星(立方星,Cube Sat)是主角。立方星专指结构形状呈立方体的微小卫星,已成为一种国际化的微小卫星标准。该标准由加州理工学院和斯坦福大学的一个团队于 1998 年发起,2003 年实现首次发射,至今已有数百颗入轨。据报道,2018 年全球共发射 319 颗微小卫星,其中立方星占比 72%。立方星一般飞行在较低的轨道上。

由于应用工业级器件,部件实行标准化、批量化,简化系统开发流程,使得立方星产品质量稳定性和一致性提高,成本却很低,仅为传统小卫星的百分之一,大大降低了卫星开发的门槛。目前,因体积和功耗有限,立方星的功能还相对单一,主要用于科研教学、技术验证和商业遥感。随着技术的不断发展,功能密度不断提高,具有更高和多样化实用价值的立方星将陆续发射升空,立方星将发挥越来越大的重要作用。

5.2.1 空天产业的特点

空天产业体量规模大,产业链长,技术含量高,带动效应明显,是世界上技术、人才、资本集聚化程度较高的产业之一。不仅技术领域和产业链覆盖非常广,同时对经济、科技的拉动作用明显。

(1) 空天产业贡献巨大

空天产业作为一国政治、经济、科技、军事等综合实力的代表,其战略性地位已被各国所公认。空天产业反过来又同政治、经济等的发展紧密相关。以第二次世界大战这一历史节点为例,战争期间,大规模航空产品的研制生产,达到了令人瞠目的规模,美国一国所制造的飞机总数竟达 26.8 万架,年均超过 5 万。而战后,美苏为了争夺太空霸权,均投入了大量的财政支出,如美国"阿波罗"登月计划投入的资金高达上百亿美元,极大地促进了航空航天技术和产业的发展。

空天产业对 GDP 增长贡献巨大,尤其是航空产业。在世界范围内,航空在空天产业的经济总量中,大约占 80%。仅以航空运输这一最直观的分支来看,其在国民经济与社会发展中具有突出的地位,对国民经济的发展有着重大的影响。在发达国家,包括民机制造与维修在内的航空运输业已经成为其经济至关重要的组成部分,也是经济增长的催化剂和驱动力之一。航空运输业作为一个生产部门具有其自身的生产效益,但它又是一个特殊形态的生产部门,与经济社会各个部门有着密切联系,因此同时还产生巨大的间接经济效益,带动其他产业发展。航空运输业的发展离不开基础设施的建设,基础设施建设需要大量的水泥、钢铁、机械设备等原材料,同时,在航空运输生产过程中还需要消耗电力、燃油等资源,例如燃油,这就不可避免要同石油及核燃料加工业产生关联,对其需求系数甚至占总需求的 30%

以上;此外还有装卸搬运和运输物流服务业、通用设备制造业、餐饮业、保险业、批发零售业、食品加工业、银行业、证券业和其他金融活动、租赁服务业等等。除了带动相关联产业共同发展外,航空产业还具备拉动区域经济的巨大能量。航天产业发展至今,以科技研发投入带动了一大批产业、行业的发展,如国防军工、飞行器制造、特种材料及设备、卫星通信、卫星电视、卫星导航、卫星遥感测绘等。

美国将本国的航空航天产业构成分为三大体系:第一,以战斗机、运输机、无人机、导弹等为核心的军用航空航天体系;第二,以空管、安全为核心的航空管理体系;第三,包含民机制造、航空运营、通用航空、机场运营等的商用航空体系。从 20 世纪 60 年代以来,航空航天业逐步成为美国对外出口的支柱,是美国维持经营贸易平衡的主要工具,已经取代了汽车、船舶、钢铁、家电,成为美国保持制造业优势、维护大国地位的一个真正意义上的战略和支柱产业,产值约为 3 000 亿美元规模,贸易额超过 1 000 亿美元。

除了产业本身,航空航天技术对于基础工业和公共科技具有很强的拉动作用,对多领域、多种技术的发展起到孵化器的作用,进而可形成庞大的产业链。例如:气动技术已经被用于汽车和高速列车的设计;利用航空发动机技术发展的燃气轮机已经用于坦克、舰船和工业发电;用于飞机刹车的防抱死技术(ABS)已经用于汽车和火车的刹车系统;碳纤维、钛合金和复合材料已经从航空领域向许多民用领域扩散;太阳能帆板转化而来的太阳能光伏技术已经在民用方面得到广泛应用;太空育种的多项成果已经投入农业生产。据统计,中国航天领域已有 2 000 多项技术转为民用。

(2)空天产业高投入、高附加值

空天产业是高附加值的高科技工业和高新技术密集的部门。现代空天产品的研制与生产不仅直接涉及空气动力学、热力学、结构力学、弹性力学等基础学科,还涉及冶金学、电子学、材料学、喷气推进、自动控制、计算机、制造工艺等学科(见图 5-10)。进入 20 世纪 90 年代后,微电子、仿真、计算机集成制造、信息网络化等技术的发展得益于航空工业的需求牵引,其成果也往往被率先应用于航空工业。

空天产业是高投入的产业,主要表现在航空航天科研基础建设投资和空天产品的研发投入都特别大。世界各空天大国的科研基础设施都是由国家经过持续多年大量投资而建设起来的。一个国家没有较雄厚的经济实力,很难建设独立自主的航空工业。统计数据表明,美国研制第三代战斗机

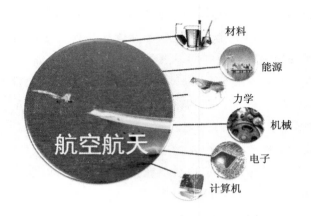

材料

能源

力学

机械

电子

计算机

图 5 - 10　空天产业覆盖、辐射多个学科

F - 16 时投资达 8.7 亿美元,研制 F - 117A 隐身战斗机投资 20 亿美元,F - 22 的总研制经费达 130 亿美元,B - 2 隐身轰炸机的单机计划费用高达 22 亿美元。如此之高的费用需求及高涨的成本,使得发达国家在发展先进装备时,也必须考虑经济可承受性。

由于投入巨大、开发周期长、风险高等特性,空天产业的技术投入与创新开发往往基于国家战略层面,通过顶层设计及宏观指导而进行。

航空工业的高价值,可以用产品单位重量价值来衡量。据日本通产省 20 世纪 60 年代的一项研究,按单位重量价值比较,如果轮船为 1,小轿车为 9,电子计算机为 300,那么喷气式民用飞机为 800,航空发动机则为 1 400。航空工业的高附加值,则体现在高额的投资回报:有统计数据显示,向航空工业投资 1 万美元,10 年后航空工业及其相关产业能产出约 80 万美元的产值。

5.2.2　空天产业的构成

(1) 航空产业的构成

航空产业是一个宏大的产业形态,包括军事航空和民用航空运输业,后者又包括公共客货航空运输和通用航空。公共客货航空运输以面向公众、由商业机构运行、以航班和航线大体固定为特征,而其余的所有民用航空被称为通用航空(GA,General Aviation),主要包括工业用航空作业、农林渔业用航空作业、科学研究与试验用航空、环境检测与监测用航空、航空教育培训与航空驾驶资质授予、公务航空、私人航空、航空表演等。按产业分析与统计的多国做法,航空器的制造维修分别包含在军事航空和民用航空运输业中。

我们在这里着重分析航空产品的研发、制造和维修业,以及承担这些任务的机构等,可称之为狭义的航空产业,或航空工业。

航空工业由科研部门、生产部门、后勤保障与维修部门三类职能部门组成。科研部门主要承担航空产品和航空技术的基础研究、应用研究、先期技术发展和先期系统发展、系统方案制定、重要技术验证、工程研制、工程保障、产品试验与鉴定、产品改进等工作。这些部门包含各类航空科研机构、高等院校,以及工业界所属的设计所、研究所、试验中心等,它们之间各有侧重,相互配合。生产部门由从事航空产品研制、生产的企业构成,这是航空工业中最庞大的也是最终实现产品研制、批产和交付的职能部门;按照产品的层次、作用和规模,可大体分为主机生产部门与辅机生产部门。后勤保障与维修部门承担航空产品在服役、使用期间的后勤保障、维修保养工作,在工业界,这些部门往往是研制、生产单位的一个附属机构,而独立的后勤保障与维修企业则有时隶属于军队、民航等使用部门。

不同于航天产业强烈的科研属性和以科研带生产的特点,航空产业要求一定批量的产品生产,即对同一批次的产品,要求具备高度一致的工艺性,使最终产品形态与性能保持一致和稳定,因此航空产业的基本形态是:科研与生产并重,既要有先进的科研能力,又要求具备强大的批产能力;同时产业链很长,协调和管理全产业链的难度极高。

(2) 航天产业的构成

航天产业是由空间技术、空间应用、空间科学三大领域共同构筑而发展起来的新兴产业。航天产业一般指利用火箭发动机推进的跨大气层和在太空飞行的飞行器及其所载设备、武器系统和各种地面设备的制造业,以及各种飞行器的发射服务业和应用产业。它是集设计、生产、测试与应用于一体的高技术产业,通常包括生产企业、研究设计机构、试验基地、销售公司、管理部门和服务机构。美国等发达国家将航天产业分为 3 个独立部分,即军用航天、民用航天和商业航天,通过采用不同的管理模式形成了军、民、商协同发展的格局和较为完善的航天产业化模式。

航天领域涉及的技术领域众多,从产品设计到制造,再到最后组装成型,需要众多部门的分工合作,仅仅一两个企业是无法实现的,必须是相互配套的企业分工合作,共同完成所有环节的任务。除导弹外,大部分航天产品为单件,因此科研属性强、创新要求高。

过去 10 年间,全球航天经济总量保持稳定增长,越来越多的单位和个人加入商业航天活动中来。全球航天产业年均增长率达 4.3%,其中商业航天规模占比接近四分之三,已成为带动全球航天经济发展的重要引擎。

航天产业是我国战略性产业,现代航天综合集成了诸多尖端科技,集中反映了一个国家在众多战略领域的综合实力和核心竞争力,对国民经济发展的贡献日益提升。世界上发达国家和一些发展中国家都高度重视航天产业的发展,不断地提高本国航天产业的竞争力。国际上航天产业界出现了既合作又竞争的局面,在部分领域(如卫星应用产业)竞争态势越来越激烈。

5.3 空天产业的世界格局

自从 1903 年美国的莱特兄弟设计制造的飞机首次成功载人飞行后,航空工业这个被誉为现代"工业之花"的产业,就呈现持续迅猛发展的态势。液体火箭的诞生和人造卫星的问世则开启了航天工业的辉煌。航空工业与航天工业相辅相成、相得益彰,共同构成宏大的空天产业。强大的空天产业成为诸大国、强国发展的关键领域,也成为激烈竞争的热点,其规模与实力更彰显一个国家的综合军事与经济实力。

目前,世界上大约有 50 个国家与地区拥有规模不等的空天产业,最发达的国家和地区当属美国和俄罗斯。我国在空天产业属于后来者,但经过几十年的发展,已拥有相当的规模,取得令世界瞩目的成就,在世界空天产业中已占有举足轻重的地位。

5.3.1 美国空天产业格局

美国空天产业规模巨大,主承包商、分系统供应商和众多的零部件供应商构成了世界上种类最齐全、产值最高的空天工业体系,能开发和制造品种齐全、性能先进的空天产品。

美国空天产业的发展得益于美国联邦政府很早就明确了该产业的国家战略地位,通过搭建科技创新的技术平台,促进空天产业的集群发展,从而提升了美国空天产业的整体竞争力。

1．美国空天产业发展历程

美国空天产业发展历程可大致分为四个阶段：一是第二次世界大战期间，为战时扩展阶段；二是第二次世界大战后至冷战结束，为两强争霸阶段；三是冷战结束后至 21 世纪初，为和平竞速阶段；四是 21 世纪初至今，为产业转型阶段。

（1）战时扩展阶段

第二次世界大战爆发前，美国经济发展稳定，其科技水平快速提高，工业制造能力突飞猛进，这为美国空天产业的发展奠定了良好的基础。但其时，航空航天发展并未得到足够重视。第二次世界大战爆发后，因远离欧洲主战场，美国起初也未参战。随着战事的发展，特别是珍珠港事件后，美国正式参战，通过战时动员，迅速形成巨大的军工产能，成为整个反法西斯盟国的主要武器装备供应基地。其中，航空的发展尤其突出。整个第二次世界大战期间，美国共生产各式军用飞机 26.8 万架，平均年产量超过 5 万架，1944 年的当年产量突破 9 万架。

在这一时期，波音、洛克希德公司等一大批航空航天企业迅速壮大，其中，洛克希德公司在第二次世界大战期间所生产的飞机总量占美国第二次世界大战时期飞机生产总量的 60%，波音公司所生产的 B-17（飞行堡垒）、B-29（超级空中堡垒）等军机成为战略轰炸的主要机型（见图 5-11）。

同期，美国航天产业的水平不高，规模也不大。但第二次世界大战期间，由于美国独特的地缘优势，不但在战争中没有受到大的损失，反而因战争中出售武器装备加速了经济发展。特别是在第二次世界大战结束之际，美国得到了以德国火箭专家冯·布劳恩为首的科学家团队，攫取了大量 V-2 火箭实物和设计资料，快速提升了大型火箭和导弹的研发水平。

其间，在航空航天发展史上，还发生了一个重大事件，即原子弹的产生和应用。美国在第二次世界大战时期实施了著名的"曼哈顿计划"，在这项工程里，成功研制了 3 颗原子弹，第一颗用于试验，于 1945 年 7 月 16 日晨，在美国新墨西哥州阿拉默多尔空军基地的沙漠地区爆炸成功，其威力相当于 1 500～2 000 t TNT 炸药。另外两颗则通过轰炸机携带，用于实战，于 1945 年 8 月 6 日和 1945 年 8 月 9 日先后在日本广岛和长崎，投下绰号"小男孩"和"胖子"的两颗原子弹。这是迄今为止，人类历史上仅有的两次以航

图 5 - 11　第二次世界大战时期波音工厂内密集排列的 B - 17 机身（月下线 300 架）

空器将原子弹投放敌对国地面的战例。

（2）两强争霸阶段

德国 V - 1 火箭对英国造成的巨大灾难,促使美国开始研究火箭飞行原理与制造。第二次世界大战结束后,在德国科学家的帮助下,在 V - 2 火箭的基础上,美国航天工业开始突飞猛进的发展。这一时期,除完成战略导弹及运载火箭序列的构建外,美国还完成了"阿波罗"登月计划、航天飞机计划以及深空探测计划等重大项目,并取得空前成功。

"阿波罗"登月计划是美国航天史上的标志性事件。航天工业因此也在人类历史中留下了深深的印迹。1960 年 11 月,约翰·肯尼迪当选总统,他在竞选时承诺,美国要在太空探索和导弹防御上全面超过苏联。但肯尼迪对航天事业并不十分了解,因此起初还不敢轻易对太空探索需要的大量资金做出决定。然而,在 1961 年苏联宇航员尤里·加加林首次进入太空后,美国对在太空竞赛中的落后产生了恐惧。在这种非理性情绪的作用下,"阿波罗"计划正式启动。

"阿波罗"计划包括为载人登月飞行的科学和试验准备以及实现载人登月飞行等内容,于 1972 年底结束。之后到 2019 年截止,再无其他载人航天器离开过地球轨道。

（3）和平竞速阶段

在冷战结束后，作为世界上唯一的超级大国，美国空天产业发展更加迅速，并且其主体目标在除了做好保护本土和盟国不受攻击外，更多是在扩大产业规模、空间和平利用上下功夫，虽然面临俄罗斯、中国、日本等国家和欧洲等地区的竞争，但其空天产业规模依然保持持续上升的势头。同时因为市场经济驱动，美国空天产业形成了寡头垄断市场，波音公司、洛·马公司、诺思诺普·格鲁曼公司、雷神公司等通过并购、重组等途径，相继成为大型空天企业巨头。

在这一时期，美国空天产业发展除了由于技术封锁等原因所设立的出口限制外，其他不遵循市场原则的政策均基本取消，尤其是商用飞机等领域，美国波音公司在国际上形成了较为明显的垄断优势。2018年，波音公司的销售额自创业以来，首次突破1 000亿美元大关，达1 010亿美元。全年商用飞机交付806架，创历史新高。交付量同比增长约6%，成为收益同比增长5%的主要因素。商用飞机部门的收益同比增长45%。国防和航天等部门的销售额同比增长13%。

图5-12为波音埃弗雷特工厂内宽体机生产线上的B-787。

图5-12　波音埃弗雷特工厂内宽体机生产线上的B-787

（4）产业转型阶段

进入21世纪以来，美国空天产业在保持全球领先的同时，开始进行空天产业发展的转型,典型代表事件是引入私人企业,开展火箭重复利用和低成本空天活动。2014 年 9 月 16 日,美国国家宇航局(NASA)宣布,将与波音公司和太空探索技术公司(SpaceX)签订总额高达 68 亿美元的合同,共同打造私营载人航天器,以运送宇航员在地球和国际空间站之间往返。68 亿美元合同中,波音公司占 42 亿美元,SpaceX 占 26 亿美元。私营飞船研制计划的实施,一方面,将使美国摆脱对于俄罗斯载人航天技术的依赖,从而提高本国航天产业的独立性;另一方面,将宇航员运载业务全面市场化外包后,NASA 将把注意力聚焦到更具挑战性的高轨道及外层空间研究,如重返月球计划、火星探索计划上来,从而全面提升美国国家空天科技的政府牵引力和作用力。而此次波音公司与 SpaceX 公司的合作,预计将能显著降低运营成本,可以为更多人提供宇宙飞行体验服务,也可为 NASA 提供更加便宜、便捷、高效、可靠的运输服务。

美国航空产业的发展历程,经历了航空产业从分散到整合、从落后到领先、从竞争到合作的动态发展过程。经过一个世纪的发展,美国航空产业发展日趋成熟,产业技术保持领先,已形成完整的产业链。同时,在 NASA 的主持下,美国军用航天技术与企业制造技术实现了高度融合;由于航空与航天产业在科学技术上存在紧密的联系,航天技术的发展又进一步拓展了航空领域的研究深度。现阶段,美国空天产业在规模、技术上都处于世界领先地位,并已成为美国经济的重要组成部分。

图 5-13 为 SpaceX 的重型猎鹰火箭将其创始人马斯克的座驾特斯拉发上太空。

图 5-13 SpaceX 的重型猎鹰火箭将其创始人马斯克的座驾特斯拉发上太空

2. 国家政策支持下的美国空天产业

美国历届政府都十分重视航空产业的发展,将其视作国家重要战略产业。虽然美国向来自诩为自由经济的国度,不承认自己有过产业扶持政策,政府也未发布过国家航空产业政策,但是美国政府的宏观科技政策、国防部的相关政策以及国家宇航局的相关规定等,都对航空工业具有明确的指导,并有多种形式的实际支持。

以民机产业为例。美国的民机产业曾经在世界上占据绝对支配地位,即使在今天也依然处于领先地位。可以说,美国政府在其中发挥了重要作用,政府采取灵活的方针和方法对民机产业予以支持。这些支持政策分为三类:一是直接针对民机产业的支持,二是针对与民机相关的产业的支持,三是针对其他与民机看似不相关而实则相关的领域的支持。

直接针对民机产业的政策支持包括:对航空运输和飞机制造商的运营和发展提供直接补贴,通过政府采购和支持基础研发项目为民机产业提供间接财务支持,通过出口信贷支持促进商用航空产业的海外销售,通过放松反垄断调查与规制,鼓励兼并重组以增强民机产业竞争力。

在民机产业发展的早期,欧洲在飞机设计与制造方面占据绝对优势。当美国开始意识到民机产业的潜在价值后——最初主要是意识到它在航空邮政方面的价值,美国政府便决定支持国内羽翼未丰的私人航空公司。1925 年,《凯利航空邮政法案》规定邮政大臣有权与民用航空公司签署航空邮件运输的合同。这种合同能够弥补航空公司采购和经营客运飞机的额外成本。1930 年,《麦克纳瑞-瓦特里斯法案》(*McNary-Watres Act*)又增加了对泛美航空公司的补贴,并授予它在国际航空邮政运输方面实际上的垄断权。当时,许多航空运输公司实际上与飞机制造商是纵向一体化的,因此美国航空运输公司对飞机需求的增加也就意味着飞机制造与销售量的增加。

在第二次世界大战期间,为了生产更多的飞机,美国政府建造了大量的工厂和生产设施,然后将其出租或出让给飞机制造商以扩大产能,同时投入了大量资金用于飞机研发。由于当时商业需求与军事需求是一致的,因此美国政府对军用飞机研发的支持也同样使民用飞机制造业受益。例如,波音 707 的研发成功使波音公司进入民用喷气式飞机市场,而这种机型仅仅花费了波音公司 1.8 亿美元,因为军方承担了大约 20 亿美元的用于开发 KC-135 空中加油机的费用。波音 707 本身也是在租用政府的工厂中生产出来的。

美国技术评估办公室的研究报告指出,对军用飞机研发的资助是影响民用飞机产业竞争力的最重要的政策(OTA,1991)。该报告指出:"战后,军方用于研发的支出在整个研发支出中的比例从来没有低于 65％。"1945—1982 年,军方用于研发的支出共计 770 亿美元,几乎占所有研发支出的 75％。为了维持美国在航空技术方面的领先性,2000 年美国依然把航空技术列入国防关键性技术计划,将提高飞机可靠性、机动性及其他性能,同时减轻飞机重量、降低易损性、事故率以及使用和维持成本等内容列入计划。可以说,每架新一代民用飞机的诞生在很大程度上都依赖于军用技术的开发和进步。美国政府在飞机研发上的投入直接导致了美国航空制造技术的领先地位,强化了美国飞机制造企业在市场上的地位,为他们争取更大的市场份额奠定了基础。

小贴士:美国空天产业的霸主地位

美国空天产业已有百年历史,是世界上销售额最高、技术最先进、产品种类最齐全、国内供应商体系最完备的航空航天大国。美国航空航天产业的发展具有高度一体化的鲜明特征,为美国建设空天一体的国防力量奠定了重要的工业基础。在世界航空航天百强企业中,美国空天企业数量在20 世纪 90 年代一度占据 50 家,虽然 2018 年上榜企业数量下降至 44 家,但美国空天企业的收入占百强总收入的比重却从 30％左右增至 60％左右,成为世界上绝对的航空航天"霸主"。波音公司、洛·马公司、诺斯罗普·格鲁曼公司和雷神公司,是世界顶级的航空航天大公司。1991 年至今,波音公司一直蝉联"百强桂冠",除 1995 年和 1996 年两年由洛·马公司夺得外。

5.3.2 俄罗斯空天产业格局

苏联曾经拥有世界上最强大的航空工业之一,俄罗斯从苏联继承了强大的航空工业体系,能够研制、试验及生产几乎所有型号的现代航空装备。自苏联解体以来,俄罗斯军用航空工业由于政治、军事形势的需要,以及在国际市场上的大额订单,基本保持了自己的能力,但是民用航空工业由于国家投资不足、市场意识不是、国际竞争加剧等原因而逐渐陷入困境。

1. 苏联解体后的俄罗斯空天产业

俄罗斯在发展航空工业的历程中,建立了完整的航空科学基础理论体系和工业生产体系,制定了符合本国的航空技术发展路线。军机的制造技术、战斗力、性能水平享誉全世界,苏-27、苏-30、米格-29 等战机有非常广阔的海外市场。在民机制造领域,世界上能研制生产干线飞机的 6 家公司,除美国波音公司、欧洲空客公司、乌克兰安东诺夫设计局外,俄罗斯独占 3 家(图波列夫设计局、伊留申设计局和雅科夫列夫设计局)。由此可见俄罗斯航空工业的整体实力。

1991 年,苏联解体,俄罗斯继承了苏联大约 85% 的科研力量,80% 的航空生产能力。但整体上俄罗斯的航空工业出现下滑。1990 年之前苏联拥有世界军用、民用飞机和直升机 20%～30% 的市场份额,从 20 世纪 90 年代中期开始,俄罗斯的民用飞机市场份额直线下降,直至接近于零,民机产业发展陷入困境。近年来,普京政府加大了对航空工业的扶持力度,力图重振俄罗斯航空大国的地位。目前俄罗斯航空工业呈现较快的恢复性增长,逐步走上复兴之路。

苏联是发射航天器最多的国家,在航天领域一直与美国并称世界两极。世界航天史上的诸多第一都是由苏联创造的,比如世界第一颗人造地球卫星、世界第一个月球探测器、第一艘载人飞船和第一个火星探测器,还有著名的进入太空的第一个宇航员加加林等。苏联解体后,俄罗斯的航天部门如同其他工业部门一样,继承了大部分的苏联遗产。在相对较少投入的情况下,仍能保持技术跟随和一定的发射数量,实属难得。特别是同欧美国家合作案例逐年增多,是在冷战时期难以想象的。其中最典型的就是"国际空间站"的合作(见图 5 - 14)。

2. 俄罗斯的空天政策

苏联实行的是"扬军抑民、军工优先"的军民分离的国防经济发展模式,军工企业生产单一的军品,军、民品生产完全分离。20 世纪 70 年代后期,鉴于国际形势的变化,转向"平战结合、军民结合"的国防经济体制。部分军工企业开始生产民品,但总体而言,转型幅度不大。

基于这种模式,造成了俄罗斯航空工业军强民弱的局面,军用飞机制造业世界领先,民用飞机制造业严重落后。目前,俄罗斯拥有由侦察机、歼击机、战略轰炸机、空中加油机、大型军用运输机组成的完整系列的军机生产制造体系,拥有世界上最大的直升机、最快的战斗机、最猛烈的强击机,亦有广阔的海外军机市场,歼击机在中国、印度、马来西亚、阿拉伯等国家销路较

图 5 - 14　16 国共同参与的国际空间站运行在 300 km 以上的轨道上

好,俄歼击机在国际市场的份额在 10% 左右。而俄罗斯的民用飞机制造业已大大落后于西方航空强国。冷战时期,重军轻民,使民机产业发展缓慢,落后于西方发达国家。近年来,虽有振兴愿望,但综合经济实力不足,对民机发展的投入未见增长,目前的民机产业发展已经远不能与西方发达国家同日而语了。

　　苏联时期,俄罗斯航空企业隶属于国家,企业实行国有制的形式,完全受行政命令支配,航空企业为国家战争需要而生产单一的军品。由于冷战结束及国际形势的变化,国家对军品需求减少,开始实施军转民。俄罗斯的军转民不同于美国的军转民战略,是适应国有军工企业转型的要求,是建立在航空企业生产能力多余的基础上。而美国的军转民是利用政府军备采购方面的公共投入,发展军民两用的领先技术,首先在军用航空器上使用,成熟后再转向民用领域,以此降低民用航空产品的开发成本和风险。

　　在俄罗斯航空工业的军转民和以军带民的过程中,军工企业成功地将一些军机改装成民机,如图波列夫设计局将一款轰炸机改型为喷气式客机,将图-20 轰炸机改型为大型涡桨洲际客机图-114。货运飞机和直升机尽力考虑军民两用要求,实现兼用。大部分俄罗斯运输机具有在土机场上起降的能力,以适应战时环境;起落架采用了粗短结实的支柱和多个低压轮胎。重型直升机的载重和起飞总重都较大,如米-26直升机载重达20 t,起飞总重56 t,若作为军用,可载100名士兵。在以军带民的过程中,俄罗斯充分利用军机的销售和服务网络支持民机的发展和市场推广,努力向其军机出口国推销民用飞机,如在马来西亚、拉丁美洲一些国家,取得一定成效。

总之,俄罗斯国有军工企业利用军民技术相关性和市场的关联性,通过技术转移、技术溢出以及营销网络共享促进了民机产业的发展,调整了航空企业的产业结构。

3. 重振产业

1997年,俄罗斯政府制定并开始实施"俄罗斯航空工业体制改革构想",对其国有航空企业进行重组整合。按照这一构想,建设分级分层的企业架构。第一级公司,包括飞机设计局以及飞机批生产厂;第二级公司,包括从事发动机、航空电子设备、仪表和构件研制生产的企业和组织,主要职能是保证第一级公司所需的一切产品。

2006年,俄罗斯组建集飞机研制、生产经营、市场开发等为一体的超大型飞机设计生产制造企业——联合飞机制造集团,该集团将所有的航空工业部门都纳入其下,包括民用飞机、军用飞机、无人机部门,也包括试验和科技中心及特许公司等,实行管理公司、航空器生产、特种工厂的三级体制,实现航空制造部门的大联合。

2005年以来,俄罗斯政府相继出台了《2015年前俄罗斯航空工业发展战略》《2002—2010年及2015年前民用航空技术装备发展联邦专项规划(新修订版)》《2015年民用航空设备发展纲要》《2008—2012年民机生产计划》等战略与规划,着力从国家意志的高度,全面规划航空工业的未来发展。

俄罗斯国家战略与规划明确提出吸引私人资本投资俄罗斯航空工业,组建适应市场的高效率企业,提高航空生产、设计和科研能力。同时,加强国家对民用飞机制造业的投资,包括发展产业基础、扩大科研设备、科学研究和试验设施、国家购买航空设备等,以尽快增强国际市场竞争力,使俄罗斯民用航空工业在国际市场上占据前列。

5.3.3 欧洲空天产业格局

1. 英 国

英国是世界上第一个工业化国家,也是最早开始发展航空工业的国家之一。英国航空工业的历史已有近百年,现仍可称为航空大国。自 1908 年开始出现飞机制造企业以来,英国在航空航天方面一度引领世界航空工业,在飞机制造、雷达、航空发动机等方面取得了举世瞩目的成就。20 世纪上半叶,其航空工业实力仅次于美国。和大多数国家一样,英国空天产业最初主要用于军用领域,为英国在两次世界大战的胜利做出了重大贡献,同时军用飞机产业在两次世界大战中得到飞速发展。二战结束后,英国和美、苏共同分割了世界航空工业的市场。

战后的和平发展有力推动了英国民机产业的扩展,在产品设计、研制和生产能力方面都位居世界前列,涌现出大批性能优良的产品,世界上许多飞机(包括军用和民用)都安装有英国生产的发动机、机身、机翼部件及机载设备。根据英国贸易投资署报告及官方网站数据,2010 年英国空天产业占全球市场份额的 18%,共有超过 3 000 家相关企业,直接从业人员多达 10 万余人;2011 年空天产业研发投入 14 亿英镑,占英国总研发投入的 8%,航空航天销售收入 241.6 亿英镑,军用航天器销售收入 123.9 亿英镑,占总销售收入的 51.3%。

处于最顶层的航空航天企业是少数超大型企业,包括 BAE 系统公司、罗罗公司(见图 5 - 15)、空客英国公司、庞巴迪英国公司、泰利斯公司等。这些超大型企业直接从国防部接受国防订单,而对于非核心业务或非优势业务,主承包商再将其转包给中层企业。在英国,顶层航空航天公司每年接受的国防航空航天领域订单金额占相应领域总额的 60% 以上。以 BAE 系统公司为例:BAE 系统公司现有雇员人数达 3.48 万人(仅英国公司),其在2010 年以 328 亿美元的销售收入位居全球国防市场第二,仅次于洛·马公司。其制造的军用航空航天武器包括"台风"战斗机、"鹰"喷气式战斗机、F - 15 航空电子设备等,同时 BAE 系统公司也生产大量民用产品,其民品销售收入占全部收入的 30%~40%。

20 世纪 50 年代,受到"战斗机无用论"的影响,英国政府大量削减了对航空工业,尤其是飞机制造业的财政支出,航空工业的研发经费大量减少,

图 5 – 15　罗罗发动机进行低压系统测试

造成自 1955 年到 1967 年间，多达 14 个新飞机项目被中止。其中影响较大、最具代表性的案例有：维克斯 V – 1000（民航版为 VC7）大型多功能运输机、霍克希德利 P. 1154 超声速垂直起降战斗机和英国飞机公司（BAC）TSR. 2 超声速攻击机等三个项目的中止。

　　从英国皇家空军的采购记录，也可看到这一时期航空工业发展的困难状况。1954 年，皇家空军购买了 155 架各型飞机，花费 9 000 万英镑；而 1958 年采购 178 架飞机则花费了高达 4. 26 亿英镑。国内需求量没有明显增长，但成本上升的现象严重。不仅军机成本居高不下，研制出的民航客机也不能给企业带来收益，于是，或研发计划中途被取消，或白白浪费投入的经费。

　　从 50 年代末开始，英国航空工业不断遭遇挫折，大量飞机制造公司因破产而被国家收购，或是出售给他国公司，大型民用飞机的发展也陷入困境，最终被迫取消。直到 80 年代，英国航空工业才止住衰败之势，但此时的英国航空工业相比美国、法国等，已然落后。

2. 法　国

　　与基础相对较好的美国不同，第二次世界大战对法国航空工业的打击是毁灭性的，法国的航空工业的研发能力和生产能力在战争中几乎完全被破坏，导致战后的法国不得不从头开始建设航空工业。

　　第二次世界大战结束后，法国航空工业开始从战争的废墟中恢复和发展。由于当时法国航空技术已明显落后于美、英、苏等国，因此法国走了一条从仿制开始，然后进行改进，最后开展独立自主研制的道路。在这个过程中，法国政府对航空工业采取了许多有效的振兴措施，使法国航空工业在较短的时间里迅速跻身航空大国行列。

1950 年,法国航空工业的第一个五年计划开始实行。在这 5 年里,政府对航空工业进行了大力扶持,第一步就是对航空工业进行集中与国有化。法国政府将国内飞机制造公司由战前的十多个合并为四个,其中,国有企业两家——南方航空公司(Sud Aviation)和北方航空公司(Nord Aviation),私营企业两家——布雷盖飞机公司(Societe des Avions Louis Breguet)和战后方才成立的达索公司(Avions Marcel Dassault)。

在国有化方面,法国采取了与英国不同的策略,在加强对航空工业集中管理的同时,更加强调企业间的分工,明确了各主要航空企业各自的专业方向:北方航空公司主要进行弹道导弹的研发;南方航空公司专攻军、民用运输机和直升机的发展;达索公司则主要负责战斗机的研发(见图 5-16)。

20 世纪 60 年代,戴高乐推行以"打破美苏格局,维护民族独立,争取大国地位"为主要内容的独立自主外交政策。60 年代末开始,法国航空工业进行了新一轮的合并重组,最终集中于三家企业:由南方航空公司和北方航空公司合并而成的国营宇航公司(SNIAS)、由布雷盖飞机公司和达索公司合并而成的达索-布雷盖公司(Avions Marcel Dassault-Breguet Aviation)和航空发动机企业——国营航空发动机研究制造公司(SNECMA,即斯奈克玛公司)。这三大航空工业集团分工明确、高度集中,并且都由政府主导,使法国航空工业的技术资源得到了最充分的利用,极大地提高了法国航空工业的生产效率和产品质量,增强了法国航空产品在国际市场上的竞争力。

与战后英国航空工业从辉煌走向黯淡相反,战后法国航空工业从灰烬中重生。1960 年 2 月,法国爆炸了第一颗原子弹,随后建立了一支"全方位"的第一代核打击部队。此外,戴高乐拒绝接受美国北极星导弹和多边核力量计划,拒绝参加莫斯科三国部分禁止核试验条约等等,打破了美苏核垄断局面。还反对美国在大西洋联盟的霸权,要求分享西欧的领导权,争取大国地位。

重组实现了法国军用飞机设计、生产和销售的集中,提高了国际竞争力。达索-布雷盖公司研制生产试验单位多达 17 个。最重要的飞机总装厂有 3 个,其中位于波尔多市的梅里尼亚克厂(Bordeaux-Mérignac)有 5 条总装线,生产支线客机、军用飞机,累计生产交付 7 000 余架飞机。发动机企业也经历了重组与国有化过程,取得了很好的业绩。

图 5 - 16 达索公司"神经元"无人机、"阵风"战斗机、"猎鹰"7X 公务机编队飞行

政府主导、高度集中、明确分工、国内合作是 20 世纪 70 年代初,法国航空工业政策的鲜明特点。由此,使法国的技术资源得到了充分有效的利用,强化了自主创新能力,一举使民用飞机、战斗机和直升机达到世界一流水平。

战后,沿着独立自主发展本国航空工业的路径,法国政府花大力气重整、兴建和扩建航空科研机构。当时在法国政府内部有这样一种清醒的认识:"在实验室和工厂失去我们的独立,比在战场上和外交会议上失去我们的独立具有更大的危险性。"于是,法国航空工业在战后恢复的同时,大力发展航空科研与航空教育工作。由于政府政策支持和大量资金的注入,法国航空科研成效显著。法国航空工业发展委员会前主席邦泰曾说:"研究与发展工作是法国航空工业能够在世界市场上竞争并从中获取利益的主要因素之一。"

法国航空科研具有以下特点:

第一,重视新苗头。航空科研的定向,一方面以技术预测为依据,另一方面还要善于抓住已经出现的新苗头和新动向。法国航空界对世界航空科技的动向与新苗头十分敏感,且能不失时机地抓紧开展研究,直至有所突破,并加以应用推广,如超声速、变后掠翼、超临界机翼、电传操纵系统、主动控制、复合材料等先进技术的研究都是如此。

第二，抓重点。法国依据国防需要和世界发展趋向，制订研制计划，贯彻以军为主、以军带民的方针，选择重点问题，着力突破解决。

第三，远近结合。制定科研规划时，在安排当前需要急迫解决的科研关键问题的同时，重视影响未来的基础性、探索性研究，以确保长远发展的活力。

第四，大协作。法国航空科研管理部门非常重视与国内外进行广泛的协作与交流，形成了合作的氛围，也取得了很好的效果。

第五，重视试验设施建设。法国从恢复时期起，就大抓重点试验设备的建设，并做好配套，以满足航空科研和生产的需要。

如今，法国航空航天产业已经成为该国最重要的工业支柱之一。其中，总部设在法国南部小城图卢兹的空中客车集团已经成为世界最大的民机制造巨擘之一。2019 年，空客飞机总交付量达 800 多架，创历史新高。继研制生产"幻影"2000、"阵风"战斗机之后，法国还在近年启动了六代机的研制，2019 年巴黎航展上亮相的法德联合研制第六代战斗机，由法国达索公司为总承包商，将成为法德两国甚至欧洲未来战斗航空系统的基石。

3. 德　国

德国航空航天工业近年来发展平稳，在欧洲居于领先地位，某些技术在世界上也名列前茅。第二次世界大战之前，德国的航空航天工业在几乎所有领域都走在了世界前列。第二次世界大战中德国军用航空产品的巨大需求，推动了其航空及其相关技术的迅猛进步以及产业的急剧扩展。战后，因战败国身份限制，德国航空航天产业一度停滞，人才流失严重。由于政府的持续促进，目前在一些领域又重新取得局部优势。

德国航空制造业目前有直接从业者 9.3 万。从地区看，汉堡州、下萨克森州、巴伐利亚州和不来梅州是主要产业基地。德国航空产业的研发投入占全行业销售额的 16%，在各行业中居领先地位。德国是出口大国，航空产品也不例外，其中 70% 用于出口。

德国航空产业大部分为中小企业，仅有一个巨头戴姆勒航空工业公司（DASA），但 2000 年随着德国政府航空工业融入欧洲的政策已并入欧洲宇航防务集团（EADS）。初期，德国戴姆勒集团持有欧洲宇航防务集团 22.5%

的股份。德国最重要的两家民用航空工业公司是空中客车德国公司（Airbus Operations GmbH，简称空客德国公司）和欧洲直升机德国分公司（Eurocopter Deutschland GmbH），两者目前皆隶属 EADS。空客公司是欧洲强强联合的成功范例，在民航机市场已与美国波音公司比肩。空客公司德国公司是德国航空工业的骨干企业，主要负责生产空客飞机的机身和舱内设备。欧洲直升机公司 2008 年全球民用市场占有率达 53％，其德国分公司主要生产 EC135 和 EC145 机型，实现了研发和产销一条龙。

德国航空发动机虽没有完整的产业链，但拥有掌握一些高水平新技术和新工艺的工业企业，主要有摩天宇（MTU）和罗罗德国公司（Rolls-Royce Deutschland）。

在航空研究方面，德国航空航天中心（DLR）发挥着重要作用。该中心规模很大，拥有 6 500 人，29 个研究单位，分布在德国 13 个城市，年航空研究预算 5.7 亿欧元。

德国航天工业从 20 世纪 90 年代开始重新步入正轨，拥有直接从业者 6 100 人。主要分布在慕尼黑、不来梅和弗里德里希港等三个区域。德国航天工业极具欧洲联合特色，在欧洲航天局（ESA）中发挥着重要作用，是该局的第二大出资国（年出资 5.5 亿欧元），项目承担量居各成员国之首。由于德国奉行积极融入欧盟的政策，且又是欧盟的"火车头"，故一直积极推进欧盟层面上的各相关机构设立。由于德国的努力，欧洲航天员中心（EAC）落户德国科隆，欧洲气象卫星利用组织（EUMETSAT）总部和欧洲航天飞行控制中心（ESOC）落户德国达姆施塔特。欧洲航天局目前的重点项目是参与国际空间站活动、伽利略卫星定位项目、哥伦布空间实验室和阿丽亚娜 5 型运载火箭等。

德国航天工业同样是中小企业居多，为数不多的大企业有 Astrium 运载火箭系统公司、OHB 卫星集团和 RapidEye AG 地球遥感系统公司等。

德国政府对航空航天产业的目标要求：一是增强竞争力，二是保持技术优势，三是为环保做贡献，四是造福人类。德国航空工业的管理部门是联邦经济部，航天工业的政府专管部门是联邦经济部、交通建设部和国防部。政府还设立了航空航天业协调人，由经济部国务秘书担任。

近年来，德国政府计划在航天领域发力，加入中美俄航天的竞争，据悉具体方案是在本世纪 40 年代前,德国将在航天产业投入 1 万亿美元,以此进入全球航天"第一梯队"。航空方面,除了设在汉堡的空客总装线外,如今德国大部分航空产品为部件研发生产,其中出口占 70%。

5.3.4 其他国家和地区空天产业格局

1. 日 本

第二次世界大战结束后,日本作为战败国被禁止从事航空产品的研究和制造,发达的航空工业随之完全解体,人员流散,企业转产。1952 年,这一禁令解除,日本航空工业开始恢复,其后经历了航空修理、组装、仿制、自行研制和国际合作等阶段,生产和研制了不少飞机及其发动机,现在已发展到相当的规模和水平。

日本为数不少的重工业企业均涉足航空航天相关产业,如三菱重工业公司、川崎重工业公司、石川岛播磨重工业公司、富士重工业公司等。日本的航空工业与航天工业是融为一体的,这些企业既生产航空产品,又生产航天产品。在从业人数、产值占国民总产值的比例等方面,日本航空工业属于其国内的小规模产业。但规模虽小,能力颇强。他们能够仿制美国 80 年代初的先进战斗机 F-15 及其发动机 F-100,也具有自行研制战斗机和支线客机的能力,还能够参与国际合作,研制干线客机及其发动机。

日本航空工业长期以生产军用飞机为主。例如,1951—1985 年日本生产的军用飞机的产值,竟占同期航空工业总产值的 81.6%。由于军用飞机生产比例过大,而军机被禁止出口,航空产品的出口额很小。1952—1988 年,航空产品的出口总额为 5 400 亿日元,仅占同期航空工业总产值的 7.7%。从 70 年代后期开始,日本加强国际合作以发展民机产品,并打进国际民机市场,加上其他因素,使得近几年来的情况有所改变。1990—1992 年,军用飞机产值占同期总产值的 74.7%,较上述的 81.6%降低了 6.9%;出口额占同期总产值的 13.9%,较上述的 7.7%提高了 6.2%。这说明日本航空产品结构开始从军用型向军民用并重型转化,经贸结构开始从国内市场向国际市场转化。

2. 巴　西

巴西的航空文化源远流长。早在一百多年前,巴西航空之父桑托斯·杜蒙就实现了有动力飞行,并被国际航空联合会登记为较早的航空纪录之一。1968 年,首架先驱者号原型机在巴西制造成功。1969 年,巴西航空工业公司(以下简称"巴航工业")正式成立。在一个当时尚未生产汽车的国家制造飞机,无疑是一项史无前例的创举。

巴航工业的成功首先得益于巴西政府对于发展航空工业"人才至上"和"稳扎稳打"的指导方针。第二次世界大战以后,巴西政府决定发展本国航空工业,并制定出切合实际的战略方针。第一是培养人才:20 世纪 40 年代,巴西从世界著名学府聘请专家授课,或将本国人才送出国门学习,以进行人才储备。第二是技术力量储备:1953 年,巴西成立了联邦航空技术中心,该中心由航空技术学院和研发院两个单位组成,负责研发飞机产品。在该中心的主持下,一款后来被推广使用的商用机型"先驱者号"研发成功。

为了批量生产该机型,巴西政府决定成立巴航工业。巴西是在先培养人才、储备技术、成功研发出产品的基础上,再建厂、成立公司,保障顺畅地转入稳定生产。这个稳健的推进过程为巴航工业日后的发展打下了基础。

20 世纪 90 年代初,巴航工业与阿根廷联合研制 CBA123 支线飞机。但由于双方市场意识不足,项目进度拖延,同时研制费用高涨,导致巴航工业陷入现金流紧张的处境。尽管 CBA123 机型在技术方面十分先进,但其造价昂贵,未能成功出售,项目最终停止。

从 20 世纪 80 年代后半期到 90 年代上半期这段时间,在全球航空工业疲软的形势下,巴西的政治和经济危机又给巴航工业造成了不利的影响。由于偿还银行贷款、火箭式上升的通货膨胀以及 CBA123 项目在商业上的失败,巴航工业陷入债务危机。1994 年 12 月,巴西政府签发了对巴航工业实行私有化的法令。巴西政府拥有 1.45％的"黄金股",能够否决巴航工业的任何重大事项。

私有化不仅改变了巴航工业的股权结构,更为重要的是带来了经营战略上的革命性调整——发展战略从以工程技术为中心调整为以市场需求和客户满意为导向。巴航工业进行了一场全面的文化和机构转型,并增强了财务能力,一种强大的企业文化得以形成。巴航工业正式从一个以工程主导的"工程师"企业转变为一个以市场为主导、具备商业精神的现代化企业。私有化改革成功之后,片面追求最新技术而忽略市场接受度的思维方式得到了彻底的扭转。在E-喷气飞机系列的研发过程中,以市场和客户为导向的发展理念得到了全方位和深入的贯彻。

国际战略是促进巴航工业走向成功的又一项正确的指导方针。在公司成立初期,"贴牌生产"是主要的国际合作方式。考虑到当时市场对轻型飞机的需求,20世纪70年代,巴航工业采取特许协议的方式与美国派珀飞机公司合作,在巴西贴牌生产了6个型号的机型;在军用飞机方面,与先进的意大利军用飞机生产商阿玛奇和阿莱尼亚公司合作开发项目。"贴牌生产"和合作研发帮助成立初期的巴航工业积累了大量技术和生产方面的经验,帮助公司快速走向成功。

20世纪90年代后期,巴航工业逐渐发展成熟。在其商用喷气支线飞机ERJ145系列的研发过程中,首次引入了"风险共担"的国际合作方式,使公司不仅能够与全球先进的供应商共同分担新产品开发风险,还为新产品的成功注入了资金和技术方面的强有力支持。巴航工业在E-喷气系列飞机项目研发中也采用了这一合作模式。该项目总投资8.5亿美元,其中约1/3由风险共担的合作伙伴承担,由他们负责研制、生产并提供完整的系统和主要组合件。

巴航工业还与中国建立了合作关系,2003年与中国航空工业第二集团公司在哈尔滨设立了50座的ERJ-145飞机生产线。2012年,利用与中国合资建设的工厂进行莱格赛600/650公务机的总装。近年来,巴航工业将公务机总部转移至美国佛罗里达州的墨尔本,建立飞鸿100E和飞鸿300总装生产线、客户中心、工程和技术中心,促进雇员本地化。在葡萄牙,公司建设埃武拉工厂,为巴航工业的飞机生产金属和复合材料构件。这些措施不仅能够更好地为客户提供支援和服务,还可以从美国和欧洲等发达国家成熟的工业体系之中,通过全球化的生产,整合全球优势资源,实现可持续发展。

2019年1月,巴航工业将其商用飞机部门的多数股权出售给波音公司,已经获得董事会以及巴西政府的批准。根据协议,波音将拥有巴航工业商用飞机部门80%的股权,巴航工业保留20%的所有权。由波音公司掌控飞机设计、制造、认证、服务和与ERJ(见图5-17)、E-Jet和E-Jet E2飞机相关的销售工作。波音公司同时还持有巴航工业KC-390运输机项目49%的

股权,巴航工业保留了 51% 的股权;双方将通过建立合资企业,促进 KC -
390 项目的发展。这一产业整合,发生在巴航工业的竞争对手加拿大庞巴迪
公司将其支线飞机业务并入空客公司之后,是世界支线飞机领域的重大产
业变革。空客与庞巴迪、波音与巴航工业的两两整合,造成了世界民机制造
产业的新形态,空客和波音两大公司均形成了从支线到干线的完整民机谱
系,将对全球民机制造业产业格局产生深刻影响。

图 5 - 17 巴航工业 ERJ - 190 - E2 客机

3. 以色列

20 世纪 80 年代中期,以色列曾决定通过自行研制"幼狮"先进战斗机计
划发展本国航空工业,但该计划由于美国国会突然停止为此项目提供数十
亿美元的资助而被迫取消。这一沉重打击几乎把以色列飞机工业逼上
绝路。

但在以后的 10 年中,由于军用航空工业的危机和国防工业的缩减,为以
色列军工技术的大量输出和军用技术转向民用打开了大门,大约 6 000 名工
程师、技术员和后勤人员转入非军工领域,并使以色列跨入了集成电路革命
的行列,许多军事尖端技术被用来开发各种民用产品,例如民用无人机、"银
河"和"阿斯特拉"喷气公务机,以及"阿莫斯"通信卫星等产品,并以其精湛
的技术与服务揽到了相当数量的为别国飞机更新换代和分包商合同,这不

仅使以色列飞机工业摆脱了困境(仅以色列飞机工业公司在 1997 年的销售总额就达到 17 亿美元),同时带动了以色列整个国家的高技术企业的发展。现在,这个只有 580 万人口的国家有将近 400 家高技术企业,其中许多企业都是用原来为军事用途开发的技术生产各种民用产品,如用于监视、互联网、机械压缩、无线电、生物医疗、密码破译等的产品,这些产品的水平都堪称世界一流。

据瑞典斯德哥尔摩国际和平研究所(SIPRI)2017 年底发布的国际军火生产数据,2016 年以色列航空工业(IAI)公司军工销售额为 26.1 亿美元,占总销售额的 73%(而据公司发布的 2017 年业绩,其军工销售额为 24.64 亿美元,占总销售额的 70%),位居全球军工百强第 32 位(2015 年也是第 32 位)。

IAI 成立于 1953 年,也就是以色列建国 5 年后,当时名为 Bedek 航空公司,其厂区在洛德机场的沙丘上创建,只有 70 名员工。如今,IAI 已经发展出改进和升级战斗机、商用飞机、直升机、发动机和电子系统的能力,业务范围已扩大到用于空中、海上或陆地作战的先进技术解决方案,包括升级型 F-16、F-15、F-4 战斗机,Yasur2000,升级型 CH-53 直升机,Dvora 巡逻艇,Gabriel 反舰导弹和费尔康预警机等。这些能力为以色列国防军保持在这些领域的战略优势做出了重大贡献。

多年来,IAI 将其获得的技能和经验在满足以色列安全需求的同时,大力开拓国际市场,已成为飞机改装和现代化项目、无人机(UAV)、通信项目和国防电子等领域的世界级提供者,随着 Ofeq 观测卫星、AMOS 通信卫星和 Shavit 运载火箭的发展,也成为太空领域的领先者。

在导弹防御领域,自 1990 年以来,IAI 一直领导着以色列多层导弹防御计划的发展,作为箭-23 导弹防御系统的主要承包商,为其他广泛部署的空中和导弹防御系统提供关键传感器。IAI 还主导开创性的 Barak-8 计划,这是一种先进的地对空导弹(SAM),可在陆地和海上场景为各种空中平台提供最佳保护。

作为一家飞机制造商,IAI 已经实施了军用飞机和直升机的现代化和升级计划,成功将上一代平台转变为能够满足当今和未来最苛刻任务要求的先进高效系统。现代化套件通常包括全面的寿命延长和系统升级,包括先进的航电设备、培训设备、模拟器以及任务规划和情况汇报系统。

作为以色列领先的空间技术集成商,IAI 拥有数十颗在太空部署的卫星。IAI 开发和生产各种尖端卫星和卫星设备,包括观测和通信卫星、科学/研究卫星系统、地面控制站、任务中心和运载火箭。通过 OPTSAT－3000(电子光学成像卫星系列)、TECSAR(合成孔径雷达－观测卫星系列)和AMOS 通信卫星产品系列,IAI 为国家安全和商业应用提供最佳性能和成本效益解决方案。

IAI 为主要的国际原始设备制造商(OEM)设计和制造公务机、主要航空结构和起落架、伺服控制和操作系统,提供从设计、集成、测试、认证到制造、营销和产品支持的全方位服务。IAI 也是全球公认的客机改装货机的全球领军者,拥有超过 40 年的经验,并交付了 200 多架改装飞机。IAI 发展了自己的补充型号合格证书 STC,用于商业和军事市场的一系列飞机改装。

4. 加拿大

加拿大的航空航天业以其民用飞机、军用飞机、飞机模拟器、空中防御系统以及售后服务闻名于世。加拿大在全球航空航天业的份额在过去的 20 年中翻了 3 倍,成为世界上第五大航空航天业生产国。加拿大国内约有 400 家企业 82 000 名高技能员工从事航空航天产业。加拿大航空航天业 80％的国内生产出口到世界各地,其中 60％出口美国;80％的行业产量用于非军用方面。

加拿大航空航天产业的主要优势为支线飞机和公务机,总部位于加拿大的庞巴迪公司是世界著名的支线和公务机生产商。该公司生产的 CRJ 支线飞机被 60 多家航空公司使用,目前共有 1 500 多架投入运营。由于庞巴迪公司在美国遭遇所谓倾销飞机的起诉,加之固有的经营困难,2018 年 7 月,将其 C 系列飞机项目多数股权几乎以赠送的方式由空客公司收购。根据协议,空客公司将获得实体 C 系列飞机有限合作公司(CSALP)50.01％的股权,剩余股份由庞巴迪和魁北克投资公司(IQ)分别持有,约为 34％和16％。正如前面在介绍巴航工业时所说的那样,这是支线飞机领域产业格局的重大变化,空客将 C 系列飞机编入空客民机谱系,丰富了单通道飞机系列,也为庞巴迪公司的该部分业务和 C 系列飞机的商业发展提供了新的机遇(见图 5－18)。

加拿大企业可满足全球小型燃气涡轮发动机三分之一的需求。加拿大生产的视景模拟器占全球市场份额的 70％。加拿大企业在大型飞机模拟器、视景模拟器以及飞行训练设备方面的设计和生产居全球领先地位。位于蒙特利尔的 Bell Helicopter Textron 是世界领先的旋翼航空器的制造商，欧洲航空防务航天公司（EADS）的分公司 Eurocopter Canada Ltd. 1984 年设立于安大略省伊利港。加拿大民用直升机产量占全球超过 20％份额。

加拿大的飞机起落架专业能力很强，其大部分产品和服务用于出口，可供应全球近 1/3 的起落架，包括为新型、大型飞机生产的起落架产品。在此领域的世界市场份额占 60％。

在飞机、引擎和部件的维护、修理和大修（MRO）方面，加拿大有雄厚实力，拥有超过 1 100 家认证的维修机构，17 000 名熟练员工，年营业额达到 30 亿加元。

图 5 - 18　被编入空客公司产品系列、更名为 A220 的原庞巴迪 CS - 100 飞机

加拿大在世界航空航天产业中已成为重要的一环，主要原因在于加拿大的低经营成本、完善的研发基础设施和国家航空航天研究机构，以及多样的税收优惠政策。加拿大还拥有世界上教育水平很高的劳动力资源，增强了其人力资源优势，20 所大学提供航空业及宇航工程学位的教育资源，每年可输送 3 000 名航空航天专业的毕业生。加拿大创造了良好的商业管理环境，拥有 20 年专利权保护以及在都市中心地带建立了各种产业集群，这些都为航空航天业创新发展创造了条件。

加拿大境内正兴起几个专业化的工业集群地，其中就有含有航空航天产业能力的工业基地。大不列颠哥伦比亚工业基地可为各种飞机和直升机提供养护、修理、大修服务;艾伯塔和萨斯喀彻温基地拥有广泛的养护、修理和全面检测技术,并拥有在无人控制导航系统方面的产品开发与服务能力。这两个省还拥有众多世界顶尖级电子防御公司及卫星系统开发能力。加拿大的大西洋地区在燃气涡轮、软件开发、系统集成、培训及模拟机等的开发、维护、修理领域有很强的实力。

魁北克省的航空航天业约有 4.42 万名从业人员,主要包括庞巴迪、贝尔直升机加拿大公司、普惠加拿大公司、罗罗加拿大公司等。蒙特利尔拥有加拿大最大的航空航天工业集群。在飞机组装、发动机制造、维护、修理和大修(MRO)、航空电子设备和起落架等领域均拥有强劲实力。蒙特利尔还汇集了 10 多家航天航空研究中心,包括加拿大国家航天局(Canadian Space Agency)、航空航天制造技术中心(Aerospace Manufacturing Technology Center)等。另外国际航空运输协会(IATA)、国际商用航空理事会(IBAC)、国际民用航空组织(ICAO)等国际组织的总部也都设在蒙特利尔。

5.4 中国空天产业的发展与布局

经历中华人民共和国成立 70 年来的风雨历程,中国空天产业已经形成基本完备的体系,成为世人瞩目的航空航天大国,正在向实现空天强国的宏伟目标而努力奋斗。我国的航空航天产业目前正处在一个难得的发展机遇期,既有对产业发展的强烈需求,又有日益强大的综合国力为产业发展提供充足的支撑与保障,空天产业发展拥有了坚实的物质基础和良好的社会环境。

中国的航空航天产业区别于美欧等国的发展模式,是由大型国有企业作为绝对主力军,在国家的强力领导和资源支持下,按既定战略与规划持续推进的。由于特别的国情,航空与航天实施相对独立的并行管理与发展,均由中央政府实施垂直管理。

5.4.1 中国航空产业的发展

如前所述,航空产业涉及的范围很宽,这里重点介绍与空天工程科技的关系尤为密切的航空制造业,即航空工业的发展,时间段为新中国成立后的当代。

我国航空工业创建于 1951 年,经历 20 世纪 50 年代的艰难起步和 60—

70年代的自主发展,从1978年全面改革以来,跨越世纪,取得历史性进步,已经发展成为一个完备的产业体系,在进入21世纪后,展现井喷式发展局面,并正以创新、进取的姿态,向航空强国的伟大目标进军。

1951年4月,中央政府下发了《关于航空工业建设的决定》,标志着新中国航空工业正式创建。第一个五年计划期间(1953—1957年),国家投入大量资金,创办了一批航空高等院校,建设了13个重点骨干企业,初步建立起航空制造体系和人才培养体系,使航空工业迅速完成由修理到制造的过渡。从50年代末期开始,先后创办数十个航空专业设计所、研究所,基本建立起航空工业科技体系。到70年代后期,不仅在东北、华北、华东有了比较强的飞机及其配套的生产能力,而且在中南、西南、西北等地"三线"地区建成了飞机和发动机、机载设备的成套生产基地,形成了比较完整配套的生产能力。

十一届三中全会之后,中国航空工业逐步调整工作重点,在全面推进各项改革的同时,开展了大规模的"军转民、内转外"的战略转变,开创出了一个改革开放、保军转民、实行战略转移的新时代。在那个特殊年代,保全了基本队伍,巩固了基本能力,并为国民经济发展做出了不可或缺的贡献。

从20世纪80年代初到90年代末,军用飞机领域展开了一批型号的研制,向部队提供了大量适用的航空军事装备;民用飞机长期发展滞后的局面开始改变,进行了一些型号的研制与改进改型,广泛应用于国民经济各项领域;非航空产品生产迅速崛起,销售额以每年30%以上的速度递增。

进入21世纪以来,在严峻的国际政治形势下,中央下决心大力发展国防装备,中国航空工业迎来了前所未有的发展机遇。经历近20年奋斗,攻克了一大批关键技术,为军队建设奉献了以"20系列"为代表的一个又一个新的先进装备,给国人带来一个又一个惊喜,中国航空工业也跻身于能够独立研制多系列航空装备的少数国家之列。同时,民机产业、燃机产业、非航空产品也获得快速发展,为国民经济发展做出了重要贡献。

2008年,为推动商用飞机的发展,中央决策成立中国商用飞机公司(COMAC)。COMAC作为国家级专业化机构,承担起ARJ21新支线喷气客机和干线客机的研发生产销售服务以及新的民机持续发展的使命。现在,ARJ21已经正式投入商业运营,C919正在开展试飞。中国的民用飞机事业已经跨入新的发展阶段。

2016年,为加快航空发动机事业的发展,中央又决定组建中国航空发动机集团公司(AECC)。正如中央领导指出的那样,航空发动机是国之重器,是装备制造业的尖端,尽快在这一领域实现突破,对增强我国经济和国防实力、提升综合国力具有重要意义。从 2016 年 5 月正式成立以来,我国航空发动机事业的各项工作取得了一系列新的成绩;在航空发动机事业发展上升为坚定的国家意志时,航空发动机这个我国航空产业发展的最大瓶颈问题必将彻底解决。

但是,我们仍需要认识到中国航空业的不足,特别是在民机领域的落后状况必须尽快改变。当今民机市场几乎被波音、空客、庞巴迪和巴西航空等国外航空业巨头所占据,改变这种世界民机产业格局,让更多的国产民机翱翔在蓝天,这是对广大航空从业者和未来的进入者提出的光荣历史任务。而在发动机领域,也必须尽快解决大推力、高性能军用航空发动机的自主保障问题,填补商用大涵道比涡扇发动机的空白,提升各类航空发动机的性能与质量,并开展新概念、新能源、新样式航空发动机的技术研究与产品开发。同时,也需要从战略高度进一步提升航空工业在国防、经济发展中的地位,确立快速推动航空产业发展的新思路;推动航空工业体制和机制变革,引入非公资本进入航空工业,依托社会主义国家集中力量办大事的优势,推进我国航空产业新的跨越式发展。

5.4.2 中国航天产业的发展

我国航天产业经过半个世纪的发展,取得了一系列重大成功与长足的进步,进入了世界航天大国之列。我国的航天技术及其产业化包括导弹武器系统、火箭技术及产品、卫星技术及产品、载人航天、深空探测和卫星应用六大部分。

在导弹武器系统方面,我国航天工业已具备研制多种类型的战略导弹、地地战术导弹、防空导弹等武器的技术和能力。

在火箭技术及产品方面,我国航天已拥有研制、生产、发射近地轨道、地球同步转移轨道、太阳同步轨道运载火箭的能力,并在低温高能燃料技术、火箭捆绑技术、一箭多星技术等方面达到世界先进水平。我国自主研制了 12 种型号的长征系列运载火箭,其近地轨道的最大运载能力为 9 200 kg,地球同步转移轨道的最大运载能力为 5 100 kg。目前我国正按照"一个系列、两种发动机、三个模块"的思路,开发新一代无毒、无污染、高性能和低成本的大推力运载火箭。新一代运载火箭的低地轨道运载能力为 1.5～25 t,地球同步转移轨道运载能力为 1.5～14 t,将使我国的运载火箭达到世界先进水平。

在卫星技术及产品方面,我国已拥有研制通信卫星、气象卫星、资源卫星、科学实验卫星等航天器的能力,并在卫星回收技术、轨道控制技术、姿态控制技术等方面达到国际先进水平。中国卫星研制工作已初步形成了 6 个卫星系列:返回式遥感卫星系列、东方红通信广播卫星系列、风云气象卫星系列及海洋卫星、实践科学探测与技术实验卫星系列、资源地球卫星系列和北斗导航定位卫星系列。

在载人航天方面,2003 年 10 月 15 日,我国首次载人航天飞行取得圆满成功,成为世界上第三个依靠自己力量将航天员送入太空并安全返回的国家。2005 年 10 月 12 日,"神舟"6 号发射成功,表明我国突破了多人多天飞行技术。未来,我国将通过研制更经济可靠的运输工具,研制和发射空间站,建立我国的近地轨道天基服务基础设施,将各种轨道的应用卫星与空间站进行集成,最大限度地发挥其效益。

在深空探测方面,绕月探测工程已于 2004 年 2 月 25 日正式实施,总体目标是:通过探月工程的实施,突破无人月球探测的主要关键技术,实现对月球的环绕、着陆、巡视探测和采样返回,形成探测器、深空测控网和运载火箭等一系列功能单元和自主创新的月球科研成果,具备开展无人月球探测的基本能力;初步建立我国深空探测的科学、技术和工程体系及创新团队,为空间科学研究和深空探测的可持续发展奠定基础。我国目前已经成功通过"嫦娥"3 号和"嫦娥"4 号分别对月球正面和背面进行了着陆探测。

在卫星应用方面,我国已拥有通信卫星、气象卫星、侦察卫星、导航卫星、测地卫星、地球资源卫星、截击卫星等多种应用卫星。特别是正在快速创建的北斗卫星导航系统,具有重大的战略意义和实用价值。该系统和美国全球定位系统(GPS)、俄罗斯格洛纳斯卫星导航系统(GLONASS)及欧盟伽利略卫星定位系统(GALILEO),成为联合国卫星导航委员会认定的供应商。2019 年 5 月 17 日,我国在西昌卫星发射中心用长征三号丙运载火箭,成功发射了第 45 颗北斗导航卫星。

我国航天产业正行进在从航天大国向航天强国的征程中。全面建成航天强国的愿景是,具备自主可控的创新发展能力、聚焦前沿的科学探索研究能力、强大持续的经济社会发展服务能力、有效可靠的国家安全保障能力、科学高效的现代治理能力、互利共赢的国际交流与合作能力,拥有先进开放的航天科技工业体系、稳定可靠的空间基础设施、开拓创新的人才队伍、深厚博大的航天精神,为实现中华民族伟大复兴的中国梦提供强大支撑,为人类文明进步做出积极贡献。标志性的任务是,持续提升航天工业基础能力,加强关键技术攻关和前沿技术研究,继续实施载人航天、月球探测、北斗卫星导航系统、高分辨率对地观测系统、新一代运载火箭等重大工程,启动实施一批新的重大科技项目和重大工程,基本建成空间基础设施体系,拓展空间应用深度和广度,深入开展空间科学研究,推动空间科学、空间技术、空间应用全面发展。

5.4.3　中国空天产业的布局

产业布局是指在一国或一地区范围内的产业空间分布和组合,是一种以科技和工业能力为基础的社会经济现象。我国航空产业与航天产业的分布各有特点:航空产业的下属机构众多,分布较为广泛,虽有几大航空重镇如成都、西安、沈阳、上海等,相对集中,并带动了一定规模的区域性航空产业,但同时有许多分系统或零部件的供应商分布于全国众多地区;航天产业则由于其科研属性强,布局相对集中,因多数航天器及其分系统的研发和研制在相应的一个研究院所内完成,致使其产业布局集中在北京、上海等四地,且产业能力主要体现于十余座大型专业科研院,发射场则因特殊的技术要求,而设立在特殊地理位置,并呈现较为分散的布局。以下分别介绍航空产业和航天产业的布局情况。

1. 航空产业

改革开放以来,经过多年的发展,我国航空制造业初具规模,在全国 16 个省市有了集群化布局,基本形成了以长江三角洲及陕西为核心,以珠江三角洲、东北地区为两翼,以北京、天津、四川等研发、制造为支撑的航空产业格局。既有国家三线建设、中航工业布局下发展起来的传统航空强市,如沈阳、西安等,也有抓住航空产业发展机遇而快速兴起的新兴航空产业基地,如天津、珠海等。

目前,我国航空产业的主体是三大国家级集团公司:中国航空工业集团有限公司(AVIC,简称航空工业)、中国商用飞机公司(COMAC,简称中国商飞)和中国航空发动机集团公司(AECC,简称中国航发)。AVIC 和 AECC 的总部设在北京,COMAC 的总部设在上海。此外还有一定数量的小型航空企业分别隶属于民航和军队系统,主要从事航空维修业务;近些年还有地方兴办的企业和一些民营企业涉足航空产业,主要承担零部件供应和原材料供应。

以下是三大集团公司的基本情况。

(1) AVIC

AVIC 是由中央管理的国有特大型企业,是国家授权的投资机构,于 2008 年 11 月 6 日由原中国航空工业第一、第二集团公司重组整合而成立。集团公司设有航空武器装备、军用运输类飞机、直升机、机载系统、通用航空、航空研究、飞行试验、航空供应链与军贸、专用装备、汽车零部件、资产管理、金融、工程建设等产业,下辖 100 余家成员单位、28 家上市公司,员工逾 45 万人。

AVIC 的基本职责是为国防安全提供先进航空武器装备,为交通运输提供先进民用航空装备和为先进制造提供高端装备和创新动力。

AVIC 系列发展歼击机、歼击轰炸机、轰炸机、运输机、教练机、侦察机、直升机、强击机、通用飞机、无人机等飞行器,全面研发空空、空面、地空导弹,强力塑造歼 20"威龙"战斗机、运 20"鲲鹏"大型运输机、"鹘鹰"战斗机、"飞鲨"舰载战斗机、歼 10 系列飞机、歼 11 系列飞机、"霹雳火"直 10 武装直升机、"黑旋风"直 19 武装直升机、轰 6 系列轰炸机、空警 200 和空警 2000 等系列预警机、"飞豹"歼击轰炸机、"枭龙"飞机、"翼龙"系列无人机、"猎鹰"和"山鹰"高级教练机、"霹雳"系列和"闪电"系列导弹等品牌,为用户提供先进航空武器装备。

AVIC 大力发展民用飞机,自主研制 AG600 大型水陆两栖飞机,系列发展新舟 60、新舟 600、新舟 700 等"新舟"系列支线飞机,AC311、AC312、AC313、AC322、AC352 等 AC 系列民用直升机,大力发展 AG50、AG100 教练机、AG300 等 AG 系列,运 12 系列、小鹰 500、海鸥 300、SF50 轻型公务机、西锐系列通用飞机和"鹞鹰"民用无人机,全力支持 C919 大型客机、ARJ21 新支线飞机发展,承接国际航空转包生产任务并成为优秀供应商,为国内外客户提供优质、可靠的民用航空产品。同时以通航运营发展为推手,以商业成功为目的,努力成为国内通航产业系统解决方案实践者、通航产业链健康快速发展的推动者、国家通航产业战略目标实现的贡献者。

AVIC 秉承技术同源、产业同根、价值同向的军民融合式发展理念,积极探索制造业转型之路,深入推进工业化和信息化"两化融合"和智能制造。AVIC 将航空高技术融入民用领域,大力发展汽车零部件、液晶显示、电线电缆、印刷线路板、光电连接器、锂离子动力电池、智能装备等产品,并协调发展金融投资、工程建设、航空创意经济等现代服务业。

AVIC 下属的飞机主机厂有沈阳飞机公司(战斗机)、西安飞机公司(大中型飞机)、成都飞机公司(战斗机),位于江西南昌的洪都飞机公司(教练机与导弹),位于陕西汉中的陕西飞机公司(运输机及特种飞机);直升机主机厂有哈尔滨飞机公司(直升机与民机)和位于江西景德镇的昌河直升机公司,还有位于贵州的贵州航空工业(集团)有限责任公司,承担无人机与教练机主机研制及元部件业务。此外,在全国近十个省市分布有数十家机载设备与零部件生产厂。

AVIC 下属的研究院所有二十余所,分为主机设计研究类、机载设备与武器研发生产类、试验测试技术类、基础与共性技术研究类等。

主机设计研究类:沈阳飞机设计研究所(战斗机设计研发),成都飞机设计研究所(战斗机设计研发),直升机设计研究所(景德镇),第一飞机设计研究院(西安,大中型军民用飞机设计研究),特种飞行器研究所/通飞研究院(荆门、武汉、珠海,水面飞行器、浮空器和通用飞机研发)。

机载设备与武器研发生产类:雷达与电子设备研究院(无锡),机电系统研究所(南京,机电多专业研发),航空救生研究所(襄樊,生命安全与救生装置研发),空空导弹研究院(洛阳),电光设备研究所(洛阳,机载火力控制和光电系统研发),航空无线电电子研究所(上海,航电系统及综合技术研究与系统开发),飞行自动控制研究所(西安,飞控与惯导技术研究与系统开发),航空计算技术研究所(西安,机载计算机和航空软件研制)。

试验测试技术类:计量测试技术研究所(北京),飞行试验研究院(西安,试飞技术研究与国家级鉴定试飞),上海航空测控技术研究所(测试技术研究与装备研制),北京长城航空测控技术研究所(测试技术研究与装备研制)。

基础与共性技术研究类:制造技术研究院(北京,航空制造技术研究与专用设备开发),综合技术研究所(北京,标准化与环境试验研究),发展研究中心(北京,情报与系统工程研究),飞机强度研究所(西安、上海,航空器强度研究与验证),航空工业空气动力研究院(沈阳、哈尔滨,空气动力研究与试验),特种结构研究所(济南,电磁功能结构研究与制造)。此外,还有设在北京的中国航空研究院,承担基础性、前瞻性航空科学技术的研究;以及信息技术中心,承担航空工业软件开发与应用、信息化解决方案等研究。

AVIC 的主要组成及各自职责可参见图 5-19。

(2) COMAC

COMAC 成立于 2008 年,是实施国家大型飞机重大专项大型客机项目

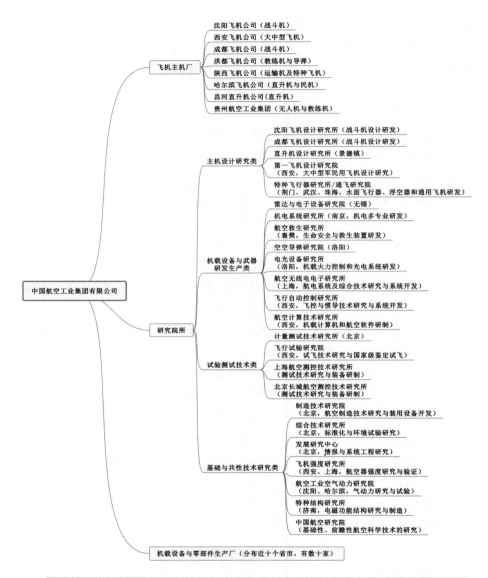

图 5－19　AVIC 组成

的主体,也是统筹干线飞机和支线飞机发展、实现我国民机产业化及长远持续发展的主体,承担 ARJ21、C919 等飞机及衍生产品和相关产品的科研、生产、试验试飞,以及销售及服务、租赁和运营等相关业务。

　　COMAC 下辖中国商飞设计研发中心(上海飞机设计研究院)、中国商飞总装制造中心(上海飞机制造有限公司)、中国商飞客户服务中心(上海飞机客户服务有限公司)、中国商飞北京研究中心(北京民用飞机技术研究中心)、中国商飞民用飞机试飞中心、中国商飞基础能力中心(上海航空工业(集团)有限公司)、中国商飞新闻中心(上海《大飞机》杂志社有限公司)、中国商飞四川分公司、中国商飞美国有限公司、商飞资本有限公司、商飞集团财务有限责任公司等成员单位,在美国洛杉矶、法国巴黎设有美国办事处、欧洲办事处等办事机构,在上海设立金融服务中心。COMAC 主要组成及各自职责可参见图 5-20。

(3) AECC

　　AECC 是中央直接管理的军工企业,由国资委、北京国有资本经营管理中心、中国航空工业集团有限公司、中国商用飞机有限责任公司共同出资组建。下辖 27 家直属企事业单位,拥有 3 家主板上市公司,现有职工 8.4 万人,拥有包括 6 名院士、200 余名国家级专家学者在内的一大批高素质、创新型科技人才。建有多个国防科技重点实验室、创新中心,具有较强的科研生产能力,以及较为完整的军民用航空发动机、燃气轮机研发制造体系与试验检测能力。

　　AECC 的组成可参见图 5-21。

2. 航天产业

　　我国航天产业的主体由军队系统和国防工业系统两部分组成。军队部分的航天系统主要包括酒泉、西昌、太原三大卫星发射中心和各航天测控中心(北京、西安等),以及航天工程的领导机构,如载人航天工程指挥部等。

　　国防工业的航天系统主要由航天科技集团公司和航天科工集团公司组成。两个集团下属的各研究院/所/事业部,是中国航天的基本科研力量。我国的航天产业是以科研为主、科研生产一体化的整体,大部分航空工程及其产品都是由这两大集团研究和生产的。

　　我国航天产业在地域上,主要分布在全国一二线城市与地区,产业力量是以十余个研究院为主构建,由多个航天专业公司为主要支撑。

　　两个航天集团公司及其下属机构的组成与职责可分别参阅图 5-22 和图 5-23。

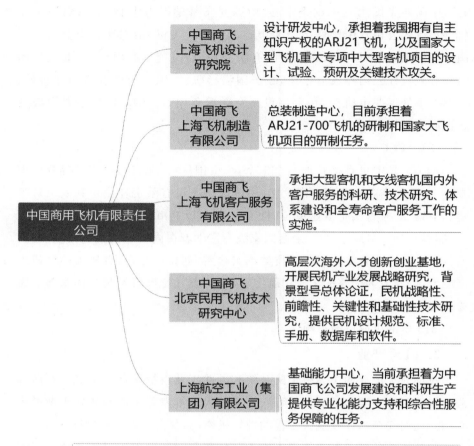

图 5 - 20　COMAC 组成

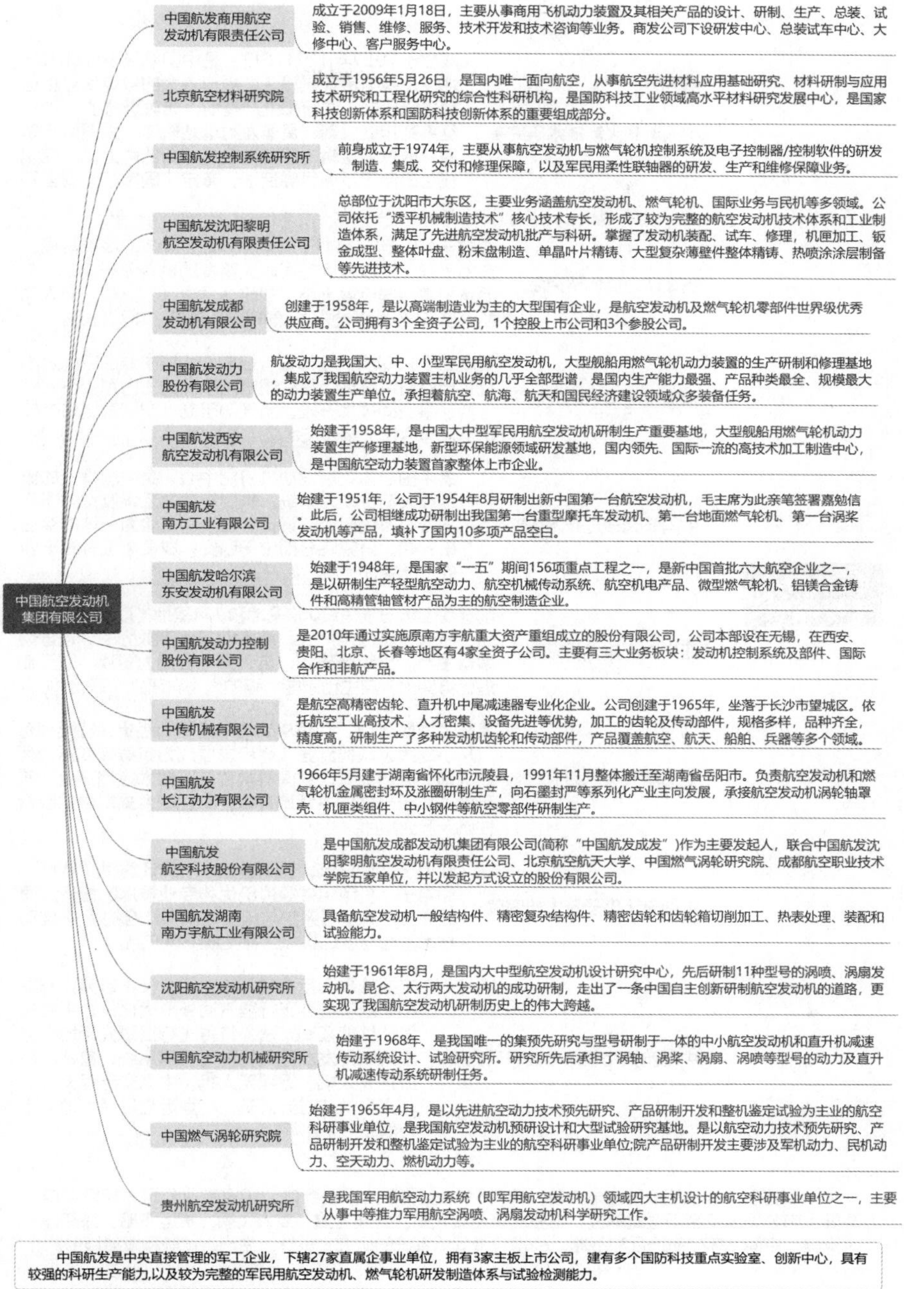

中国航发商用航空发动机有限责任公司	成立于2009年1月18日，主要从事商用飞机动力装置及其相关产品的设计、研制、生产、总装、试验、销售、维修、服务、技术开发和技术咨询等业务。商发公司下设研发中心、总装试车中心、大修中心、客户服务中心。
北京航空材料研究院	成立于1956年5月26日，是国内唯一面向航空，从事航空先进材料应用基础研究、材料研制与应用技术研究和工程化研究的综合性科研机构，是国防科技工业领域高水平材料研究发展中心，是国家科技创新体系和国防科技创新体系的重要组成部分。
中国航发控制系统研究所	前身成立于1974年，主要从事航空发动机与燃气轮机控制系统及电子控制器/控制软件的研发、制造、集成、交付和修理保障，以及军民用柔性联轴器的研发、生产和维修保障业务。
中国航发沈阳黎明航空发动机有限责任公司	总部位于沈阳市大东区，主要业务涵盖航空发动机、燃气轮机、国际业务与民机等多领域。公司依托"透平机械制造技术"核心技术专长，形成了较为完整的航空发动机技术体系和工业制造体系，满足了先进航空发动机批产与科研。掌握了发动机装配、试车、修理，机匣加工、钣金成型、整体叶盘、粉末盘制造、单晶叶片精铸、大型复杂薄壁件整体精铸、热喷涂涂层制备等先进技术。
中国航发成都发动机有限公司	创建于1958年，是以高端制造业为主的大型国有企业，是航空发动机及燃气轮机零部件世界级优秀供应商。公司拥有3个全资子公司，1个控股上市公司和3个参股公司。
中国航发动力股份有限公司	航发动力是我国大、中、小型民用航空发动机，大型舰船用燃气轮机动力装置的生产研制和修理基地，集成了我国航空动力装置主机业务的几乎全部型谱，是国内生产能力最强、产品种类最全、规模最大的动力装置生产单位。承担着航空、航海、航天和国民经济建设领域众多装备任务。
中国航发西安航空发动机有限公司	始建于1958年，是中国大中型军民用航空发动机研制生产重要基地，大型舰船用燃气轮机动力装置生产修理基地，新型环保能源领域研发基地，国内领先、国际一流的高技术加工制造中心，是中国航空动力装置首家整体上市企业。
中国航发南方工业有限公司	始建于1951年，公司于1954年8月研制出新中国第一台航空发动机，毛主席为此亲笔签署嘉勉信。此后，公司相继成功研制出我国第一台重型摩托车发动机、第一台地面燃气轮机、第一台涡桨发动机等产品，填补了国内10多项产品空白。
中国航发哈尔滨东安发动机有限公司	始建于1948年，是国家"一五"期间156项重点工程之一，是新中国首批六大航空企业之一，是以研制生产轻型航空动力、航空机械传动系统、航空机电产品、微型燃气轮机、铝镁合金铸件和高精管轴管材产品为主的航空制造企业。
中国航发动力控制股份有限公司	是2010年通过实施原南方宇航重大资产重组成立的股份有限公司，公司本部设在无锡，在西安、贵阳、北京、长春等地区有4家全资子公司。主要有三大业务板块：发动机控制系统及部件、国际合作和非航产品。
中国航发中传机械有限公司	是航空高精密齿轮、直升机中尾减速器专业化企业。公司创建于1965年，坐落于长沙市望城区。依托航空工业高技术、人才密集、设备先进等优势，加工的齿轮及传动部件，规格多样，品种齐全，精度高，研制生产了多种发动机齿轮和传动部件，产品覆盖航空、航天、船舶、兵器等多个领域。
中国航发长江动力有限公司	1966年5月建于湖南省怀化市沅陵县，1991年11月整体搬迁至湖南省岳阳市。负责航空发动机和燃气轮机金属密封环及涨圈研制生产，向石墨封严等系列化产业主向发展，承接航空发动机涡轮轴罩壳、机匣类组件、中小钢件等航空零部件研制生产。
中国航发航空科技股份有限公司	是中国航发成都发动机集团有限公司(简称"中国航发成发")作为主要发起人，联合中国航发沈阳黎明航空发动机有限责任公司、北京航空航天大学、中国燃气涡轮研究院、成都航空职业技术学院五家单位，并以发起方式设立的股份有限公司。
中国航发湖南南方宇航工业有限公司	具备航空发动机一般结构件、精密复杂结构件、精密齿轮和齿轮箱切削加工、热表处理、装配和试验能力。
沈阳航空发动机研究所	始建于1961年8月，是国内大中型航空发动机设计研究中心，先后研制11种型号的涡喷、涡扇发动机。昆仑、太行两大发动机的成功研制，走出了一条中国自主创新研制航空发动机的道路，更实现了我国航空发动机研制历史上的伟大跨越。
中国航空动力机械研究所	始建于1968年、是我国唯一的集预先研究与型号研制于一体的中小航空发动机和直升机减速传动系统设计、试验研究所。研究所先后承担了涡轴、涡桨、涡扇、涡喷等型号的动力及直升机减速传动系统研制任务。
中国燃气涡轮研究院	始建于1965年4月，是以先进航空动力技术预先研究、产品研制开发和整机鉴定试验为主业的航空科研事业单位，是我国航空发动机预研设计和大型试验研究基地。是以航空动力技术预先研究、产品研制开发和整机鉴定试验为主业的航空科研事业单位;院产品研制开发主要涉及军机动力、民机动力、空天动力、燃机动力等。
贵州航空发动机研究所	是我国军用航空动力系统(即军用航空发动机)领域四大主机设计的航空科研事业单位之一，主要从事中等推力军用航空涡喷、涡扇发动机科学研究工作。

（主干）中国航空发动机集团有限公司

中国航发是中央直接管理的军工企业，下辖27家直属企事业单位，拥有3家主板上市公司，建有多个国防科技重点实验室、创新中心，具有较强的科研生产能力，以及较为完整的军民用航空发动机、燃气轮机研制造体系与试验检测能力。

图 5-21 AECC 组成

319

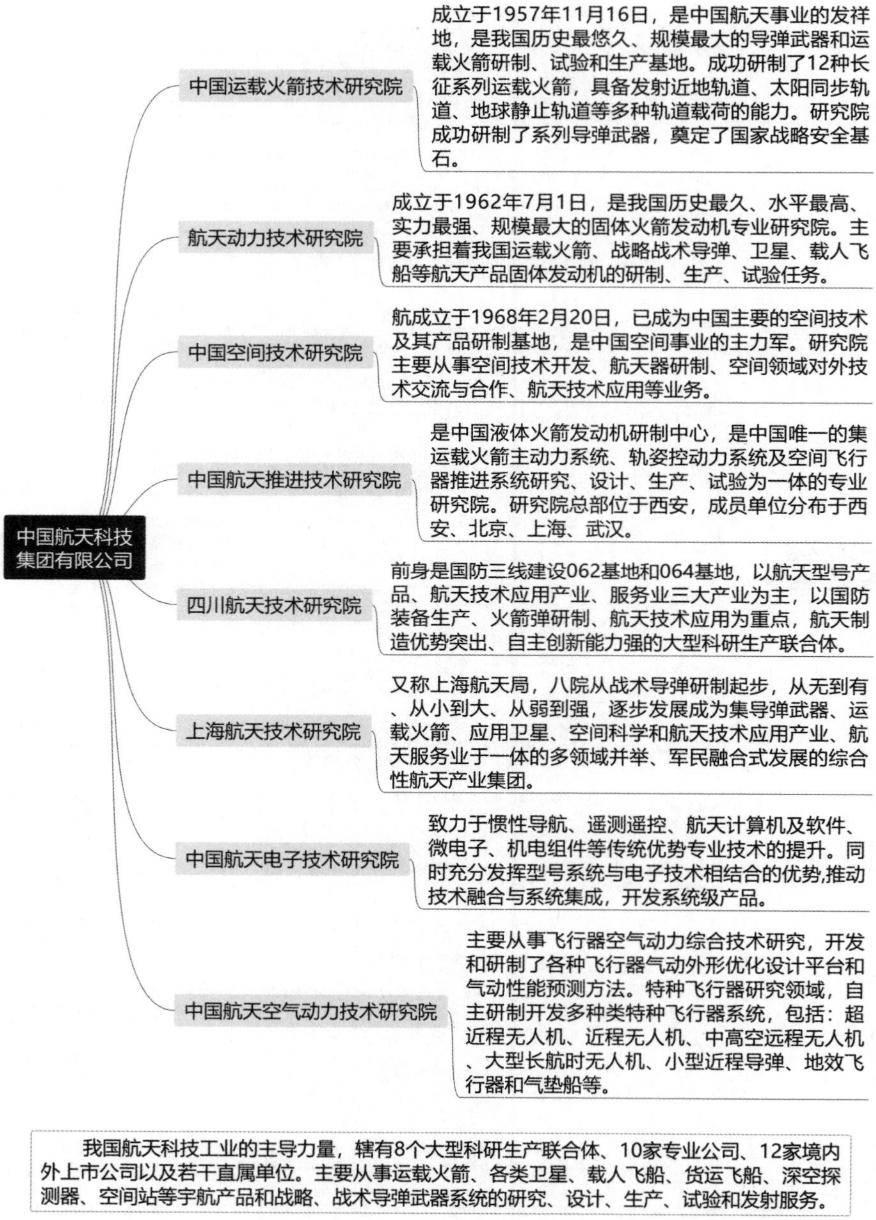

中国运载火箭技术研究院 — 成立于1957年11月16日，是中国航天事业的发祥地，是我国历史最悠久、规模最大的导弹武器和运载火箭研制、试验和生产基地。成功研制了12种长征系列运载火箭，具备发射近地轨道、太阳同步轨道、地球静止轨道等多种轨道载荷的能力。研究院成功研制了系列导弹武器，奠定了国家战略安全基石。

航天动力技术研究院 — 成立于1962年7月1日，是我国历史最久、水平最高、实力最强、规模最大的固体火箭发动机专业研究院。主要承担着我国运载火箭、战略战术导弹、卫星、载人飞船等航天产品固体发动机的研制、生产、试验任务。

中国空间技术研究院 — 航成立于1968年2月20日，已成为中国主要的空间技术及其产品研制基地，是中国空间事业的主力军。研究院主要从事空间技术开发、航天器研制、空间领域对外技术交流与合作、航天技术应用等业务。

中国航天推进技术研究院 — 是中国液体火箭发动机研制中心，是中国唯一的集运载火箭主动力系统、轨姿控动力系统及空间飞行器推进系统研究、设计、生产、试验为一体的专业研究院。研究院总部位于西安，成员单位分布于西安、北京、上海、武汉。

中国航天科技集团有限公司

四川航天技术研究院 — 前身是国防三线建设062基地和064基地，以航天型号产品、航天技术应用产业、服务业三大产业为主，以国防装备生产、火箭弹研制、航天技术应用为重点，航天制造优势突出、自主创新能力强的大型科研生产联合体。

上海航天技术研究院 — 又称上海航天局，八院从战术导弹研制起步，从无到有、从小到大、从弱到强，逐步发展成为集导弹武器、运载火箭、应用卫星、空间科学和航天技术应用产业、航天服务业于一体的多领域并举、军民融合式发展的综合性航天产业集团。

中国航天电子技术研究院 — 致力于惯性导航、遥测遥控、航天计算机及软件、微电子、机电组件等传统优势专业技术的提升。同时充分发挥型号系统与电子技术相结合的优势，推动技术融合与系统集成，开发系统级产品。

中国航天空气动力技术研究院 — 主要从事飞行器空气动力综合技术研究，开发和研制了各种飞行器气动外形优化设计平台和气动性能预测方法。特种飞行器研究领域，自主研制开发多种类特种飞行器系统，包括：超近程无人机、近程无人机、中高空远程无人机、大型长航时无人机、小型近程导弹、地效飞行器和气垫船等。

我国航天科技工业的主导力量，辖有8个大型科研生产联合体、10家专业公司、12家境内外上市公司以及若干直属单位。主要从事运载火箭、各类卫星、载人飞船、货运飞船、深空探测器、空间站等宇航产品和战略、战术导弹武器系统的研究、设计、生产、试验和发射服务。

图 5-22　航天科技集团组成

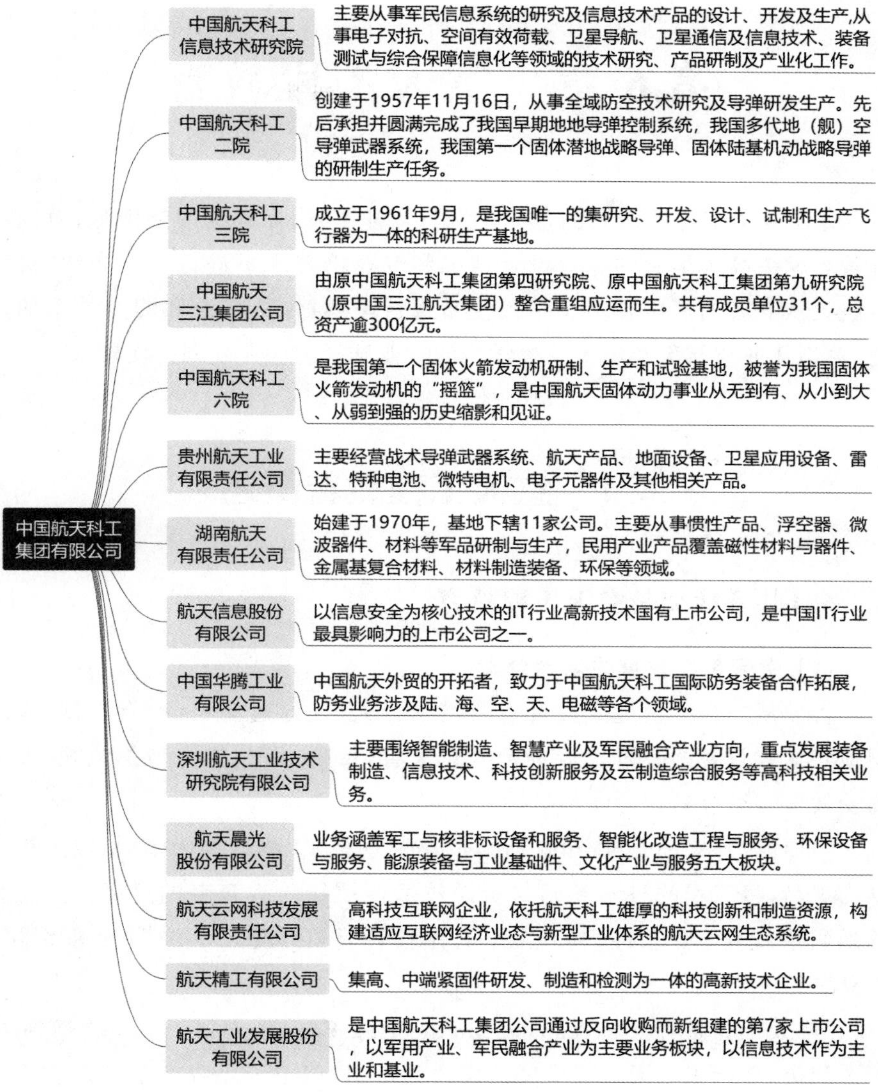

	中国航天科工信息技术研究院	主要从事军民信息系统的研究及信息技术产品的设计、开发及生产,从事电子对抗、空间有效荷载、卫星导航、卫星通信及信息技术、装备测试与综合保障信息化等领域的技术研究、产品研制及产业化工作。
	中国航天科工二院	创建于1957年11月16日,从事全域防空技术研究及导弹研发生产。先后承担并圆满完成了我国早期地空导弹控制系统,我国多代地(舰)空导弹武器系统,我国第一个固体潜地战略导弹、固体陆基机动战略导弹的研制生产任务。
	中国航天科工三院	成立于1961年9月,是我国唯一的集研究、开发、设计、试制和生产飞行器为一体的科研生产基地。
	中国航天三江集团公司	由原中国航天科工集团第四研究院、原中国航天科工集团第九研究院(原中国三江航天集团)整合重组应运而生。共有成员单位31个,总资产逾300亿元。
	中国航天科工六院	是我国第一个固体火箭发动机研制、生产和试验基地,被誉为我国固体火箭发动机的"摇篮",是中国航天固体动力事业从无到有、从小到大、从弱到强的历史缩影和见证。
	贵州航天工业有限责任公司	主要经营战术导弹武器系统、航天产品、地面设备、卫星应用设备、雷达、特种电池、微特电机、电子元器件及其他相关产品。
中国航天科工集团有限公司	湖南航天有限责任公司	始建于1970年,基地下辖11家公司。主要从事惯性产品、浮空器、微波器件、材料等军品研制与生产,民用产业产品覆盖磁性材料与器件、金属基复合材料、材料制造装备、环保等领域。
	航天信息股份有限公司	以信息安全为核心技术的IT行业高新技术国有上市公司,是中国IT行业最具影响力的上市公司之一。
	中国华腾工业有限公司	中国航天外贸的开拓者,致力于中国航天科工国际防务装备合作拓展,防务业务涉及陆、海、空、天、电磁等各个领域。
	深圳航天工业技术研究院有限公司	主要围绕智能制造、智慧产业及军民融合产业方向,重点发展装备制造、信息技术、科技创新服务及云制造综合服务等高科技相关业务。
	航天晨光股份有限公司	业务涵盖军工与核非标设备和服务、智能化改造工程与服务、环保设备与服务、能源装备与工业基础件、文化产业与服务五大板块。
	航天云网科技发展有限责任公司	高科技互联网企业,依托航天科工雄厚的科技创新和制造资源,构建适应互联网经济业态与新型工业体系的航天云网生态系统。
	航天精工有限公司	集高、中端紧固件研发、制造和检测为一体的高新技术企业。
	航天工业发展股份有限公司	是中国航天科工集团公司通过反向收购而新组建的第7家上市公司,以军用产业、军民融合产业为主要业务板块,以信息技术作为主业和基业。

中国航天科工现由总部、6个研究院、17个全资或控股公司及直属单位构成。境内共有500余户企事业单位,分布在全国各地。经过多年励精图治,建立了完整的防空导弹武器系统、飞航导弹武器系统、固体运载火箭及空间技术产品等技术开发与研制生产体系,整体水平处于国内领先地位,部分专业技术达到国际先进水平,为我国武器装备现代化建设作出了突出贡献。

图 5 - 23 航天科工集团组成

第6章 空天工程教育

本章从空天工程教育的基本含义与责任出发，回顾其发展历程，对国内外著名相关高等学府的专业设置情况和专业培养水平进行简要介绍，对航空航天从业者的素质要求和时代使命进行阐述，并从专业和职业关系的角度，对当代航空航天类高等院校学生的专业选择和职业规划提出建议。

6.1 空天工程教育概述

6.1.1 什么是空天工程教育

(1) 空天工程教育的基本含义

首先从"教育"说起。教育就是教书育人，是通过有目的、有计划、有组织地对受教育者的心智发展进行教化培育，传授知识、能力与价值观，以提高受教育者综合素质的实践活动。

"工程教育"（Engineering Education）则是以工程需要为牵引，以工程思维为工具，将工程的科学基础与所需技术传授给受教育者的过程。工程教育强调系统性、动态性、持续性，工程教育旨在"授人以渔"，而非"授人以鱼"。

"空天工程教育"（Aerospace Engineering Education）是"工程教育"中的一个门类，特指以空天事业发展的需要为牵引，以空天工程的全部内容为框架，系统开展空天工程所需科学技术与管理知识及其技能、工具与方法的全部教育活动。

(2) 空天工程教育的基本责任

航空航天事业的发展深刻改变了世界的面貌，对政治、经济、军事以至人类社会生活都产生了广泛而深远的影响，其作用已远远超出科学技术范畴。航空事业的发展改变了交通运输的结构，极大地加快了社会经济生活的节奏，消除和缩短了地理的阻隔，拉近了人与人之间的距离；航天技术与事业更扩展了人类的活动空间,它与其他科学技术的结合开创出许多新的用途,正在产生巨大的社会效益。

在航空航天事业发展的进程中,空天工程教育也在不断发展进步,它既是空天事业的基本组成部分,也是航空航天事业得以发展的重要基础。空天工程教育在为航空航天事业发展输送大量工程技术人才的同时,也以日益活跃的基础与前沿研究为航空航天事业提供了大量的科研成果支持,对航空航天事业的发展进步发挥了至关重要的作用。

当代空天工程教育的基本责任是,为航空航天事业培养具有坚实的理论基础、广博的专业知识、良好的综合能力和富有创新意识的高素质人才。在履行这一职责的过程中,不断丰富教学内容,创新教育方法,使学生掌握适用的知识,具备自主和终生学习的能力,并积极参与先进科学技术和工程方法的研究,在实践中有所创造和突破,既提高自身的空天工程综合能力,又为航空航天事业做出直接贡献。

6.1.2　空天工程教育的发展历程

(1) 工程教育的发展

早期的工程教育带有浓厚的部落、家族色彩,后发展成为以"师徒授受"为主要形式的传统工程教育。学校形态的工程教育始于 18 世纪初。1702 年,德国在弗莱贝格成立了采矿与冶金学院;1747 年,法国建立了路桥学校。1794 年,巴黎综合理工大学的建立,开创了基础科学和工程技术结合的理工学院模式。虽然路径不同,大部分工业化国家都在 19 世纪末建立起了工程教育体系。1889 年,技术教育法案颁布后,英国大学从传统的文理为主的教育扩展到工程技术教育。19 世纪德国的很多工业学校升格为工科大学。1826 年,俄罗斯成立莫斯科技工学校,逐渐形成了生产技术与实践教学紧密结合的工程师培养模式。美国工程教育在起步阶段深受法国和英国的影响,1819 年建立的西点军校、1823 年创立的伦斯勒理工学院和 1828 年设立的俄亥俄州机械学院是美国的第一批技术学院。二战前美国基本形成了具有本国特色的工程教育体系。工程教育的发展为世界各国培养了大批高水平、专业化的工程技术人才,显著促进了各国工业化进程。

中国近代工程教育肇始于 19 世纪 60 年代的洋务运动。"西学东渐"为中国带来了近代工程学的知识与工程技术,促进了包括工业专门学校在内的各种西式学堂的兴建。晚清留美幼童(见图 6-1)中产生了中国第一批近代工程师。1912 年,中国共有专门学校 111 所,其中工业专门学校 10 所。第一批近代工程师和西式学堂培养的工程人才在推进中国工程建设中起到了举足轻重的作用。1949 年之后,中国工程教育快速发展,逐步建立了完备的工程教育体系,教育层次结构逐步完整,教育水平显著提升,走出了一条符合中国国情的工程教育发展道路,取得了举世瞩目的成就。

图 6-1 清末轮船招商总局公派留洋幼童

截至 2017 年,中国各类高等教育在校总规模达 3 779 万人,高等教育毛入学率达 45.7%。全国共有普通高等学校 2 631 所。工科学生占普通高等教育在校生总数的比例超过三分之一。今天的中国已成为工程教育大国,中国工程教育为国家培养了大批优秀的创新人才,为中国的现代化建设发挥了重要的作用。

(2)空天工程教育的发展

20 世纪初,科学技术比较发达的国家开始出现航空航天工程相关教育。飞机的问世,促进了航空教育的发展。1908 年,美国洛杉矶高等工程学校教师 H·L·特温宁在物理课中首次讲授飞机原理;随后,美国密歇根大学工学院和麻省理工学院先后开设了航空学课程。俄罗斯（苏联）于 1910 年至 1930 年期间先后创办俄国海军航空学校、茹科夫斯基空军工程学院和莫斯科奥尔忠尼启则航空学院。第二次世界大战前，英、法、德、意、日等国都建立了比较完整的航空教育体系。

第二次世界大战期间，雷达、火箭和喷气飞机的出现，进一步促进了航空教育发展，并扩展到航天教育领域。第二次世界大战后，由于导弹和火箭技术的重大发展及其在战争中发挥的重要作用，航天教育更加受到重视。美国国会于 1958 年颁布国防教育法，对初、高等教育进行了一系列改革，其中，包含加强航空航天教育的内容。

世界各国的航空航天教育院校培养出大批优秀的航空航天科学家和工程师，这些航空航天人才的培养进一步加速了航空航天工程的推进和相关产品的研发，同时也反过来促进了航空航天教育自身的发展。与早期相比，现代航空航天教育在内容上有了很大的变化，原来设置的课程不断更新，原来教授的技术不断被更加先进的技术所取代，新兴交叉学科的课程逐渐增设。为了进一步培养航空航天人才，各国的教育部门、军队、民航部门兴办了各种类型的学校。各国的高级航空航天技术人员都是在高等院校里培养的，但做法不尽相同。

美国在包括麻省理工学院、加利福尼亚理工学院、斯坦福大学、密歇根大学、普渡大学、马里兰大学和俄亥俄州立大学等大学的工学院内设立航空航天工程系，学制为 4 年；电子技术和计算机技术人员则由工学院的其他系培养。苏联设有独立的航空院校，如莫斯科奥尔忠尼启则航空学院、哈尔科夫茹科夫斯基航空学院、喀山图波列夫航空学院等，学制为 5～6 年；航空航天专业学科建设也比较齐全。其他各国重要的航空航天高等院校或院系有：英国的伦敦大学帝国理工学院、布里斯托尔大学、南安普敦大学、格拉斯哥大学、克兰菲尔德大学等，德国的亚琛工业大学、柏林工业大学、斯图加特大学，加拿大的多伦多大学，法国的国立高等航空宇航学校、马赛大学流体力学学院、国立高等航空制造工程师学校，日本的京都大学工学部航空工学科、成田航空大学，意大利的罗马大学航空工程学院和瑞典的皇家理工学院航空学院等。除少数是独立的航空航天院校外，多数是开设有航空航天院系，与美国的情况相似。

我国的航空教育始于 1913 年，航天教育是从 20 世纪 50 年代逐步发展起来的。1913 年，北洋政府在北京建立南苑航空学校（见图 6 - 2）。1914 年，孙中山在日本筹建中华革命党航空学校。1918年,在福建马尾开办飞潜学校,并在其中设立飞机制造科;此后还成立了中央航空学校和空军机械学校(原名航空机械学校),主要培养飞行人员和飞机维修的技术人员。从30年代起,不少高等学校开设航空课程。1930年,中央大学在机械系设飞机工程选修课;1934年,清华大学与航空委员会合作开设航空讲座;1939年前后,中央大学、北洋大学、交通大学、浙江大学、厦门大学、云南大学、四川大学和西北工学院相继成立航空工程系;清华大学正式开始招收航空工程研究生。

图 6 - 2　北洋政府成立南苑航空学校

中华人民共和国成立后,航空航天教育有了新的发展。1952年,原有高等院校航空工程系经过全面调整,组建北京航空学院;1956年,南京航空工业专科学校改建为南京航空学院;1957年,西安航空学院(原华东航空学院)与西北工学院合并成立西北工业大学;1959年,哈尔滨工业大学增设航空工程系;1970年,原中国人民解放军军事工程学院的航空工程系并入西北工业大学。50年代后期和60年代,北京航空学院、西北工业大学、南京航空学院、哈尔滨工业大学等增设航天课程,或建立专门的系和专业。由此,构成以飞机设计、空气动力学、飞行力学、结构力学、导弹设计、航空发动机、固体和液体火箭推进、飞行器控制、通信、雷达、导航、电器、仪表、发射、材料、冷热加工工艺、电子计算机、系统工程等院系/专业为主体、学制4~5年的空天高等教育体系。这些航空航天高校和专业的建立与发展,不仅为我国航空航天事业培养了大批高级工程技术人员,同时承担和完成了大量航空航天科学研究任务,做出了重要贡献。

6.1.3　空天工程教育的专业设置

航空航天事业的发展是 20 世纪以来人类科学技术飞跃进步、社会生产突飞猛进的结果。在航空航天事业发展的历程中,一些著名的重大工程有力地推动了人类航空航天事业的发展。例如,俄罗斯的"东方一号"载人航天工程,美国的"阿波罗"登月工程,欧洲的"伽利略"工程,中国的载人航天工程、"嫦娥"工程等。航空航天工程的建设成果集中了科学技术发展的众多新突破,也离不开诸多相关专业学科的发展与进步,更离不开世界各国各地区高等院校对航空航天技术人才的教育与培养。

航空航天是工程性极强的行业,集合了诸多先进与尖端技术,涉及机械、电子、光学、信息科学、计算机技术、材料科学等广泛领域,依赖于多学科背景知识的支撑,是一个极其庞大、复杂、综合的巨系统工程。

航空航天技术原理源自经典的牛顿力学定律、开普勒定律、空气动力学等,因此各国高等院校航空航天教育的专业设置和课程设置,首先都高度重视基础科学的学习与传播。在这一点上,认识相同,教学方法也基本一致。在充分的、高质量的科学教育的基础上,根据不同学科的目标要求,进行工程技术的系统性教育。由此,航空航天工程学科形成如下特点:

① 强调基础训练,注意基础理论、基本科学知识的学习。

② 强调科学与技术的融合,把航空航天所需的技术纳入专业设置,并日益占据更高的位置与分量。

③ 重视科学逻辑与技术思维的培养与训练,强调教学与科学技术研究相结合,注重以工程思维与开展工程实践来培养和锻炼学生的相关能力。

④ 重视研究生培养,建设专门的培养体系,培养更高层次的航空航天专门人才。

⑤ 随着航空航天科学技术的迅速发展,以及交叉、融合新学科的兴起,航空航天的教学内容也日益丰富,不断提出与时俱进的新要求,出现如航天医学、航天生物学和航天工艺学等新专业。

根据教育部高等教育司颁布的《普通高等学校本科专业目录(2012 年)》,我国航空航天的一级学科称为航空宇航科学与技术,下设四个二级学科:飞行器设计与工程、飞行器动力工程、飞行器制造与工程、飞行器环境与生命保障工程。《国家中长期科学和技术发展规划纲要(2006—2020 年)》的发展目标中提出,生物、材料和航天等领域的前沿技术达到世界先进水平,大型飞机、载人航天与探月工程被列入 16 个重大专项,显示出国家对于航空航天事业发展的高度重视,也给航空航天高校建设提出新挑战,带来巨大机遇。

关于四个二级学科的要求分别为:

飞行器设计与工程专业——专注于飞行器的总体设计,包括气动外形和结构设计等。

飞行器动力工程专业——聚焦于飞行器动力装置和动力装置控制系统,包括航空发动机、航天发动机的研制,航天燃料研制等。

飞行器制造与工程专业——聚焦于"制造",包括飞行器的零件加工与成型工艺、装配工艺等研究。

飞行器环境与生命保障工程专业——聚焦于航空航天环境模拟与控制系统设计、航空航天生理和生命保障。

需要说明的是,这些学科名称及其内容,虽然有较大的稳定性,但其内容随科学研究与工程实践在不断发展,其总量与名称也有扩展和改变的可能。航空航天专业正在朝着更加完善与丰富的方向发展。

而且,除专门或主要用于航空航天事业的专业门类外,许多基础与共性专业,如材料科学与新材料制备、电子信息工程、机电控制、计算机科学、可靠性技术、仪器科学等专业都与空天工程密切相关,且展现出航空航天特需的内容与特点,事实上也正在成为航空航天的所属或密切相关专业。

空天工程相关专业主要涉及的课程有:航空航天概论、空气动力学、飞行器结构力学、航空发动机、飞行控制、飞行器总体设计、飞行器结构设计、安全救生、航空仪表、航空宇航制造工程、航空航天动力装置、隐身技术、飞机维修等专有课程,机械设计基础、电路与电子学、自动控制原理、工程热力学、传热学、燃烧学、流体力学、材料力学、结构强度、材料与制造工艺、通信与导航、可靠性与质量控制、环境控制、电子对抗技术等基础课程和支持课程;我们的这门航空航天工程通识课程,也将成为其中不可或缺的课程之一。

6.2 空天工程教育的现状与未来

6.2.1 国内外空天工程教育资源

空天工程教育的实施是航空航天事业发展的基础与保障,一个国家空天工程教育的发展水平,直接决定着国家航空航天事业的水平,而航空航天事业的发展,也会进一步促进空天教育事业的进步。纵观人类航空航天事业的发展历程,各个空天大国无一不是十分重视空天工程教育的建设与发展。空天工程教育的实施依托于庞大的空天工程实践和海量的财力人力投入,具有很高的准入门槛,因此世界空天工程教育资源主要集中在美、英、俄、中等少数航空航天大国,除此之外,德国、加拿大、日本、印度等国家也在空天工程及相关教育领域具备较强的实力。关于国内外空天有关大学情况的介绍可参见本书"附录 国内外空天教育资源",这里仅对各国空天工程教育的基本情况进行概述。

美国是飞机的诞生地,但美国的航空航天技术曾长期落后于欧洲。在第一次世界大战中,美国空军的飞机几乎都出自欧洲设计师之手。1915 年,美国组建了国家航空咨询委员会(NACA)——美国国家宇航局(NASA)的前身。自此,美国航空航天领域的科研活动走上了正轨,各大学也纷纷组建航空航天专业,这些专业逐步发展成为独立的系科乃至学院,从而大大提升了美国航空航天技术的发展水平。美国设有航空航天学院的著名大学有:加州理工学院、麻省理工学院、斯坦福大学、密歇根大学、佐治亚理工学院、普渡大学。在学术界科研水平不断提高的前提下,美国航空航天工业拥有了前所未有的规模和优势。航空航天工业的发展反过来又提高了各高校航空航天专业的科研及教学水准,二者相辅相成,相得益彰,使美国的航空航天技术水平一直处于世界领先地位。

英国航空航天产业具有较高的研发及制造水平,其产业占全球市场份额 13%,世界排名第二,仅次于美国。英国拥有包括罗罗公司(见图 6-3)、英国宇航公司、空客英国公司等在内的 3 000 多家航空航天相关企业。英国航空航天学科具有明显优势的大学有:克兰菲尔德大学、格拉斯哥大学、布里斯托大学等。

图 6-3 罗罗工程师与发动机

俄罗斯航空航天工业是在继承苏联的基础上发展起来的。俄罗斯具有雄厚的航空实力,后逐步扩展到航天领域,其航空航天工业综合能力与空天工程教育在世界上处于领先地位。俄罗斯最著名的航空航天大学是莫斯科航空学院。20世纪50年代以后,苏联宇航工业取得了一系列令世人瞩目的成就,在人类的太空探索史上留下了许多"第一"的纪录。1957年10月4日,苏联发射了世界上第一颗人造地球卫星,开辟了人类征服太空的新纪元,也确立了苏联在世界宇航研究领域的领先地位。苏联科学家成为自动太空飞行和载人太空飞行的先驱,是制造多座位宇宙飞船、发射轨道站、进行太空焊接的第一个国家,加加林是第一个进入太空的地球人,迄今俄罗斯宇航员保持着滞留太空的世界纪录。

中国的航空教育开展得比较早,1949年以前,中国便在一些大学,如中央大学、清华大学、北洋大学、交通大学和西北工学院等设立航空工程系。1952年全国高等院校调整,将清华大学、四川大学、北京理工大学等八所高校的航空航天系调整集合成立了独立的航空院校北京航空学院(现北京航空航天大学,简称北航(见图6-4)),主要聚焦于国防及民生领域。之后,随着国家经济水平的发展与社会的进步,根据国家建设及国防科技发展的需求,我国又在多所高校陆续开设航空航天工程相关专业,各重点航空航天高等院校各具特色,逐渐形成了多所高校齐头并举、百花齐放的局面。2017年教育部对全国高校进行了第四轮学科评估,参与"航空宇航科学与技术"一级学科评估的共有 17 所大学,代表着当今中国空天工程教育的主体力量。它们分别是:北京航空航天大学、西北工业大学、哈尔滨工业大学、南京航空航天大学、国防科技大学、北京理工大学、空军工程大学、清华大学、沈阳航空航天大学、海军航空工程学院、上海交通大学、火箭军工程大学、南京理工大学、西安交通大学、装备学院、中国民航大学和浙江大学。

图 6 - 4　北航建校元老合影

6.2.2　空天工程教育的现状

进入 21 世纪以来,全球科技创新空前活跃,新一轮科技革命和产业变革正在重构全球创新版图、重塑全球经济结构。信息、生命、制造、能源、空间、海洋等领域的科学突破,为创新技术发展提供了丰厚土壤和源泉。学科之间、科学和技术之间、自然科学和人文社会科学之间日益呈现交叉融合的趋势。迅速变化的世界为工程与工程教育的发展提供了难得的发展机遇,同时也提出了更多、更大的挑战。我们需要认真思考工程的未来,思考工程教育的未来,因为这关乎人类的未来。

当前,在全球范围内,工程教育不同程度地存在被弱化的趋势。工科教师整体水平不适应工程发展的需要,尤其是工程实践背景缺乏;以理科教育的方式培养工程师的现象多有所在;工科学生的工科思维欠缺,实践与动手能力不强;行业企业对人才培养过程参与不够等问题广泛存在。

此外,随着技术进步的加速,工程师的专业技能需要不断更新,然而由于成本和机会等原因,很多工程师难以得到充分的继续教育,工程师的终身学习面临巨大挑战。在一些发达国家和发展中国家,工程师的经济收入与商业、管理、法律等职业相比差距越来越大。工程师这一职业对青年人的吸引力持续减弱。优秀青年对工科专业的兴趣降低甚至出现"逃离工科"的现象。这些问题不是一所学校的问题,也不是一个国家的问题,而是全体工程教育界共同面临的重大问题。

当前,全球科技进步日新月异,新发现、新技术、新产品、新材料更新换代周期越来越短;越来越复杂的现代工程经常需要跨学科、跨领域、跨文化的解决方案,这对工程师的专业技能、胜任素质和创新能力提出了更高的要求。工程创新人才严重不足,已成为制约社会进步与发展的突出问题。工程教育界必须对此进行深入思考,并找出解决之道。

当前,工程教育资源分布存在不均衡的现象。很多发展中国家和地区,迫切需要部署和进行改变社会、造福社会的工程项目,但是大量的工程技术、经济资源、人力资源和信息资源集中在发达国家,发展中国家工程科技人力资源严重匮乏。联合国教科文组织在 2010 年的报告中指出:"在发达国家,每万人中有 20～50 个科学家和工程师;而发展中国家平均每万人中仅有 5 名工程师和科学家。"在一些发展中国家和地区,工科院校数量相对较少,工程教育的投入严重不足,师资、课程、实验设施极度缺乏。工程教育资源越缺乏,越是难以培养出数量充足的合格工程师,通过工程科技来推动发展的目标就愈加难以实现。

工程教育还存在其他许多问题,比如,在工程职业中女性参与机会较少。在一些国家和地区,工程领域仍然存在着性别歧视,学习工科和从事工程职业的女性比例远远低于其所占人口比例。

面对这些挑战,国际工程教育界一直在思考并积极采取相应措施。麻省理工学院在 2017 年 8 月启动了"新工程教育转型"(New Engineering Education Transformation)计划,面向未来新机器和新工程体系,开设以项目为中心的跨学科专业,强调学生思维方式和综合能力的培养。面对工程教育的变革发展,2017 年全球工学院院长理事会(GEDC)强调工程教育的适应性、多样性和对学生创新意识和社会责任的培养。截至 2017 年,美国有 40 多所大学开展了工程卓越人才培养新战略——大挑战学者计划(Grand Challenge Scholar Program),提出了"延续地球上的生命,让我们的世界更加可持续、安全、健康和快乐"的愿景,致力于培养学生跨文化、跨学科的创新能力。2016 年 6 月 6 日,清华大学与中国工程院共同设立了联合国教科文组织国际工程教育中心,该中心旨在打造一个高水平的人才培养基地、智库型的研究咨询中心和国际化的交流平台,推动建立以平等、包容、发展、共赢为基础的全球工程教育共同体。

传统的航空航天工程教育包含一系列工程课程体系,包括静力学、固体力学、材料学、动力学、流体力学、热动力学与推进、线性系统等;传统航空航天工程教育比较注重各课程之间的内在联系,同时强调教育学生学会技术解决方法与经济、政治、社会、环境需求和社会约束之间互相关联的理念。随着时代发展和航空航天工程教育理念的日益进步,科学知识与工程实践相结合,正在形成现代航空航天工程理论体系,航空航天课程体系也在进行改革,以求形成一种全新工程教育理念和实施体系。例如美国麻省理工学院(MIT)在不断的教育实践中形成了 CDIO 教育模式,CDIO 代表构思(Conceive)、设计(Design)、实现(Implement)和运作(Operate),其航空航天学科从 20 世纪 90 年代起,连续多年位居全美工科第一。这种独特的航空航天工程教育不仅促进了科技创新与发展,也引领着世界工程教育的改革方向,对美国在航空航天领域走在世界的前列起着极其重要的作用。

我国现时的航空航天工程教育存在专业设置较细、教学体系中课程分类过细等问题,相关学校与学科建设者已经意识到这一问题,并正着力解决。我国几个主要的航空航天特色高校已能根据自身学科所长,进行专业设置和课程体系建设,正在形成各具特色、富有活力的学科发展建设新格局。随着"新工科"教育的不断发展深化,我国高校招生已逐步按学科大类招生,改变了原有的教学和人才培养模式,重在使学生建构宽基础、交叉复合的知识结构,以利于专业深入提升和创新发展能力培养,例如北京航空航天大学已经全面实现了航空航天的大类招生与培养。部分国内高校还正在改革原有层次化教育课程体系,转变为模块化课程体系,并已取得长足进步。继续深化改革,使学生知识、素质、能力相融合,成为德智体全面发展的社会主义建设者和接班人,已成为航空航天工程教育的光荣而紧迫的任务。

6.2.3　空天工程教育的未来

为了更好地应对工程和工程教育的挑战,全球工程教育界和产业界正在共同深入探讨新的工程教育理念,谋划工程教育的未来。工程教育的声音一定会在世界范围内更加响亮,工程教育发展的目标一定会变得更加清晰,致力于培养卓越工程人才的行动方案一定会变得更加协调一致。

工程之本,唯在得人。高质量的工程教育是提升工程建设水平的重要基础。工程教育的历史是一部进化史,更是一部融合史。工科不同学科之间、工科与其他学科之间、工程教育与产业界之间的融合发展已经成为新的发展趋势,21世纪的工程教育正在向跨学科交叉、跨领域、跨国家、跨文化合作转变。未来的工程教育要超越"工程"本身。我们要致力于培养具有全面素质的工程人才。未来的工程教育要着力推动工程科学、技术、技能与人才的融合交流,推动社会各界之间、不同国家与地区之间的充分合作与成果共享。

首先,工程教育必须强化责任意识的教育,工程教育必须更加重视培养学生的社会责任感。面向未来的工程教育要服务于构建人类更美好的家园。现代工程越来越深刻地影响和改变我们生活的这个世界,工程师所肩负的社会责任越来越大。随着工程科技和工程应用的发展,环境污染、生态破坏、能源危机、网络安全、生物工程等问题日益突出,工程活动越来越密切地关系到各种伦理、道德和价值问题。工程师不应该仅仅关注技术,还应该学会关注人、关注社会、关注自然。我们要培养有强烈社会责任感的工程师,有高尚道德的工程师,有美好灵魂的工程师。因此,大学应当强化对学生的价值塑造,加强工程伦理教育,启发学生树立以工程造福人类、同时努力减少不利影响与后果的觉悟,培养学生具备健全人格、宽厚基础和社会责任感,为他们未来的工程师职业生涯奠定坚实的基础。

其次,工程教育要更加强化创新能力培养。工程不是单一学科知识的运用,而是复杂而综合的实践过程。21世纪是一个创新的时代,工程对创新的需要比以往任何时候都更为迫切。工程师不仅要具备本专业和相邻专业的知识与技能,还需要具备纵观全局的能力,能够与不同学科的人并肩合作,更需要具备哲学思维、人文知识和企业家精神,能够提出创新性的解决方案。学科交叉融合是培养拔尖创新人才的重要途径。大学要完善促进学科交叉的体制机制,构建学科交叉人才培养体系,建立具有创新性的学科交叉培养项目,努力培育工程领域的创新人才。大学要在工程教育中加强创意、创新、创业的"三创"教育,强化实践教学,让学生在解决实际问题中提升创新能力。

第三,工程教育要更加强化交流合作。工程为人类文明进步做出了巨大贡献,但是工程和工程师的重要作用远未被人们充分认识和理解。国际工程界和工程教育界应该加强彼此的了解和沟通,充分交换意见,强化产学共同体建设。要加强与公众的沟通交流,及时准确地向社会传递工程的信息和价值,促进工程师参与公共政策制定,全面提升工程和工程教育在社会上的影响力,凝聚更多的国际共识和社会共识,用工程的无穷魅力激励年轻人,鼓励更多的年轻人投身工程事业。要促进不同国家之间、发展中国家之间、发展中国家与发达国家之间在工程教育上的交流合作,努力消除工程教育发展不平衡的问题。

未来的工程教育将呈现出"工程＋"的模式,这种模式将突出"工程＋责任、工程＋创新、工程＋交流"。工程创造了我们当下生活的世界,工程教育决定了我们未来的世界。我们要以胸怀世界的豪情、眺望未来的视野、关怀人类的情怀,推动工程教育创新发展。让我们共同努力,让我们共同行动起来,共同培养卓越的工程科技人才,共同构筑人类更美好的家园。

空天工程教育作为工程教育的重要组成部分,除了需按照工程教育上述要求发展外,更重要的是面向国家重大战略需求和前沿科学技术,培养优秀的航空航天人才,为国家航空航天事业的发展培育合格人才。

6.3　空天工程从业者的使命与素养

6.3.1　我国空天事业发展进入新的历史阶段

我国空天事业从 20 世纪 50 年代起步,经历从无到有、从仿制到自主研制的艰辛历程,已在总体上进入从跟跑到并跑的转变中,逐步形成了今天航空航天各项事业大发展、工程与科技成果不断涌现的局面。进入 21 世纪以来,特别是在中国经济总量跃居世界第二以来,我国的空天事业更呈现井喷式发展,并正孕育着更大更多的工程项目,将迎来空天产业的扩张发展期。我国空天事业的新历史使命,主要表现在如下几个方面。

(1) 为我国国防建设提供先进适用的航空航天装备

战争是政治的延续,是否拥有先进适用的武器装备是决定战争胜败的关键。在现代战争中,空天战已经占据着现代战争的主导地位,决定着战争的胜败,俄罗斯已经将其空军和火箭军联合组成了国家空天部队,美国在不断强化空军和海军航空兵等航空武装力量的同时,正在组建太空部队。先进空天武器装备的规模与质量已成为衡量一个国家国防力量的最重要指标,而这些先进武器的装备和研发取决于国家的综合国力和航空航天科技发展与工程教育的水平。

我国的国防和军队建设正站在新的历史起点上。面对国家安全环境的深刻变化,面对强国强军的时代要求,必须建设强大的现代化陆军、海军、空军、火箭军和战略支援部队,打造坚强高效的战区联合作战指挥机构,构建中国特色现代作战体系,担当起党和人民赋予的新时代使命任务。要着眼建设信息化军队,打赢信息化战争,满足我国陆军的"机动作战,立体防空",海军的"近海防御,远海护卫",空军的"空天一体,攻防兼备",火箭军的"精干有效,核常兼备",以及战略支援部队"多能一体,有效保障"等的使命任务需要,加强空天工程项目的战略布局,提供高效、机动、敏捷、多样化的空天武器装备。

与世界航空航天强国相比,我国空天武器装备水平和部分关键核心技术领域还存在差距,建设现代化空天装备体系的任务光荣,使命艰巨。为应对复杂而严峻的政治军事态势,空天武器装备正朝着空天一体、有人/无人协同、精准化、智能化、隐身化等方向加速发展,太空和网络空间的争夺成为各方竞争的新热点。为国防建设提供先进适用的航空航天装备成为我国当代空天事业最重大的使命之一。

(2)改变民用飞行器研制生产的世界格局

航空航天技术发展水平是一个国家制造业生产力水平的重要标志,也是综合国力的重要表征。航空航天产品往往综合了许多高精尖的先进技术,带动大量相关产业的发展与技术突破。这些技术上的突破不仅仅对航空航天事业具有非常重要的意义,更能够有力地促进国家科技实力的提升。航空航天技术的民用化对国家经济能产生直接影响,最典型的便是民用航空领域,民航产业的发展对国民经济的影响力十分巨大,从大型客机的制造到机场的维护再到航空公司的运营,民用航空可以为国家和社会带来大量的就业岗位和稳定的税收收入,可显著促进国家和地区的经济发展。

无论是长途洲际航行,还是短途支线航行,目前世界民用飞机领域基本都被欧洲的空客(Airbus)与美国的波音(Boeing)所垄断,形成 A+B 的世界民航生产格局。我国作为世界第二大经济体,发展自己的民用航空大飞机,对于国民经济发展和工业产业升级具有非常重要的作用。为了改变 A+B 垄断的民用航空世界格局,我国大力加强飞机专项研究与投入,成立专门的商用飞机制造公司(COMAC),自主研制的 C919 大型客机已经试飞成功,正在进行适航取证,不久的将来就可以投入市场。但是,我们应该清楚地认识到,我国在大型商用飞机领域还是新手,在整个民机领域,我们面临的竞争与挑战都极为激烈。强国使命要求我们必须把发展民机产业的责任担在肩头,在蓝天上书写大写的"C"字,将民用飞机 A＋B 统领天下的世界格局改写为 A＋B＋C,这是当代中国空天事业的又一重大历史使命。

(3) 奋力突破航空发动机的瓶颈与制约

前面已经介绍过,现代航空的发展历史并不长,是在第一次工业革命的孕育、第二次工业革命的催生下问世和成长的。最基本的推动力就是发动机的进步。可以毫不夸张地说,发动机既是航空器的动力,也是整个航空产业的动力。从活塞时代到喷气时代,带来了现代航空的飞速发展。从 20 世纪中叶开始,燃气涡轮发动机成为航空动力的主力样式,而且在可预见的今后尚无其他可以替代的样式。新中国的发动机事业起步不晚,初期走过的道路、特别是在涡喷发动机仿制批产方面的储备较厚实,能力已很强。

但是,在从涡喷向涡扇,特别是大推力涡扇的提升转变的世界潮流中,我们从发展理念到技术实践,大大落伍了。加之除运 10 外,我们从未从国家层面独立发展过大型客机,因而商用大涵道涡扇发动机的研制更是空白。故而,我国航空发动机的症结集中表现为:军用涡扇发动机的性能急需提升,民用涡扇发动机急需解决有无问题。

世界航空发动机(简称航发)领域呈现出一个远比飞机行业更严苛、更高度垄断、更严密技术封锁的格局。美国、英国、法国、德国、日本等国家通过其寡头企业,垄断了世界航发和燃气轮机市场。美国、英国、法国的寡头企业,包括其合资公司,占领了世界航发市场的 70％,而在新机市场上的价值份额更高达 90％。全世界能制造飞机的公司有十数家,而独立的航发供应商只有几家。美国、俄罗斯两国的航发底蕴深厚,但俄罗斯在民用航发方面被美国和欧洲等国家远远甩在身后,在世界民用发动机市场几无份额。

世界大型民用航空发动机产业的顶级企业是美国通用电气公司和普惠集团公司、英国的罗罗公司,以及美国通用电气公司同法国赛峰集团(Safran)合资成立的 CFM 国际公司,美国通用电气公司同普惠集团公司合资成立的 EA 公司,普惠集团公司、德国 MTU 等 5 家公司合资成立的 IAE 公司等。这些公司具有独立研制航发整机的能力,几乎控制了全球大型民用航发的核心技术研发、总装集成、销售及客户服务等全产业链。在军用和小型航发领域,上述顶尖公司中的多数,以及俄罗斯土星、礼炮公司等都拥有大推力军用航发的研制生产能力。此外,在其他军用航发和小型航发领域,法国斯奈克玛(Snecma)、美国霍尼韦尔(Honeywell)、德国 MTU、意大利 Avio

等企业,也拥有很强的实力。它们具有各自领域的整机研发与市场能力,还是为顶级企业提供大部件和核心机部件的一级供应商。

再下一级的供应商以日本和韩国公司为主,包括日本三菱重工、川崎重工、石川岛播磨重工和韩国三星科技公司等,拥有强大的零部件制造能力,主要为上一级企业提供发动机零部件产品。

西方国家为长期保持在航发领域的领先和优势地位,在政府和企业层面,采取了许多措施。在研发投入、项目投资、产业链控制、知识产权保护、技术输出控制等方面,构筑了极高的产业门槛,封堵其他国家和企业的发展与追赶,更不要说让其后来居上。面对这样的态势,我们只有一条出路,那就是从维护国家利益出发,担负起独立发展航发的历史使命。就像在大型民机领域,我们将努力改变 A(Airbus)+B(Boeing)两霸并立的局面,最终实现 A + B + C(COMAC)三极鼎立的新格局那样,在航发领域,我们也要加入"强人俱乐部",在世界的东方形成一极,逐步改变航发世界格局,尽管这个进程将会十分艰难与漫长。

对航发的研制与生产以及产业的形成所具有的特点必须有准确而清醒的认识。其特点主要有以下六个方面。

第一,航发拥有极高的技术难度和可靠性要求,需要配套的设计与制造能力。

航发所涉及的学科和技术领域之多几乎与整个飞行器相同,甚至技术要求更高。航发的主要科学基础是支持其高温、高速、旋转和长寿等工作特点的科学学科,如工程热力学、气体动力学、燃烧学、传热学和现代控制理论等。而其所需技术几乎覆盖材料、制造、试验等所有现代技术门类,特别是高温材料和热工艺。

航发的工作过程极为复杂。以燃气涡轮发动机的核心机(由压气机、燃烧室、涡轮组成)为例。压气机将进入发动机的空气逐级增压,增压比可达25 以上;压气机叶片需承受极高的由离心力产生的载荷,其气动、强度特性和几何形状设计要求很高。燃烧室是保证增压后空气与燃油充分混合,以稳定燃烧的特殊结构,须精心设计,并采用有效冷却方式和选择耐高温材料及涂层等。涡轮的作用是将气流的能量转换为机械能,为了获得更大功率,要求涡轮进口处燃气温度尽量高;先进发动机的涡轮前温度已达 1 600 ℃,大大超过目前涡轮叶片材料本身所能承受的温度,须研发和使用耐更高温度的材料,并采用新的冷却技术。

发动机装载在航空器上,处于严酷的使用环境中,需要在高温、高寒、高速、高压、高转速、高负荷、缺氧、振动等极端恶劣条件下,稳定可靠地工作。特别是发动机工作状态变化急剧,在航空器飞行速度和高度以及气候气象条件改变时,发动机各部件受力/受热状态将发生很大变化,原有的配合关系有可能被破坏,必须在设计和制造中充分考虑到这些影响,否则,会引发故障,造成严重后果。

发动机需在复杂工况下持续稳定工作,在飞行中不可能停机维修,因此对发动机的可靠性提出了极高要求。目前,民用航空发动机的首翻期(机上平均寿命)已达 2 万小时,相当于一天 24 小时不停歇、连续飞行 2 年以上;按正常的每天使用 6 小时计算,一台发动机可连续使用 9 年以上无须拆下翻修。如此之高的要求,是其他任何工业产品不可比拟的。航发产业的聚焦点在于优质、稳定、成本可控地制造出发动机产品,为此必须有配套的先进制造能力。航空发动机的制造涉及材料、结构、焊接等众多难度极高的工业技术,需大量使用定向凝固、粉末冶金、复杂空心叶片精铸、复杂陶瓷型芯制造、钛合金锻造、微孔加工、涂层与特种焊接等先进制造技术。在新的数字化技术的推动下,还需要变革流程,实施协同、并行和集成,大范围地应用数字化工艺设计、数控加工技术、虚拟制造技术、智能控制技术、企业资源数据管理技术,以及基于模型的系统工程等。

第二,航发产业能力与国家基础工业高度关联。

航空发动机制造如此之难,涉及众多技术领域,离不开国家基础工业的支撑。没有强大基础工业能力的国家,绝不可能进入航空发动机领域。以发动机的热部件为例,它们强烈依赖如定向凝固高温合金、单晶、金属间化合物、金属基复合材料和陶瓷基复合材料等先进特殊材料。而目前基础工业提供的支撑还不够,直接导致发动机的性能及可靠性等关键指标达不到设计要求,或者无法进行稳定批量生产。

第三,航发的研发需要遵循相对独立和适当超前的规律。

离开装载平台,航空发动机没有独立的实用价值,但这绝不意味着航空发动机的研制必须依附于特定航空器型号的发展。由于发动机的难度高于平台,研制周期长于平台,因此在以先进航空器的需求来牵引发展的同时,更要遵循自身技术的发展规律,提前谋划,适当超前发展。在过去很长一个历史时期,我国航空发动机的研发紧紧依附于飞机型号,即要研制一款飞机,才会去研发配套发动机;飞机如果下马,发动机随之下马。发动机少有走完研制过程、积累完整工程数据的型号,这方面的教训十分深刻。

航空发动机的研发周期一般比飞机机体的研发周期长5年以上,且新型发动机研发所需时间不断延长。早期,每隔5~10年出现一代战斗机新发动机,而从F100到F119(F-22配装发动机)竟相隔30年。20世纪70年代的实践表明,新一代发动机从部件研究到投入使用需要8~14年。F119从1973年概念研究到1999年产品定型,则经历了26年,如以F-22在2005年入役计算,则长达32年。

第四,航发的发展需要国家资源的强力支持与保障。

在《美国国家关键技术计划》说明文件中,把航空发动机描绘成"一个技术精深得使一个新手难以进入的领域,它需要国家充分保护并稳定利用该领域的成果,长期的专门技能和数据积累,以及国家大量的投资"。航空发动机产业是资金密集的高投入和高产出行业。据统计,在航空业的研发总投入中,航空发动机占比约1/4。统计数据表明,研制一台大中型发动机,需要15亿~30亿美元。美国和欧洲航发先进国家一直通过长期、稳定的国家支持和投入,实施多项超前于具体型号的纯粹技术研究性的中长期研究计划和短期专项研究计划,为发动机研制提供充足的技术储备,以降低工程研制的技术风险,缩短研制周期。

第五,航空发动机的研发需要大量试验和高性能设施的依赖。

航空界有"航空发动机是试出来的"一说,揭示了航空发动机研发的一大特点,即对试验技术和试验设施的高度依赖。由于技术难度大,航空发动机的研制是研究—设计—试验—修改设计—再试验的反复迭代过程。研制一台新型发动机,一般需要10万个小时的零部件试验、4万个小时的附件试验和1万个小时的整机试验。航空发动机是设计、制造的产物,更是试验工程的产物。航空发动机的试验是一个体系,含性能试验、通用性试验、耐久性试验、环境试验和飞行试验,每一个类别的试验又包括若干试验项目,而每项试验都离不开各类高性能的试验手段与设施。

在试验过程中需要采集大量工程数据,试验完结后还需要进行分析处理;工程数据需要不间断地持续积累。当然,还需要重用与共享。解决这些问题,既需要技术保证,又需要进一步改进管理。

第六,需要一支专业配套的高水平的研发队伍,持续开展高水平的技术创新活动。

与国外航发主要企业相比，我国的研发队伍在整体上还显力量单薄。为促进我国航发加快发展的步伐，要比任何时候更加重视新技术，特别是对未来有可能产生重大影响的前沿技术开展研究，而科技管理人员的科学素养，科技人员从事开创性研究工作的能力，决定着航发事业的未来。

以 2016 年 5 月中央决策成立中国航空发动机集团公司（AECC）为标志，中国有了自己的专业化航空发动机国家级企业集团，尽快在航空发动机领域实现突破，已经上升为坚定的国家意志。国家还批准设立了"两机"专项，其内容包括航空发动机和燃气轮机，一场彻底解决航空动力制约的攻坚战已经打响；在日益强大的综合国力和基础工业与科技能力的支撑下，我们一定会迎来航空发动机大发展的春天。

（4）迎接通用航空事业大发展的春天

通用航空简称通航。通航与社会主义现代化强国建设、与全国人民的幸福安康有着极为密切的关系。我国通用航空的整体水平还很低，产业规模还极其弱小，与世界发达水平存在巨大的差距。在国务院颁布的〔2016〕38 号文件中，规划到 2020 年，我国将拥有超过 5 000 具通用航空器、500 个通航机场、200 万年飞行小时和年 1 万亿元产业规模的第一步发展目标，进而实现更大规模的通用航空产业经济，迎来利国利民、功在千秋的通用航空事业大发展的春天。

通用航空的蓬勃发展迫切需要发展各种类型先进、适用、安全可靠的通用航空器，建设通航运行与作业的体系，构建全社会参与的通航教育、训练与科普体系，进一步加快通航发展的国家行为体系与制度建设，加强低空空域管理改革，加大通航机场与基础设施建设，加速通航产品研发生产供应管理与服务保障能力。通用航空产业的巨大发展为新时代航空航天从业者提出了更高的要求，同时也提供了更多的发展机遇。

6.3.2　空天工程从业者的职业准备

1.　使命与素养要求

从事航空航天工程相关技术与研究工作的从业人员，统称为空天工程从业者。由于空天工程的投资巨大、先进技术集成度高、投入产出时间较长，且多涉及军工敏感行业领域，使得空天工程相关工作具备了一些独有的特点。

第一，空天工程是真正的朝阳产业。与一般传统行业相比，空天工程相关行业还属于"新生"行业，莱特兄弟发明的第一架飞机上天到现在仅一百多年，空天工程学科在全世界发展也仅几十年，还处在蓬勃发展的上升时期，具有广阔的发展前景；同时，空天工程相关工作的综合性很强，航空航天专业既有特殊的一面，又有和一些传统专业比较接近的另一面，如力学、机械设计、机械工程等学科。空天工程学科发展变化非常迅猛，各种航空航天产品日新月异，不断牵引设计、动力、制造、人机环境、材料、控制、电子等专业的创新发展，这些鲜明的行业特点对空天工程从业者提出了很高的要求。

第二，空天工程的国家属性强烈。现代空天工程投资巨大，先进技术集成度高，投入产出时间较长，常常具有强烈的国家意志。航空航天装备的制造需要极大的财力、物力和人力的投入，并且需要很长时间的积累才能形成规模。航空航天科技的发展与国防建设密切相关，很多最新的航空航天科技都是首先应用于军事用途，之后再在民用领域推广的，这种特质也决定了空天工程是一个对国家计划和国家政策非常敏感的行业，需要国家的直接支持与管控，这些特点也对空天工程相关从业者的素质提出了更高的要求，从事空天工程是一项伟大光荣的使命。

第三，空天工程需要大批优秀人才。对航空航天从业者而言，首先需要掌握先进的航空航天领域的科学技术知识与技能，由于该领域技术进步的快速，必须牢固树立终生学习的理念与能力。除了本身的专业基础知识之外，学习能力、表达能力和实践能力等至关重要。学习能力要求学生具有技术思维，能够针对抽象问题，自主学习寻找知识，提出论点解决问题；表达能力包括运用语言、文字、图形、数学进行表达，阐释观点、交流研讨的能力；实践能力主要包括工程推进，团队合作，交叉融合，不落窠臼等素质能力。区别于其他行业对于某一特定领域具有非常深入的研究的专长性人才需求，当代空天工程发展趋势对于人才的知识结构要求更加倾向于"T"型人才，即既在某一专业具有较深的造诣，同时又具有一定的知识背景广度，只有这样，才能把握发展大局，深入解决特定问题，把个人能力真正融入整个行业的发展与进步。

2. 职业与专业的关系

航空航天产业属于战略性先导产业，航空航天相关从业者具有广阔的发展前景。世界航空航天市场总额已高达数千亿美元，并且正以每年10%

左右的速度稳步增长。我国近年来在该领域的投入明显增加,一系列鼓励航空航天产业发展的配套政策陆续出台并实施,选择进入航空航天行业,成为我国航空航天事业的一员,已经成为当代许多大学生的择业首选,这些学生需要了解专业、职业及两者的关系。

(1) 关于专业

所谓专业,一般是指国家和学校为培养人才、满足社会发展需要而设立的学业类别,有自己独立的教学计划,以实现专业的培养目标和要求。国家和学校在设置专业的时候,主要依据的因素有:国家社会发展的需要、科学技术发展状况、社会分工的需要以及学校的性质与任务等。

一个专业得以独立存在,需要具备以下一些基本特点:首先需要有独立的专业教学计划,特定的专业培养目标与要求;其次,专业还应具备相对的稳定性,以利持续积累与进步;同时,专业还要有一定的动态性,而且可以根据社会经济与科学技术发展的需要,及时进行革新与调整。

在人类历史上,从工具的出现开始,便产生了原始的专业形态,不同的人群使用不同的工具从事着不同的工作,随着人类社会的不断进步,工匠与作坊的出现使得专业分类进一步发展。工业革命开创了现代专业的发端,专业的概念被第一次提出,专业化的分工合作不断发展。随着人类生产力水平的不断提升,大规模社会化分工的出现,催生了工业、商业实践的不断细分,并产生了与之伴生的教育实践,为特定人群的工作进行规划、设计、研究,进行专业化理念的传播。社会发展需要人才群体,需要大规模的人才人力输出,以专业化培训、教育、人才培养为代表的模式逐步成熟,发展成为现代专业。现代专业的本质是:知行合一,持续积累,规范人类知行,以提升效能与效益。

航空航天类专业包括飞行器设计与工程、飞行器动力工程、飞行器制造工程、飞行器环境与生命保障工程等,但航空航天事业并不局限于这几个专业,它更包含像材料、信息、能源、制造、可靠性、仪器、控制等专业科学技术及其综合。同时,随着我国国民经济的发展和综合国力的提高,航空航天高科技领域的成果已不仅仅体现为飞行器,而是逐渐产生溢出效应,向电子、机械、汽车等领域渗透。也就是说,学习航空航天类专业的同学也一样能在其他领域大展才华。

(2) 关于职业

职业一般指的是一类性质相近的特定工作的总称,或对社会劳动的分类。在特定组织内，表现为职位，职位对应任务；而获取职位，履行任务，需具备相应的知识、技能与态度。

职业是人类在劳动过程中的分工现象，它体现的是劳动力与劳动资料之间的结合，也表现为劳动者相互之间的关系，劳动产品的交换体现的是不同职业之间的劳动交换关系。这种劳动过程中结成的人与人之间的关系无疑是社会性的，他们之间的合作也是一种形式的劳动交换，反映了职业活动与职业劳动成果的社会属性。

职业具有一定的规范性。职业的规范性包括两层含义：一是指职业内部操作要求的规范性，二是指职业道德的规范性。不同的职业在其劳动过程中都有一定的操作规范，这是保证职业活动的专业性要求。当不同职业在对外展现其服务时，还存在一个伦理范畴的规范性，即职业道德。这两种规范性构成了职业规范的内涵与外延。

职业具有一定的功利性。职业的功利性也叫职业的经济性，是指职业作为人们赖以谋生的工具，在其劳动过程中所具有的逐利性。职业劳动活动既要满足社会与他人的需要，也要满足职业者自己的需要，包括物质生活的需求和体现自身价值的精神需要。只有把职业的个人功利性与社会功利性相结合，职业活动及其职业生涯才具有持久生命力和经世不衰的价值。

职业还具有技术性和时代性。职业的技术性指不同的职业具有不同的技能要求，每一种职业往往都表现出相应的业务技术要求；职业的时代性指职业由于科学技术的变化，人们生活方式、习惯等因素的变化，导致职业被强烈塑造，而打上那个时代的"烙印"。

（3）专业和职业的关系

专业是学习和研究某一特定领域知识与技能的称谓。专业与职业之间具有内在的联系。其联系体现在：专业是为职业服务的，是为培养人才和发展科技服务的，是为从业者未来的职业选择与干好职业打基础的。专业的前台是科学技术知识与技能的学习，但透过专业学习，更要学能力、学方法，养成良好的个人品格与道德修养。

而职业是一个人从事社会化劳动的特殊称谓，关于职业的基本含义前面已有叙述。职业的种类与属性、任务，不同社会、不同制度下有不同的定义；但无论从事什么职业，都需要具备相应的从业资格与职业素养。从业资格，也称职业资格，是对从事某一职业所必备的学识、技术和能力的要求，常常又分为从业资格和执业资格；专业学习和专业训练是获取职业资格、获取相关知识、技术和能力的主要途径。而职业素养,主要是指职业内在的规范和要求,是职业过程中所要求的或表现出的综合品质,既有业务方面的,也有精神与品格方面的,而且更多地表现为在业务活动中的道德、文化与习惯,也要通过学习——包括专业学习而获得。

在个人的职业选择和职业生涯中,个人所学专业具有基础性的重要作用。首先,专业是学习科学逻辑与技术思维的载体;其次,专业是职业所需的知识与技能的入门与基础。

但是,在很多情况下,专业绝非选择职业的决定性因素。大部分从业者的职业并不与专业对应,或精准对应,至多是大体对应。目前世界一流高校培育趋向是:厚基础,宽口径,复合型,大类培养。在教学上则注重专业精深有度与注重融合交叉,达到博雅普适的境地。须知,无论如何及时调整,顺应市场需求,学校里的专业设置与社会上的职业都是难以完全对应的,而且有些职业所需要的人才是难以从学校的某个具体专业培养出来的。正确认识专业与职业之间的关系,对于理性选择个人所学专业,进而规划未来职业,具有很现实的意义。

航空航天人才的职业需求主要包括航空航天器、推进器或装置、导航/制导与控制系统、航空电子系统、产品能源系统、力学及环境工程、机载/弹载计算机、建模与仿真、可靠性设计与管理、遥感/遥控和遥测、微波成像及图像处理、深空探测、制造工艺、新材料、项目与产品等领域的设计、制造、试验、管理、技术研究等。

专业与职业既紧密相关,又没有绝对的对应关系,专业学习是寻求职业的基础,而个人职业的不断变迁也是专业的进一步发展。但是不论如何,拥有扎实的专业基础,同时提高自己各方面的素质和能力,是胜任各项职业的基本条件。

(4)专业与职业的选择

美国"职业指导之父"帕森斯在其 1909 年出版的《选择一个职业》中,提出人们选择职业应该遵循的三条原则:

第一,个体对自身的兴趣、技能、价值观、目标、背景和资源进行认真的自我评估;

第二,针对学校、业余培训、就业和各种职业,考察所有可供选择的职业机会;

第三,鉴于前两个阶段所发掘的信息,仔细推断何为最佳职业选择。

帕森斯提出的这一观点,被称为"特质因素论"或"人职匹配论",是用于职业选择和职业指导的经典理论。

美国心理学家霍兰德提出了一种被称为"类型学"的理论,指出人格类型与工作中的环境类型的匹配。霍兰德的 RIASEC 职业兴趣理论是职业生涯领域中使用最为广泛的工具,被用于研究各种社会、工作环境,包括职业、职位、组织、学校和人际关系(见图 6-5)。

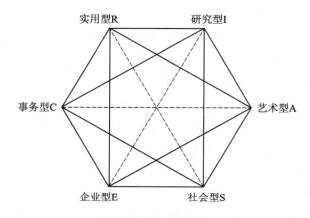

图 6-5 霍兰德职业兴趣模型

根据"人职匹配论"的观点,青年学生在选择专业和职业的时候,首先要及早掌握科学的方法,全面了解自己的个性特征,发现自身的优势,认识外部世界,根据目标的需要,来规划多姿多彩的大学生活,尽早找到与自己的个性、能力最匹配的职业,为自己未来的事业发展打下坚实的基础。

青年学生在选择专业和职业的时候,常常需要从以下一些视角来思考和对待。

一要以事业与需要为牵引,选择那些国家需要、具有广阔发展前景的专业和职业。

二要正确评估与分析自己的爱好与特长,尽力去学习和从事自己爱好且具有可以胜任的特长或潜质的专业和职业,一般说来,与自己爱好和特长相契合的专业和职业有利于发挥个人最大的价值。但同时也要注意,爱好与特长有时与专业和职业并不能完全匹配,而且爱好与特长也是可以培养与改变的。

三要适度关注地域便利与家庭的需要。地域是人们选择专业和职业的时候所要考虑的重要因素,有些人喜欢大城市的喧嚣与繁华,有人喜欢小城镇的宁静与舒适,不同的地域聚集着不同的产业,也带来了不同的职业选择,而家庭因素也是个人选择专业与职业时必须予以考虑的。为了家庭和家人,很多人放弃离家较远的工作而就近就业,也不失为可取的选择。

四要充分考虑未来的发展与潜力。无论选择什么样的专业和职业,都希望自己能够在未来得到持续的发展;某些专业与职业,可能短期内发展较快,但长远看事业发展的上限较低,而另一些专业与职业,虽然短期内发展较慢,但是从长远看,具有较大的发展潜力。因此,选择专业与职业时,侧重于短期的快速发展,还是更看重未来的长远发展潜力,也是应该认真考虑的因素。

在专业选择时,应切忌盲目追求所谓"热门"的趋向。社会现实告诉我们,所谓的热门专业具有很大的不确定性,往往带有浓厚的功利色彩;并且常常是短视的;随着社会发展和科技进步,今天的热门专业未必始终是热门,更重要的是,专业与职业一样,没有高低贵贱之分,只有自己是否适合,是否热爱,无论是什么专业和职业,只要肯付出努力,都能够取得较高的成就,都能为社会发展做出贡献,甚至在所谓的"冷门"领域更有可能做出卓尔不群的贡献。

还有一点需要注意的是,要十分重视社会实践的教化作用,没有人在亲身从事一份职业之前能够肯定地说出自己是不是适合这个专业或者是不是真心喜欢这个专业。因此,要把握好在学校期间的各种社会实践机会,亲身去体验各种实践活动带给自己的感受,在实践中找到自己的兴趣点和擅长的领域,以便在择业时更为成熟与理智。

6.3.3 做合格的航空航天工程师

工程师是将科学家的发明发现向实际生产转化的重要角色,是推动社会进步的重要力量,德国和日本曾经的崛起都是在大量高素质工程师的推动之下完成的,工程师所承担的社会责任神圣而艰巨,选择成为一名航空航天工程师,将自己的生命与才智贡献给祖国的广阔空天,是一种高尚的选择。

工程师是工程技术创新的核心力量。工程师以无与伦比的创造力,设计和制作完成了各种卓越工程,解决了社会发展中遇到的突出问题,创造了更好的生活环境,提高了人类的生活质量,为增进全人类的福祉发挥了不可替代的作用。一项伟大的工程往往不仅影响人类生活,甚至影响人类历史进程。

　　航空航天工程是迄今人类创造的所有工程类别中,对社会发展影响最深刻、最广泛,同时又最富朝气、最具挑战性的门类之一。立志学习航空航天专业的学生,更应尽早知晓工程概念,建构自己的知识体系,既不甘平庸,又务实精进,为将来成为浩大空天工程项目中的合格一员、成为一名优秀航空航天工程师做好准备。

附录　国内外空天教育资源

1. 中　国

中国开设航空航天相关专业的大学有北京航空航天大学、西北工业大学、哈尔滨工业大学、北京大学、清华大学、复旦大学、浙江大学、上海交通大学、中国科学技术大学、国防科技大学、西安交通大学、北京理工大学、南京航空航天大学等。国家航空航天的教育科研资源主要集中于北京航空航天大学、哈尔滨工业大学、西北工业大学、南京航空航天大学等四校。

（1）北京航空航天大学

北京航空航天大学（简称北航）成立于 1952 年，由当时的清华大学、北洋大学、厦门大学、四川大学等八所院校的航空系合并组建，是新中国第一所航空航天高等学府。建校以来，北航一直是国家重点建设的高校，是全国第一批 16 所重点高校之一，也是 80 年代恢复学位制度后全国第一批设立研究生院的 22 所高校之一，首批进入"211 工程"，2001 年进入"985 工程"，2013 年入选首批"2011 计划"国家协同创新中心，2017 年入选国家"双一流"建设高校名单。

北京航空航天大学设有航空科学与工程学院、宇航学院、能源与动力工程学院，开设飞行器设计、飞行器制造、航空发动机等航空航天特色专业。此外，学校其他一些开设专业的航空航天学科特色也十分鲜明。北航在航空、航天、动力、信息、材料、仪器、制造、管理等学科领域具有明显的比较优势，形成了航空航天与信息技术两大优势学科群，国防科技主干学科达到国内一流水平。在 2017 年全国第四轮高校学科评估中，航空宇航科学与技术、仪器科学与技术、材料科学与工程等学科为"A＋"学科。在 2018 年国家"双一流"建设进程中，北京航空航天大学的"航空宇航科学与技术"入选"双一流"建设学科。在 2018 年"软科世界一流学科排名"中，北京航空航天大学航空航天工程学科排名世界第一。

北航以国家重大战略需求为先导，强化基础性、前瞻性和战略性高技术研究，引导和支持创新要素向关键瓶颈技术汇聚，与产学研深度融合，打造了一批顶级的科研团队和创新平台。

（2）西北工业大学

西北工业大学（简称西工大），位于古都西安，是中国唯一一所以同时发展航空、航天、航海（三航）工程教育和科学研究为特色的多科性、研究型、开放式国家重点大学，学校历史最早可以追溯到1938年国立北洋工学院、国立北平大学工学院、国立东北大学工学院、私立焦作工学院在汉中组建的国立西北工学院。1946年，国立西北工学院迁至咸阳。1950年更名为西北工学院。1952年，交通大学、浙江大学、南京大学的航空工程系在南京组建华东航空学院，1956年迁至西安，更名为西安航空学院。1957年，西北工学院与西安航空学院合并组建西北工业大学。1970年，中国人民解放军军事工程学院航空工程系整体并入。

西北工业大学有独立的航空学院、航天学院以及与航空航天专业相关的材料学院、机电学院、能源与动力学院、电子信息学院、自动化学院等，航空航天学科主要研究方向有飞行器设计、航空宇航推进理论与工程、航空宇航器制造工程、人机与环境工程、航空发动机学等方向。西北工业大学"航空宇航科学与技术"学科在2017年全国第四轮学科评估中获评"A＋"。

（3）哈尔滨工业大学

哈尔滨工业大学（简称哈工大）设有航天学院，1987年6月经国家航天工业部批准，由学校将控制工程系、无线电工程系、力学系和飞行器总体研究室组建而成，这是我国第一个以培养高级航天专门人才和从事航天高技术研究为主的学院。90年代，学校将激光和光学工程两个专业划入学院，并在航天部的支持和中国空间技术研究院的协助下，建立了我国最早的卫星工程、飞行器环境工程两个航天类新专业和卫星工程、载人航天工程两个教研室。2009年，原无线电工程系独立成为学院。

学院现有13个系、所（中心），涵盖了5个一级学科和15个二级学科，4个本科大类专业。这5个一级学科是航空宇航科学与技术学科、控制科学与工程学科、力学学科、光学工程学科、电子科学与技术学科，这些一级学科均具有博士学位授予权并建有博士后流动站，下设控制科学与工程系、控制理论与制导技术研究中心、控制与仿真中心、空间控制与惯性技术研究中心、智能控制与系统研究所、航天工程系、卫星技术研究所、飞行器动力学与控制研究所、航天科学与力学系、复合材料与结构研究所、光电子信息科学与技术系（所）、微电子科学与技术系（所）以及空间光学工程研究中心。

（4）南京航空航天大学

南京航空航天大学（简称南航），是一所具有航空航天民航特色、以理工类为主的综合性全国重点大学。学校前身是 1952 年 10 月以 511 厂为基础创建的南京航空工业专科学校，是新中国自己创办的第一批航空高等院校之一；1978 年被国务院确定为全国重点大学；1981 年经国务院批准成为全国首批具有博士学位授予权的高校；2012 年 12 月，工业和信息化部、中国民用航空局签署协议共建南京航空航天大学。

南京航空航天大学下设航空宇航学院与航天学院，另外与航空航天相关的专业学院还有自动化学院、电子信息学院、材料学院、机电学院等，主要的研究方向有飞行器设计与工程、飞行器环境与生命保障工程、工程力学、飞行器动力工程、热力与动力工程、探测制导与控制技术、测控技术与导航、飞行器制造工程、航空维修工程与技术、空中交通管理、空间科学、航天信息应用等专业。在 2018 年国家"双一流"建设进程中，南京航空航天大学的力学学科入选"双一流"建设学科。

（5）清华大学

清华大学航空学科在 50 年代初高校院系调整中，根据国家的统一安排，航空系迁出清华大学，参与组建北京航空学院（现北京航空航天大学）。50 年代末，为了发展以"两弹一星"为代表的国防高技术，清华大学又先后成立了工程力学数学系和自动控制系，开展相关的科学研究和人才培养。从 20 世纪 90 年代开始，在创建世界一流大学的进程中，根据国家发展的战略需求和世界科技发展的趋势，清华大学明确提出了积极参与国防科研、发展航天航空学科的目标，并抓住"985 计划"的良好契机，在"985"一期建设中对该领域研究进行了高强度投资。1998 年，学校成立了跨院系的宇航技术研究中心。2004 年 5 月 18 日，清华大学航天航空学院正式成立。

目前航天航空学院下设航空宇航工程系、工程力学系和航空技术研究中心，宇航技术研究中心保持跨学科特色，挂靠航天航空学院。航空宇航工程系下设 5 个研究所，分别为工程动力学研究所、飞行器设计研究所、推进与动力技术研究所、人机与环境工程研究所和空天信息技术研究所；工程力学系下设 4 个研究所，分别为固体力学研究所、流体力学研究所、工程热物理研究所和生物力学与医学工程研究所。

（6）北京大学

北京大学设工学院，下设材料科学与工程系、工业工程与管理系、航空航天工程系、力学与工程科学系、能源与资源工程系、生物医学工程系等,均与航空航天工程具有一定的关系,其中航空航天工程系跟航空航天工程与技术的关系最为紧密。北京大学工学院航空航天工程系成立于 2010 年 5 月,它是在 2008 年成立的航空航天工程专业基础上,整合相关资源而成立的教学科研机构。这是北京大学为适应国家航空航天事业高速发展的需求,发挥北京大学在基础科学研究方面的雄厚资源,为航空航天及相关领域培养和输送具有坚实基础和宽广视野的高素质人才而做出的重大举措。

北京大学的航空航天方向的科研活动可追溯到 20 世纪 40 年代,当时的北京大学工学院机械系在工学院院长马大猷教授等的支持下,由吴大观等开设了航空发动机设计、发动机齿轮设计、机械原理和工程画(机械制图)等航空航天类课程,此后,经过数十年的薪火传承,北京大学在航空航天领域的研究弦歌不绝。

航空航天工程系正在建设 5 个研究中心:航空航天材料研究中心、涡扇发动机研究中心、航空航天控制和信息中心、高超中心、飞行器中心。在 2018 年国家"双一流"建设进程中,北京大学的机械及航空航天和制造工程学科入选"双一流"建设学科。

(7) 上海交通大学

创建于 1896 年的上海交通大学是我国第一个设立航空专业的大学。从 1935 年在原机械工程系内设立航空系,到 1942 年在重庆正式成立航空工程系,再到 1952 年的全国院系调整,上海交通大学的航空专业经历了多次的历史变迁和战争洗礼。1936 至 1953 年,上海交通大学航空专业共培养出16 届 249 名毕业生。其中,以我国航天事业奠基人钱学森为代表的国家 23 位"两弹一星"元勋中有 6 位出自上海交通大学。

上海交通大学航空航天学院设有三系二中心,分别为飞行器设计系、航空宇航信息与控制系、航空宇航推进系、临近空间研究中心、吴镇远空气动力学中心。学院现有力学、航空宇航科学与技术、控制科学与工程等多个一级学科硕士点、博士点,2015 年获批教育部"航空航天系统科学与工程"交叉学科博士点,2016 年"飞行器设计"入选首批国防特色学科。学院以航空宇航科学与技术一级学科建设为核心,在学校相关优势学科的支撑下,形成了总体气动、结构强度、航电控制、动力推进等几个特色方向。

(8) 四川大学

四川大学是我国较早开始从事"航空宇航科学与技术"学科人才培养和

科学研究的高等院校之一,1945 年即创办了四川大学航空系。北京航空航天大学就是在 20 世纪 50 年代的院系调整中,由四川大学航空系、清华大学航空系等院系共同组建为北京航空学院的基础上发展起来的。2011 年 11 月正式创建了空天科学与工程学院。

该院主要研究方向有飞行器控制、引导与空天探测,航空航天装备设计制造与理论,飞行器动力与推进工程,飞行器结构与强度以及飞行模拟与人机工程。学院共建设具有四川大学特色和优势的科研机构 6 个:视觉导航与飞行模拟研究所,机电传动与运载装备研究中心,增材制造(3D 打印)技术研究中心,燃烧动力学研究中心,探测与跟踪数学信息技术研究中心,深空探测装备研发及燃烧诊断系统研究所。

2. 美　国

美国是世界航空航天教育第一强国,拥有众多的航空航天高等学府,开设航空航天专业的著名高校有加州理工学院、麻省理工学院、斯坦福大学、密歇根大学安娜堡分校、佐治亚理工学院、普渡大学、伊利诺伊大学香槟分校、普林斯顿大学等,这些世界知名高校不仅代表了美国航空航天研究领域的最高水平,而且也代表了世界航空航天专业领域的最前沿的科学水平和应用技术水平,拥有世界最强的师资力量、科研能力和科研成果。

(1) 加州理工学院

加州理工学院是航空学人才培养的基地,在美国享有盛誉,其航空航天专业隶属于工程与应用科学学院,包含流体(Fluids)、固体(Solids)、生物系统(Biosystems)和宇宙空间(Space)等研究领域。中国著名科学家钱学森即是加州理工学院航空航天专业的毕业生,他于 1939 年获得了该专业的博士学位。加州理工学院航空航天专业开设的课程较为丰富,从基础性的流体力学、固体力学课程,到要求高水平的航空航天工程实验,均有涉及。

加州理工学院科研设施先进,有 NASA 的喷气推进实验室(JPL)、布斯计算中心、Hale 天文台、地震实验室、Kerckhoff 海洋实验室、Big Bear 太阳系观测站、Palomar 天文台、Owens 峡谷射电天文台、环境质量实验室、新成立的位于夏威夷的亚毫米观测站、斯坦福线性加速器具中心等。在其拥有的喷气推进实验室(JPL)里,科学家们成功实验设计了人类最早的现代火箭,设计组装了美国阿波罗登月计划的太空飞船。半个世纪来 JPL 参与设计和发射许多有重大意义的太空飞船,如探索者计划、水手计划、伽利略计划、火星全球探测者、卡西尼-惠更斯卫星和斯皮策深空望远镜等。

（2）麻省理工学院

麻省理工学院是举世公认的顶级理工殿堂，下设航空航天系，该系目前研究的范围主要包括喷气式飞行器（Jet Aircraft）、固定翼和旋翼飞机（Fixed-wing & Rotorcraft）、火箭及外太空飞行器（Rocket and Outer-space Aircraft），以及飞行器赖以运行的信息和导航系统（Information and Guidance System）。

麻省理工学院正在进行广泛的科研实践，力图把航空航天系统的理论概念和设计转化为军用和民用的实际产品。毕业生可以从事空间探索、军方和商业飞行器制造、民用航空公司、空中运输业、航空航天信息及环境等部门。麻省理工学院校友遍及航空航天领域各个方面，其毕业生中不乏宇航员、空军和 NASA 技术领导人和首席科学家等，也不乏企业家、政策制定者、教育家和研究人员。

（3）斯坦福大学

斯坦福大学的航空航天系隶属于工程学院，研究领域非常广泛，包括航空航天计算（Aerospace Computing）、联合创新制造（Alliance for Innovative Manufacturing）、制导与控制（Guidance and Control）、航空航天设计（Aerospace Design）、集成气流模拟（Integrated Turbulence Simulations）、航空流体力学（Aero Fluid Mechanics）、流体物理与计算（Flow Physics and Computation）、网络系统与控制（Networked Systems and Control）、航空航天机器人技术（Aerospace Robotics）、全球定位系统（GPS）研究、空间系统发展（Space and Systems Development）、飞行器空气动力学研究与设计（Aircraft Aerodynamics and Design）等。

斯坦福大学航空航天系目前有 4 个跨学科的研究中心，包括：斯坦福及时定位导航中心（The Stanford Center for Position and Navigation in Time），卓越商业太空运输的 FAA（The Federal Aviation Administration Center of Excellence for Commercial Space Transportation），沙特阿卜杜拉阿齐兹国王科技城中心（The King Abdullah City of Science and Technology Center of Research Excellence in Aeronautics and Astronautics），陆军高性能计算研究中心（The Army High-Performance Computing Research Center，简称 AHPCRC）。

(4) 密歇根大学

密歇根大学是美国最早开展航空课程的大学(1914 年)。密歇根大学设有航空航天系,多年来一直以其卓越的科研和教学水准在航空航天界享有盛誉。该系的研究方向主要集中在气体动力学(Gas Dynamics)、结构(Structures)、动力与控制(Dynamics & Control)、空间系统(Space Systems)四个方向,可授予航空航天工程硕士、工程学硕士及博士三种研究生学位。美国著名飞机设计师凯利·约翰逊是密歇根大学的校友;还有 3 名校友成为"阿波罗"15 号的宇航员,成功地完成探月任务。

(5) 佐治亚理工学院

在佐治亚理工学院,航空航天学不仅仅是一个专业或系科,而且已经形成了一个独立的学院——始建于 1930 年的丹尼尔·古根海姆航空航天学院(Daniel Guggenheim School of Aeronautics)。多年来,该学院在美国航空航天领域一直位列前五名,拥有雄厚的科研与教学实力。

该学院目前的研究领域主要包括空气动力学(Aerodynamics)、气体动力学(Gasdynamics)、空气弹性力学(Aeroelasticity)、航天动力学(Astrodynamics)、计算流体动力学(Computational Fluid Dynamics)、飞行力学(Flight Mechanics)、航空声学(Aeroacoustics)、复合材料(Composite Materials)、飞行控制(Flight Controls)、旋翼飞机技术(Rotorcraft Technology)、设计优化(Design Optimization)和计算机辅助设计(Computer-aided Design)等。

(6) 普渡大学

普渡大学拥有独立的航空航天学院,学院建于 1945 年。普渡大学航空航天学院的研究方向主要包括航空航天系统设计(Aerospace Systems Design)、空气动力学(Aerodynamics)、航天动力学与空间应用(Astrodynamics & Space Applications)、结构与材料(Structures & Materials)、动力学与控制(Dynamics & Control)、推进力研究(Propulsion)等。学院与美国军方及民用航空业保持着广泛的联系,其多项科研成果被应用到军用和民用飞行器的设计与制造中。有 14 名校友成为美国国家宇航员

3. 英　国

(1) 克兰菲尔德大学

克兰菲尔德大学在欧洲航天航空工程业内处于顶尖地位,是英国唯一

一所拥有机场和跑道的大学,其教学与产业紧密结合,注重将理论应用于实践。该大学是众多英国军机型号和航空发动机的摇篮。

克兰菲尔德大学的主要航空航天研究方向有:轻质结构和冲击,航空航天计算工程,航空动力学,喷气空气动力学和航空器一体化,航空发动机空气动力学设计和分析,航空发动机设计与优化。

(2) 格拉斯哥大学

格拉斯哥大学始建于1451年,是全球最为古老的十所大学之一,也是一所久负盛名的英国老牌名校。此外,它还是英国名校联盟"罗素大学集团"和国际大学组织"Universitas 21"的创始成员。在近6个世纪的发展过程中,格拉斯哥大学培养出许多知名人物,如热力学绝对温标的创建者开尔文、发明并改良蒸汽机的詹姆斯·瓦特等。格拉斯哥大学下设的工程研究生院(Engineering Graduate School of UG),与航空航天事业息息相关。该大学开设有航空工程、航天系统两大研究方向。

(3) 布里斯托大学

布里斯托大学下设工学院,包含航空工程专业(Aerospace Engineering)、土木工程专业及机械工程专业。其中航空工程专业源自1946年成立的布里斯托航空公司。布里斯托是英国重要的航空工业城市,与航空企业的紧密联系进一步促进了布里斯托大学的航空学科发展。布里斯托大学航空工程专业与空客、罗罗、维斯塔、阿古斯塔·威斯特兰直升机等航空工业巨头有着紧密的合作关系,学校与企业相互促进,促使学校航空工程研究高速发展。布里斯托大学主要的航空研究方向包括动态控制、空气动力学和飞行力学,以及用于飞机制造的先进复合材料研究等。

4. 俄罗斯

俄罗斯最有代表性的空天教育资源为莫斯科航空学院。

莫斯科航空学院建校于1930年3月,是俄罗斯"国家研究型大学"之一,与北京航空航天大学同为"中俄工科大学联盟"成员校。莫斯科航空学院历史上培养了16万名航空航天领域专家、250名首席设计师、100名试飞员和21名宇航员。俄罗斯苏霍伊设计局、图波列夫设计局、米格设计局、雅可夫列夫设计局的设计师都曾经是该校的第一代教授。学校拥有诸多推进试验设备、风洞和飞行模拟器等航空试验设备,在拜科努尔航天发射场、朱可夫斯基、希姆基和阿赫图宾斯克建有航空基地或分院,在全球航空航天类高等院校中首屈一指。该学院主要的航空航天相关方向有航空工程系、发动机系、控制系统、信息与电力系、无线电电子学、经济与管理、航空航天系。

5. 德　国

（1）亚琛工业大学

亚琛工业大学建于 1870 年，是欧洲著名的理工大学。该校于 2007 年德国第一轮精英大学评选中成为德国 9 所精英大学之一，2012 年该校再次入围第二轮德国 11 所精英大学。亚琛工业大学为欧洲顶尖工科大学联盟（T. I. M. E. Association）成员。其工程技术专业（含航空航天工程）位居德国第一。

亚琛大学下设航空航天所，主要的研究方向有飞机总体设计、空气动力学、飞机设计与应用支持软件开发、先进复合材料结构工程、轻质结构设计、喷气推进与动力工程等。

（2）斯图加特大学

斯图加特大学位于德国巴登-符腾堡州首府斯图加特，是德国著名的国立大学，也是世界著名的理工科大学。它是德国历史最悠久的技术大学之一，德国九所卓越理工大学联盟 TU9 成员之一。

斯图加特大学下设航空航天及测量学学院、空间宇航学院，主要的专业研究方向有飞行力学与控制、飞行器设计、空间遥感测试、空间飞行器设计与制造、空间运输技术等。

6. 加拿大

加拿大代表性大学为多伦多大学，始建于 1827 年，是世界著名公立研究型大学。其航空航天专业在加拿大排名第一。

多伦多大学下设航空航天工程研究院（UTIAS），是加拿大航空航天领域的重要研究机构之一，主要致力于航空航天工程的学术研究以及部分航天器、卫星及相关电子设备的设计制造，并在亚音速飞行器设计、飞行模拟器、太空机器人、微卫星技术、流体动力学演算及核聚变动力研究等领域拥有良好声誉。其研究经费主要来源于加拿大宇航局（CSA）、加拿大国家研究委员会（NRC）及加拿大国防部，主要的国际合作机构包括欧空局（ESA）、美国航空航天局（NASA）、德国马普学会（Max Planck Institute）等离子研究所及英国原子能监管局等。

参考文献

[1] Langewiesche W. Stick and Rudder[M]. New York：Mc Graw-Hill，Inc.，1972.

[2] Crouch T D. Wings[M]. New York：W. W. Norton & Company，2003.

[3] 欧阳泰. 从丹药到枪炮[M]. 北京：中信出版集团，2019.

[4] Paul D，Kelly L，Venkayya V. Evolution of U. S. Military Aircraft Structure Technology[J]. Journal of Aircraft，2002，39(1)：18-29.

[5] 王细洋. 航空概论[M]. 北京：航空工业出版社，2004.

[6] 航空百年活动组委会. 飞翔的文明[M]. 北京：航空工业出版社，2003.

[7] 廉筱纯. 航空发动机原理[M]. 西安：西北工业大学出版社，2005.

[8] 江东. 走进飞行先驱世界[M]. 北京：兵器工业出版社，1999.

[9] 宋笔锋. 航空航天技术概论[M]. 北京：国防工业出版社，2006.

[10] 程昭武，等. 世界飞机一百年[M]. 北京：国防工业出版社，2002.

[11] 何庆芝. 航空航天概论[M]. 北京：北京航空航天大学出版社，1997.

[12] 中国航空工业经济技术研究院. 中国航空工业要览(2008)[M]. 北京：航空工业出版社，2008.

[13] 闵增富. 美国未来空军[M]. 北京：中国人民解放军出版社，2005.

[14] 方昌德. 世界航空发动机手册[M]. 北京：航空工业出版社，1996.

[15] 吴伟仁. 世界国防科技工业概览[M]. 北京：航空工业出版社，2004.

[16] 刘大响，陈光. 航空发动机：飞机的心脏[M]. 北京：航空工业出版社，2003.

[17] 顾诵芬. 现代武器装备丛书：空军武器装备[M]. 北京：原子能出版社，2003.

[18] 王建成. 简明军事科技发展史[M]. 北京：国防工业出版社，2005.

[19] 龚钴尔. 航天简史[M]. 天津：天津科学技术出版社，2012.

[20] 褚桂柏. 航天技术概论[M]. 北京：中国宇航出版社，2002.

[21] 郑晓虹，余英. 航天概论[M]. 北京：人民邮电出版社，2013.

[22] 刘纪原. 中国航天事业的60年[M]. 北京：北京大学出版社，2016.

[23] 夏宇.选型之争:回顾 F-22 赢得美军第五代战机计划[J].军事文摘,2017(21):35-38.

[24] 李文良,徐德康. JSF 擂台 X.35 胜出[J].现代军事,2002(1):26-28.

[25] 张三慧. 大学物理学:力学、热学[M].北京:清华大学出版社,2008.

[26] 钟锡华,陈熙谋,周岳明,等. 大学物理通用教程——力学[M].北京:北京大学出版社,2000.

[27] 漆安慎,杜婵英. 普通物理学教程:力学[M].北京:高等教育出版社,1996.

[28] 钱翼稷. 空气动力学[M].北京:北京航空航天大学出版社,2004.

[29] 方振平,陈万春,张曙光. 航空飞行器飞行动力学[M].北京:北京航空航天大学出版社,2005.

[30] 单辉祖. 材料力学[M].北京:高等教育出版社,2009.

[31] 龚尧南. 结构力学[M].北京:北京航空航天大学出版社,2001.

[32] 万志强,朱斯岩. 认识航空[M].北京:化学工业出版社,2013.

[33] 赵少奎. 导弹与航天技术导论[M].北京:中国宇航出版社,2008.

[34] 贾玉红. 航空航天概论[M].北京:北京航空航天大学出版社,2017.

[35] 万志强. 航空模型:万博士的航空讲堂[J].航空知识编辑部,2013.

[36] 万志强. 问天神器[M].北京:化学工业出版社,2018.

[37] 张聚恩.新航空概论[M].北京:航空工业出版社,2010.

[38] 吴军. 二战时期军事技术进步与航空武器装备发展研究[D].北京:国防科学技术大学,2007.

[39] 康锐,石荣德. 航空产品重要度分类的模糊评判方法[J].航空学报,1995(S1).

[40] 陈林. 航空运输业对我国经济社会的贡献研究[J].铁道运输与经济,2010,32(9):16-20.

[41] 王文芳,张亮,徐恩华. 航天航空产业发展保障措施与发展策略研究[J].中国战略新兴产业.

[42] 杨拓. 建设世界航天强国背景下的中国航空产业政策探讨——基于美国航空产业政策举措的分析与借鉴[J].对外经贸实务,2018(1):9-12.

[43] 刘雨菲.开创航天产业新模式正当其时[N].中国航天报,2018-08-17(003).

［44］于霞.看颠覆性技术如何影响航天产业［N］.中国航天报,2018-07-13
（003）.

［45］沈汝源.美国航天产业发展研究［D］.长春:吉林大学,2015.

［46］周国强.用优秀的航空文化提升航空工业综合竞争力［J］.企业文明,
2018(8):49-51.

［47］邱勇.工程教育:为了人类更美好的家园［EB/OL］.（2018-09-24）
［2019-05-15］.http://www.sohu.com/a255902671-372409.

［48］张聚恩.大国航空［M］.北京:科学出版社,2018.

［49］赵月华.美国航空工业发展模式研究［M］.北京:中国民航出版
社,2018.

［50］赵月华.世界主要国家航空航天大学概览［M］.北京:中国民航出版
社,2018.

后　记

　　本书的编写，缘于对张聚恩老师的一次讲座邀请。2017 年夏天，冯如书院冯如大讲堂邀请张聚恩老师开办系列专题讲座，为第一年进入北航冯如书院的学生，系统介绍一下航空航天工程的通用知识，引导学生们正确认识专业与职业的关系。在准备讲座的交流与沟通中，张老师了解到学校大类招生、大类培养的重大改革，对此非常感兴趣并高度赞同，进而对讲座极为重视，进行了精心准备。此后，经过两轮开讲，讲座内容受到广大师生的热烈欢迎与好评。于是在学校的关注和冯如书院的具体组织下，由系列讲座扩展为建设一门专业通识课程，并将配套教材纳入了新教材编写计划，且于2018 年暑期正式启动。

　　编写团队以航空资深专家张聚恩老师为首，他既有丰富的科技实践活动的阅历，又有航空战略与科技发展管理的经验。团队成员中，万志强是北航航空学院飞行器设计专业的教授、博士生导师，多年从事航空科学技术研究和学生培养工作，著有多部航空航天著作及科普读物；王亚男是中国航空学会科普工作委员会委员、《航空知识》杂志主编；武瑾媛是航天器导航专业博士、《航空知识》杂志新媒体部主任，从事航空航天科普教育工作；王耀坤是飞行器设计专业博士、北航航空学院教师、全国科技创新奖获得者；高静和梁伟涛都是北航教师，从事学生管理和职业规划教育工作。这样一个团结敬业且专业互补的团队，为高质量成书提供了保障。

　　编写团队的每一位成员都深知这项工作的重大意义，对所承担的任务十分重视，表现出很高的自觉性和工作热情，在不影响本职工作的前提下，付出了艰辛的劳动，特别是牺牲寒暑假，倾心写作。在近一年的时间里，编写组十几次召开研讨会，对教材架构和内容反复磋商，相互之间及时交流，并开展了多轮交叉修改，终于在 2019 年 8 月成书定稿。

　　本书的编写得到了校内外众多专家的关注与支持。唐长红院士、吴伟仁院士、房建成院士热情支持与鼓励课程开设和教材编写，并为此书写了推荐序，北航学院常务副院长曹庆华教授、冯如书院院长杨超教授、无人机系统研究院王英勋院长等多次参与研讨并给予宝贵的指导与支持。研究生陈国宏、刘耘臻为本书绘制了有关插图,易楠、王晓喆、张啸迟、李旭阳、王泽溪、颜琪、张珊珊、杨舒婷、肖涵、杨继波、李琳瑶、李畅、黎珂宇、马鑫等同学协助进行了本书的校对工作。在此一并致以诚挚的感谢!

希望本书的出版,能为我国航空航天教育工作添砖加瓦!相信我国的空天教育事业定能越做越强,培养出更多空天领域优秀人才,为建设空天强国贡献力量!

编写组

2019 年 8 月